Techno:Phil – Aktuelle Herausforderungen der Technikphilosophie

Band 8

Reihe herausgegeben von

Birgit Beck, Technische Universität Berlin, Berlin, Deutschland

Bruno Gransche, Karlsruher Institut für Technologie, Karlsruhe, Deutschland

Jan-Hendrik Heinrichs, Forschungszentrum Jülich GmbH, Jülich, Deutschland

Janina Loh, Stiftung Liebenau, Meckenbeuren, Deutschland

Diese Reihe befasst sich mit der philosophischen Analyse und Evaluation von Technik und von Formen der Technikbegeisterung oder -ablehnung. Sie nimmt einerseits konzeptionelle und ethische Herausforderungen in den Blick, die an die Technikphilosophie herangetragen werden. Andererseits werden kritische Impulse aus der Technikphilosophie an die Technologie- und Ingenieurswissenschaften sowie an die lebensweltliche Praxis zurückgegeben. So leistet diese Reihe einen substantiellen Beitrag zur inner- und außerakademischen Diskussion über zunehmend technisierte Gesellschafts- und Lebensformen.
Die Bände der Reihe erscheinen in deutscher oder englischer Sprache.

This book series focuses on the philosophical analysis and evaluation of technology and on forms of enthusiasm for or rejection of technology. On the one hand, it examines conceptual and ethical challenges that philosophy of technology has to face. On the other hand, critical impulses from philosophy of technology are returned to the technology and engineering sciences as well as to everyday practice. Thus, this book series makes a substantial contribution to the academic and transdisciplinary discussion about increasingly technologized forms of society and life.
The volumes of the book series are published in German and English.

Susanne Hiekel

Tierwohl durch Genom-Editierung?

Tierethische Perspektiven auf die Genom-Editierung bei landwirtschaftlichen Nutztieren

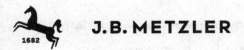

J.B. METZLER

1682

Susanne Hiekel
Centrum für Bioethik
Westfälische Wilhelms-Universität
Münster, Deutschland

Deutsche Forschungsgemeinschaft
Die DFG-Projektnummer lautet AC 101/4-1.

ISSN 2524-5902 ISSN 2524-5910 (electronic)
Techno:Phil – Aktuelle Herausforderungen der Technikphilosophie
ISBN 978-3-662-66942-6 ISBN 978-3-662-66943-3 (eBook)
https://doi.org/10.1007/978-3-662-66943-3

Die Deutsche Nationalbibliothek verzeichnet diese Publikation in der Deutschen Nationalbibliografie; detaillierte bibliografische Daten sind im Internet über http://dnb.d-nb.de abrufbar.

Planung/Lektorat: Franziska Remeika
J.B. Metzler ist ein Imprint der eingetragenen Gesellschaft Springer-Verlag GmbH, DE und ist ein Teil von Springer Nature.
Die Anschrift der Gesellschaft ist: Heidelberger Platz 3, 14197 Berlin, Germany

Vorwort

Mitten in der Coronazeit habe ich die Gelegenheit bekommen an diesem Projekt mit dem schönen Akronym TiGEr (Tierwohl durch Genom-Editierung) arbeiten zu können. Das ‚r' hat sich aus ästhetischen Gründen wohl hinzugemogelt. Dass diese Arbeit möglich war, liegt nicht zuletzt an der Vorarbeit, die Johann S. Ach mit der Unterstützung von Beate Lüttenberg vom Centrum für Bioethik der WWU Münster geleistet hat, indem er den Projektantrag konzipiert und bei der DFG eingereicht hat. Dafür und für die gute und immer unterstützende Zusammenarbeit möchte ich ihm und Beate meinen herzlichen Dank aussprechen. Mit unendlicher Ausdauer haben beide die Vorläufertexte dieses Buches mit mir besprochen, so dass der resultierende Endtext um vieles besser und argumentativ stimmiger geworden ist.

Aber auch andere KollegInnen und FreundInnen haben mich bei der Arbeit an dem Projekt unterstützt. So konnte ich mit Oliver Hallich viele argumentative Details besprechen und ausloten. Er und Claudia Held haben mich zudem bei der Korrekturarbeit am Manuskript bereitwillig und in heldenhafter Weise unterstützt. Dass ich die Inhalte der Kapitel zum tierlichen Wohl und zur idealen und nichtidealen Theorie in einem Workshop, der in Zusammenarbeit mit dem MesserliForschungsinstitut (VetmeduniVienna) stattfand, vorstellen und diskutieren konnte, war ebenfalls äußerst hilfreich. An die TeilnehmerInnen dieses Workshops Johann S. Ach, Birgit Beck, Konstantin Deininger, Christian Dürnberger, Herwig Grimm, Nina Hirschmüller, Simone Horstmann, Beate Lüttenberg, Angela Martin, Patricia Schröder und besonders an die beiden Kommentatoren meiner Texte – Bernd Ladwig und David Wawrzyniak – geht ein großer Dank. Alle Fehler oder Unstimmigkeiten, die nun noch zu finden sind, gehen allein auf meine Kappe – ich hoffe es sind nur wenige. Leider leben wir nicht in einer idealen Welt.

Susanne Hiekel

Einleitung

Die industrielle Tierhaltung ist für nichtmenschliche Tiere[1] mit einem früh-
zeitigen Tod und mit viel Leid verbunden. So sind im Jahr 2021 allein in Deutschland 51,8 Millionen Schweine und 3,2 Millionen Rinder geschlachtet worden.
Hinzu kommen Schafe, Ziegen, Pferde und – vor allem – Geflügel.[2] Die Mehr-
zahl dieser Tiere hatte vor ihrer Schlachtung ein leidvolles Leben. So wird in
einem Gutachten des Wissenschaftlichen Beirates für Agrarpolitik konstatiert,
dass in den gängigen Tierhaltungssystemen der Schweine- und Geflügelhaltung,
der intensiven Rindermast und in Teilen der Milchviehhaltung ein hohes Risiko
für das Auftreten von Schmerzen, Leiden und Schäden für die Tiere besteht.[3]
Neben den Praktiken der Enthornung und der Kastration und dem Vergasen oder
Schreddern männlicher Küken, lassen sich eine Vielzahl von Beispielen anführen,
die verdeutlichen, dass die industrielle Tierhaltung dem Tierwohl abträglich ist.
Ein Beispiel, an dem deutlich wird, dass die Lebensqualität der Tiere nicht nur
zeitlich punktuell, sondern ganz allgemein stark beeinträchtigt ist, ist der Umgang
mit Zuchtsauen:

> Diese Schweine leben in Ställen ohne Sonnenlicht und meist auch ohne Stroh, auf Voll-
> oder Teilspaltenböden. Sie werden künstlich besamt und dabei einzeln in sogenannten
> Kastenständen gehalten. Die Stände sind 0,55 bis 0,7 Zentimeter [sic] breit und 1,6 bis 1,9
> Meter lang und somit geringfügig größer als die Sauen selbst. Diese können sich erheben,
> sich niederlegen und ihre Gliedmaßen strecken. Sich umdrehen oder herumlaufen können
> sie nicht. Vier Wochen nach der Besamung werden die Sauen allerdings in den Wartestall
> verlegt, wo sie in Gruppen von 10–100 Sauen leben. Jede Sau hat dort bis zu zweiein-
> halb Quadratmeter Platz für sich selbst. Eine Woche vor der Geburt der Ferkel ist es damit
> aber auch wieder vorbei. Die folgenden fünf Wochen wird die Sau in der Abferkelbucht
> verbringen, die kaum breiter ist als der Kastenstand. [...] Nach vier Wochen werden die
> Ferkel ganz von der Muttersau getrennt. Diese kommt zurück in den Kastenstand, wo sie
> etwa fünf Tage später erneut besamt wird. Nach durchschnittlich zweieinhalb Jahren mit
> fünf bis sechs Geburten ist eine solche Zuchtsau gesundheitlich am Ende. Sie gilt dann
> als reif für die Schlachtung. [...] Das Ende ihres Lebens beginnt mit dem Tiertransport.

---

[1] Im Folgenden der Kürze wegen nur mit ‚Tiere' bezeichnet und gemeint sind meist landwirtschaftliche Nutztiere.

[2] Statistisches Bundesamt 2022.

[3] Wissenschaftlicher Beirat für Agrarpolitik beim Bundesministerium für Ernährung und Landwirtschaft 2015.

Dieser darf für Schweine bis zu 24 Stunden ohne Unterbrechung dauern. Einem 100 Kilogramm schweren Tier steht dabei ein halber Quadratmeter Platz zu. Im Schlachthof riechen Schweine das Blut ihrer Artgenossen, worauf sie offenbar panisch reagieren. Die Arbeit im Schlachthof erfolgt im Akkord. Von den 58 Millionen Schweinen, die allein in Deutschland jährlich geschlachtet werden, wachen etwa 500000 im 60 Grad heißen Brühwasser wieder auf, weil sie nicht richtig ›abgestochen‹ wurden. Und auch die wenigsten anderen Schweine dürften leidfrei ums Leben kommen. Die verbreitete Methode der CO_2-Betäubung etwa besteht darin, mehrere Tiere zusammen in Gondeln zu einer Grube zu befördern und sie dort einem Gasgemisch mit mehr als 40 Prozent Kohlendioxid auszusetzen.[4]

Letztere Methode der Betäubung führt u. a. zu Erstickungsgefühlen und Atemnot, die sich in Abwehrreaktionen der Schweine, wie „Lautäußerungen, Zurückdrängen, Kopfschütteln, Maulatmung, Sprüngen in die Luft, Fluchtversuchen"[5] zeigen. Das Leben dieser Tiere ist gänzlich dadurch bestimmt, dass die Lebensumstände durch den menschlichen Zweck der effektiven Fleischproduktion fixiert sind. Es werden kaum Zugeständnisse an Bewegungs- und Gruppenbildungsbedürfnisse, an gesundheitsschonende Reproduktionszyklen oder an Leidvermeidung generell gemacht. Das Leid, dass diese Tiere verspüren, generiert sich aus den Produktionsverhältnissen.

Aus ethischer Perspektive werden diese Implikationen der modernen Praxis der Nutztierhaltung seit vielen Jahren kritisiert. Schon in Peter Singers 1975 erstmals erschienenem Buch *Animal Liberation,* das zu den Gründungsdokumenten der modernen Tierethik gehört, stand das millionenfache Leid von Tieren, die zu Nahrungszwecken in der Intensivtier- bzw. Massentierhaltung gehalten werden, im Zentrum. Inzwischen existiert eine umfängliche Literatur zur Ethik der Nutztierhaltung.[6] Aber obwohl die ethische Kritik an der gängigen Praxis schon lange in die Öffentlichkeit getragen wird, zeichnet sich zumindest mittelfristig keine wesentliche Änderung ab. Ganz zu schweigen davon, dass die Forderung nach einem vollständigen Verzicht auf die Nutzung und den Verbrauch von Nutztieren, die von nicht wenigen TierethikerInnen erhoben wird, Aussicht darauf hätte, sich durchzusetzen. Vor diesem Hintergrund stellt sich die dringliche Frage, wie eine tiergerechtere Praxis der Nutztierhaltung aussehen kann.

In diesem Zusammenhang wird seit einigen Jahren diskutiert, dass Tiere via gentechnischer Methoden so gezüchtet werden könnten, dass die negativen Folgen der Nutztierhaltung für die betroffenen Tiere minimiert oder auch ganz vermieden werden könnten. Eine technische Manipulation der Nutztiere würde damit das Ziel verfolgen, dem Schutz der Tiere vor Leiden, Belastungen und Beeinträchtigungen Rechnung zu tragen. Dies gilt insbesondere auch für die neuen Verfahren der Genom-Editierung, von denen manche glauben, dass sie einen – möglicherweise

---

[4] Ladwig 2020, S. 14–15.

[5] Ladwig zitiert Machold 2015, S. 88.

[6] Vgl. zur Übersicht Ach 2013.

beträchtlichen – Beitrag zur Verbesserung des Wohlergehens von landwirtschaftlich genutzten Tieren leisten können.[7] Während Vereinigungen wie die Deutsche Gesellschaft für Züchtungskunde e. V. eine „verantwortungsvolle Weiterentwicklung des Gen-Editings in der Nutztierzucht [befürworten] insbesondere um genetisch bedingte Eigenschaften mit Bezug zu erhöhter Krankheitsresistenz und Tierschutz schneller in einer Population zu verankern"[8], wird das Thema von Seiten des organisierten Tierschutzes bislang mit erheblicher Skepsis beobachtet.[9]

Eine Befürchtung, die eine Skepsis diesem biotechnischen Weg gegenüber begründet, ist es, dass eine genomeditorische Manipulation eine Anpassung der Tiere an die Haltungsbedingungen mit sich bringen wird. Das bedeutet, dass eine insgesamt zu kritisierende Praxis dadurch zementiert würde. Die Tiere würden, wenn sie auf genomeditorischem Weg verändert sind, zwar ihre Haltung nicht mehr als so leidvoll empfinden, aber das bedeutet nur eine Verbesserung der Lebensqualität in den jetzigen Umständen, die nichtsdestoweniger miserabel sind. Man könnte daher von einem *technological fix* sprechen. Tatsächlich ist diese Strategie alles andere als alternativlos. Nicht nur wäre ein grundsätzlicher Verzicht auf die landwirtschaftliche Nutzung von Tieren zumindest (denk-)möglich, auch eine Veränderung der gegenwärtigen Produktionsbedingungen in der Landwirtschaft mit dem Ziel einer tiergerechteren Nutzung von Tieren wäre grundsätzlich möglich. Die Attraktivität der Idee, Tierwohl durch die Herstellung von genomeditierten Tieren zu fördern, beruht im Wesentlichen auf der Voraussetzung, dass es leichter ist (im Sinne von kulturell, politisch, ökonomisch oder rechtlich einfacher umsetzbar), das genetische Make-up von Tieren zu verändern und Tiere an die modernen Produktionsbedingungen anzupassen, als die Produktionsbedingungen selbst und die gegenwärtige Form der Tiernutzung zu verändern. Dies wirft ein interessantes ethisches Problem auf: Wie lassen sich (falls überhaupt) Handlungen rechtfertigen, die zwar einerseits in bestimmter Hinsicht gegenüber einer moralisch problematischen Praxis eine Verbesserung bedeuten, andererseits aber drohen zur Perpetuierung einer moralisch problematischen Praxis beizutragen?

Dem Ziel, eine Lösung für dieses Problem zu finden, wird hier in mehreren Schritten nachgegangen. Im ersten Kapitel werden verschiedene Verfahren der Genom-Editierung samt Risiken für betroffene Individuen dargestellt und erläutert. Die im Bereich der Tierzüchtung bereits vorgenommenen wie auch bloß anvisierten Vorhaben, die mittels der Genom-Editierung dafür sorgen sollen, dass es Nutztieren besser geht, werden hier systematisch zusammengestellt. Im Überblick werden einzelne solcher Vorhaben skizziert, damit ein Eindruck davon entsteht, was der Stand der derzeitigen Forschung ist, und welcher Art die Vorhaben sind, die den Gegenstand der ethischen Überlegungen darstellen.

---

[7] Vgl. Shriver und McConnachie 2018.

[8] Stellungnahme der DGfZ zu Chancen und Risiken des Gen-Editings bei Nutztieren. S. 6.

[9] Vgl. Spicher 2018.

Man könnte denken, dass im Anschluss an diese charakterisierende Darstellung direkt Überlegungen zu einer Bewertung der dargestellten Vorhaben angestellt werden. Aber bevor es dazu kommt, werden noch zwei Zwischenschritte eingelegt: Erstens wird überdacht, ob eine Wohl-Zu- oder -Abträglichkeit überhaupt für eine Bewertung relevant sein kann, und zweitens wird überlegt, wie es wäre, wenn nicht etwas anderes als das tierliche Wohlergehen – nämlich die tierliche Integrität im Sinne eines intrinsischen Wertes – als bewertungsrelevant angesehen würde. In Kap. 2 wird ersterer Frage nachgegangen. Diese Frage, die vielleicht auf den ersten Blick etwas sonderbar anmutet, wird durch das von Derek Parfit identifizierte Problem der Nicht-Identität aufgeworfen. Durch dieses Problem wird nämlich die „grundlegende Forderung nach der Berücksichtigung des Wohls künftig lebender Individuen in Frage [gestellt].“[10] In diesem Kapitel wird zum einen herausgearbeitet, dass das Problem der Nicht-Identität nur für ganz bestimmte züchterisch-genomeditorische Handlungen einschlägig ist. Zum anderen wird dafür argumentiert, dass das Problem der Nicht-Identität aufgelöst werden kann. Als attraktive Lösungsstrategie wird vorgeschlagen, das im Setting des Problems der Nicht-Identität investierte enge Schädigungsverständnis zu erweitern. Durch eine solche Lösung des Problems kann das Wohl zukünftiger tierlicher Individuen durchaus als relevanter Faktor bei der Beurteilung genomeditorischer Vorhaben ausgewiesen werden.

Die Relevanz einer Einflussnahme auf das Wohlergehen von Tieren könnte aber auch von anderer Seite in Frage gestellt werden. So stellen Positionen und Argumente, die auf die Integrität von Tieren abheben, mögliche Verletzungen eines Eigenwertes der betroffenen Tiere ins Zentrum, die unabhängig davon relevant sind, ob die subjektive Erfahrungslandschaft eines Tieres tangiert wird. Moralisch problematisch ist eine gentechnische Intervention diesen Auffassungen zufolge, wenn sie, auch unabhängig von möglichen negativen oder positiven Folgen des Eingriffs auf das Wohlergehen der betroffenen Tiere, mit deren Integrität oder Eigenwert unvereinbar ist. Auf den ersten Blick scheinen Eingriffe aus der Perspektive dieser Ansätze generell problematisch zu sein. In Kap. 3 wird zum einen überprüft, ob Integritätsargumente ein kategorisches Verbot genomeditorischer Eingriffe implizieren. Zum anderen werden aber auch die Integritätsargumente selbst auf den Prüfstand gestellt. Es wird sich zeigen, dass diese Argumente hohe metaphysische Kosten und/oder andere schwerwiegende begründungstheoretische Probleme mit sich bringen.

In Kap. 4 wird dann eine Position ins Auge gefasst, die auf die positiven oder negativen Folgen abhebt, die gentechnische Eingriffe auf das Wohlergehen von betroffenen Tieren haben. Das Wohl der Tiere wird dafür interessentheoretisch ausbuchstabiert. Mit der vorgeschlagenen interessentheoretischen Wohlkonzeption ist sowohl das zu berücksichtigen, woran Tiere ein Interesse haben (*preference*

---

[10] Omerbasic-Schiliro 2022, Einleitung.

interests) als auch das, was im Interesse von Tieren ist *(welfare interests)*. Auf-
bauend auf einer solchen Konzeption, die diese beiden Aspekte tierlichen Wohls
für wichtig erachtet, werden zwei Prinzipien vorgeschlagen: ein grundlegendes
normatives Prinzip, wonach bei genomeditorischen Vorhaben das tierliche Wohl –
sowohl was *preference* als auch *welfare interests* betrifft – zu beachten ist und das
Prinzip der Wohlverbesserung, das besagt, dass durch genomeditorische Vorhaben
eine Verbesserung des tierlichen Wohls gegenüber der Elterngeneration zu erzielen
ist.

Eine Beurteilung, die allein auf diesen Prinzipien beruht, ist allerdings nicht
ausreichend, bedenkt man die zu Beginn angeführte Problematik der möglichen
Verfestigung moralisch problematischer Praktiken durch genomeditorische
Züchtungsvorhaben. Gesucht ist ein Ansatz, der auch eine kritische Haltung
gegenüber dem *Status quo* ermöglicht. Aus diesem Grund wird in Kap. 5 über-
legt, von welcher normativen Basis aus eine Bewertung genomeditorischer Vorhaben erfolgen sollte. Hierfür wird an die Überlegung von John Rawls zur
Unterscheidung einer idealen und einer nichtidealen Theorie anknüpft. Eine
nichtideale Theorie fragt, wie die langfristigen Ziele, die durch eine ideale
Theorie vorgegeben sind, erreicht werden können, und damit, so Rawls, nach
„Handlungsmöglichkeiten, die moralisch zulässig, politisch möglich und aller
Wahrscheinlichkeit nach auch wirksam sind."[11] Sich an dieser Idee Rawls und
deren Fruchtbarmachung im Bereich der Tierethik durch Robert Garner und
Bernd Ladwig orientierend, wird ein eigener Vorschlag für eine ideale und eine
nichtideale Theorie im Umriss vorgelegt. Es wird vorgeschlagen, eine ideale
tierethische Theorie zu wählen, die das Prinzip der gleichen Interessenberücksichtigung beinhaltet, sowie in der nichtidealen Welt auf ein Prinzip zu setzen, das
eine Angleichung der Interessenberücksichtigung fordert. Mit diesen theoretischen
Mitteln an der Hand wird dann im abschließenden Kapitel ein Entscheidungs-
baum vorgelegt, mit dessen Hilfe zu überprüfen ist, ob etwaige genomeditorische
Züchtungsvorhaben zu befürworten oder abzulehnen sind.

---

[11] Rawls 2002, S. 113.

Inhaltsverzeichnis

1   **Genom-Editierung als Züchtungstechnik im**
    Bereich der landwirtschaftlichen Nutztiere 1
    1.1   Methode und Technik der Genom-Editierung 3
    1.2   Probleme der Genom-Editierung: Unerwünschte
          On- und Off-Target-Effekte 7
    1.3   Züchtungsziele mit Tierwohlaspekt 9
          1.3.1   Steigerung der Krankheitsresistenz 10
          1.3.2   Reduzierung leidverursachender Eingriffe. 20
          1.3.3   Toleranz gegenüber schädigenden
                  Haltungsbedingungen und Umwelteinflüssen 23
          1.3.4   Nutztier-*Enhancem*ent 28
    1.4   Zusammenfassung 30

2   **Ethische Relevanz des Wohls zukünftiger Tiere** 31
    2.1   Das Problem der Nicht-Identität 34
          2.1.1   Die allgemeine Struktur des Problems 34
          2.1.2   Welche Tierzüchtungsvorhaben werfen
                  das Problem der Nicht-Identität auf? 36
    2.2   Mögliche Umgangsweisen mit dem Problem 42
          2.2.1   „Bite The Bullet" 42
          2.2.2   Begründungen der moralischen Intuition
                  extern zum Problem der Nicht-Identität. 45
          2.2.3   Auf der Suche nach internen Lösungen
                  der Nicht-Identitätsproblematik 52
    2.3   Zusammenfassung 67

3   **Integritätsargumente** 69
    3.1   Integrität als genetische Intaktheit 70
          3.1.1   Die Intaktheit eines Genoms 71
          3.1.2   Die Verletzung der genetischen Integrität 73
          3.1.3   Genetische Integrität und das moralisch Falsche 75
          3.1.4   Beurteilung der Genom-Editierung
                  unter dem Gesichtspunkt genetischer Intaktheit 76

3.2   Integrität als Erhalt artspezifischer Wesenszüge.   77
       3.2.1   Artspezifische Wesensmerkmale
                im Sinne eines Telos.   78
       3.2.2   Artspezifische Wesensmerkmale
                in der biozentrischen Position Verhoogs   80
       3.2.3   Die fragliche Opposition von intrinsischen
                und instrumentellen Werten   81
       3.2.4   Kontraintuitive Konsequenzen für unseren
                Umgang mit domestizierten Tieren   82
       3.2.5   Beurteilung der Genom-Editierung unter
                dem Gesichtspunkt artspezifischer Wesenszüge   87
3.3   Integrität als Erhalt artspezifischer Funktionen   89
       3.3.1   Biozentrisch verstandene Schädigung   90
       3.3.2   Das Analogieargument.   92
       3.3.3   Das Prinzip der Reduktion von Fähigkeiten   94
       3.3.4   Beurteilung der Genom-Editierung unter
                dem Gesichtspunkt artspezifischer Funktionen   96
3.4   Zusammenfassung   97

4   Interessentheoretische Überlegungen   99
4.1   Tierinteressen und das tierliche Wohl.   100
       4.1.1   *Prefence* und *Welfare Interests*.   104
       4.1.2   Beurteilungsprinzipien.   111
4.2   Zusammenfassung   116

5   Grundlinie der Bewertung: Eine nichtideale
    tierethische Theorie.   119
5.1   Vorschlag für ein ideales tierethisches Prinzip.   128
5.2   Welche nichtideale Theorie führt gut zum Ziel?   132
       5.2.1   Die Position des Empfindungsvermögens   132
       5.2.2   Die Position des radikalisierten Tierschutzes.   136
       5.2.3   Die Position der Angleichung der Interessenberück-
                sichtigung.   140
5.3   Zusammenfassung   143

6   Beurteilung der genomeditorischen Züchtungsvorhaben   145
6.1   Ein wohlverbesserndes genomeditorisches
       Züchtungsvorhaben   148
6.2   Genom-Editierung als tolerierbare Möglichkeit
       zur Angleichung einer Interessenberücksichtigung   149
6.3   Genom-Editierung als tolerierbare Möglichkeit, eine ungleiche
       Interessenberücksichtigung möglichst gering zu halten.   151

Literatur.   153

Genom-Editierung als Züchtungstechnik im Bereich der landwirtschaftlichen Nutztiere

Die Genom-Editierung ist eine relativ neue molekularbiologische Methode, die gegen Ende des 20. Jahrhunderts entwickelt wurde und sich seitdem in ständiger Weiterentwicklung befindet. Weltweit wird diese Technik für vielfältige Zwecke in der biologischen und medizinischen Forschung genutzt. Sie ermöglicht es, das Genom von Zellen, Geweben oder auch ganzer Organismen zielgerichtet zu manipulieren. Von Genom-Editierung spricht man, weil diese Methoden es erlauben „sowohl einzelne falsche Nukleotide (wie Buchstaben, also quasi Druck-fehler), aber auch größere Genbereiche wie zum Beispiel ganze Exone (fehlerhafte Wörter oder ganze Textabschnitte)"[1] auszutauschen oder zu korrigieren. Man kann mit den Techniken der Genom-Editierung also Nukleotidsequenzen verändern, indem man gezielt einzelne Basen ersetzt, zufällige wenige Basen umfassende Mutationen hervorruft, oder man kann das Genom verändern, indem kleinere wie auch größere DNA-Fragmente eingefügt werden.

Verliert durch diese Manipulation das Gen am Zielort seine Funktion, spricht man von Knock-out-Mutationen, bei der gezielten Insertion von DNA-Fragmenten hingegen von Knock-in-Mutationen. Werden ganze Abschnitte der DNA entfernt, so wird das als Deletion bezeichnet. Es können aber auch Translokationen initiiert werden, d. h. eine Chromosomenmutation, bei der Teile von Chromosomen an anderer Stelle des Chromosomensatzes eingefügt bzw. ausgetauscht werden.[2] Durch diese Veränderungen ist es möglich, in der Nutztierzucht verschiedenste Zuchtziele zu verwirklichen.

---

[1] Fehse 2018, S. 98.

[2] Vgl. Lang 2019, S. 82–83.

© Der/die Autor(en), exklusiv lizenziert an Springer-Verlag GmbH, DE, ein Teil von Springer Nature 2023
S. Hiekel, *Tierwohl durch Genom-Editierung?*, Techno:Phil –
Aktuelle Herausforderungen der Technikphilosophie 8,
https://doi.org/10.1007/978-3-662-66943-3_1

Gegenüber herkömmlichen Züchtungsmethoden kann die Genom-Editierung vorteilhaft sein, weil bestimmte wünschenswerte Merkmale – intra- oder interspeziär – gezielt verankert werden können, z. B. ohne dass diese an andere (evtl. unerwünschte) Merkmale gekoppelt wären, die mitvererbt würden. Bei herkömmlichen Züchtungsverfahren ist das Zuchtziel grundsätzlich auf nur wenige und nur solche Eigenschaften beschränkt, die bei den Ausgangstieren natürlicherweise vorkommen. Zudem liegen häufig bestimmte Merkmale gekoppelt miteinander vor. Beispielsweise ist bei Rindern meist eine hohe Milchproduktionsleistung mit dem Vorhandensein von Hörnern verbunden. Ersteres ist gewünscht, letzteres bereitet Schwierigkeiten, da Tier wie Mensch dadurch unter bestimmten Voraussetzungen (Haltungsbedingungen etc.) verletzungsgefährdet sind. Mit der Genom-Editierung kann man gezielt eines der Merkmale manipulieren, ohne dass auf das andere Einfluss genommen wird.

Durch den züchterischen Einsatz der Genom-Editierung können auch Züchtungszyklen verkürzt werden. Nach herkömmlichen Methoden erfolgt die Züchtung über Generationen hinweg. Bis ein Merkmal in der gewünschten Weise phänotypisch ausgebildet ist, müssen meist mehrere Generationen abgewartet werden. Dadurch ist die traditionelle Züchtungsmethode sehr zeitaufwändig. Die Möglichkeit der – seit den 80er Jahren in der Tierzucht zur Verfügung stehenden – Gensequenzierung und die Einführung Marker-gestützter Selektionsverfahren haben zwar schon Vorteile mit sich gebracht, wie z. B., dass Zuchtergebnisse wesentlich genauer und sicherer vorausgesagt werden und damit die Zuchtzyklen verkürzt werden konnten. Die Identifizierung molekularer Marker und ggf. erforderliche Zuchtkorrekturen führen im Ergebnis aber dazu, dass auch diese Züchtungsmethode zeitaufwändig und teuer ist.

Gegenüber älteren molekularbiologischen Verfahren verspricht die Genom-Editierung eine gerichtete und effektive Veränderung von Nukleotidsequenzen. Kennt man die Basenabfolge des Genoms, wie das z. B. bei Nutztieren wie Rind, Pferd, Schwein, Schaf, Huhn, Hund und Biene weitgehend der Fall ist,[3] dann kann man gerichtet Mutationen hervorrufen, die einem bestimmten Züchtungsziel entsprechen. Voraussetzung dafür ist allerdings, dass man umfangreiche Kenntnisse über Strukturen und Funktionen der Nukleotidsequenzen besitzt, die verändert werden sollen. Andere gentechnische Verfahren haben den Nachteil, dass die Insertion von Genen an zufälligen Stellen im Genom und wenig effizient erfolgt. Es kann daher zu unerwünschten Effekten auf angrenzende Gene bzw. zu pleiotropen Effekten[4] kommen. Einen weiteren Vorteil verspricht die Genom-Editierung dadurch, dass mögliche Nebeneffekte (vor allem On Target s. u.) besser detektiert werden können.

---

[3] Vgl. Bartsch 2018, S. 64.

[4] Wenn ein Gen mehrere phänotypische Merkmale beeinflusst, spricht man von Pleiotropie. Eine Genmanipulation kann pleiotrope Effekte in dem Sinne hervorrufen, dass von der Genmanipulation mehrere Merkmale zugleich betroffen sind.

Tab. 1.1 Übersicht über die bekannteren Endonukleasesysteme der Genom-Editierung. (Quelle (verändert): Lang et al. 2019, S. 91)

	ZFN	TALEN	CRISPR/Cas9[5]
Design	Schwierig	Mittel	Einfach
Erkennungssequenz	18–36 bp	24–40 bp	17–23 bp
Kosten in US-$	5000–10.000	< 1000	< 100
Multiplexing	Schwierig	Mittel/Guha et al. 2017) oder schwierig (Ruan et al. 2017; Kadam et al. 2018)	Einfach

1.1 Methode und Technik der Genom-Editierung

Methodisch bedient man sich bei der Genom-Editierung der Eigenschaften bestimmter Enzymkomplexe, sowohl gerichtet Doppelstrangbrüche in der DNA als auch gezielt Veränderungen in der Nukleotidsequenz verursachen zu können. Es handelt sich bei diesen Enzymkomplexen um sogenannte ortsgerichtete Endonukleasesysteme (‚Site Directed Nucleases' (SDN)). Das wohl bekannteste Endonukleasesystem ist CRISPR/Cas, das auch außerwissenschaftlich einen gewissen Bekanntheitsgrad erlangt hat.[6] Neben CRISPR/Cas gibt es aber auch noch andere Systeme, die ebenfalls für die Genom-Editierung Verwendung finden. Das sind Zinkfingernukleasen (ZFNs) oder Transcription Activator-like Effector Nucleasen (TALENs) (Tab. 1.1).

Alle diese Endonukleasesysteme bestehen aus zwei Komponenten: 1. der sogenannten ‚Sonde' und 2. der sogenannten ‚Schere'. Die Sonde leitet die Schere an die gewünschte Stelle im Genom, an der die Mutation hervorgerufen werden soll. Die Schere hat die Endonukleasefunktion und bewirkt einen Doppelstrangbruch in der DNA.

Mit Hilfe von zelleigenen Reparaturmechanismen, die durch die Doppelstrangbrüche in der DNA aktiviert werden, werden die Brüche behoben. Wird dies einfach durch Zusammenfügen der freien DNA-Fragmente vorgenommen, so spricht man vom *non-homologous end joining* (NHEJ). Bei dieser Verknüpfung sind zufällige Insertionen oder Deletionen nicht unwahrscheinlich, die dann z. B. durch

---

[5] CRISPR/Cas ist eigentlich ein bakterieller adaptiver Verteidigungsmechanismus gegen Viren. Bei einem Virusbefall wird in die bakterielle CRISPR-Sequenz virale DNA eingefügt. Wird diese transkribiert und lagert sich das Cas9-Enzym an die gebildete RNA an, so bindet dieser Komplex die endringende virale DNA und zerschneidet diese, vgl. Lang et al. 2019, S. 88. Diesen Mechanismus macht man sich bei der Genom-Editierung zu nutze.

Anhand der Tabelle kann man ersehen, dass das CRISPR/Cas-System in monetärer Hinsicht und in Bezug auf den Designaufwand große Vorteile bietet, was wohl ein Grund dafür ist, dass dieses System so verbreitet genutzt wird.

[6] Einen Überblick über Möglichkeiten sowie über zu erwartende positive und negative Folgen der Genom-Editierung gibt z. B. der Film ‚Human Nature: Die CRISPR Revolution'.

Rasterschubmutationen zum Knock-out eines Gens oder zur Veränderung der Aktivität eines Gens führen können. Ein anderer Reparaturmechanismus der Zelle ist der *homology directed repair* (HDR), der anhand der Vorlage der DNA auf dem Schwesterchromatid die DNA passgenau repariert. Befinden sich aber in der Zelle DNA-Templates, die mit zu den Schnittstellen homologen Enden ausgestattet sind, dann kommt es durch den HDR zum Einbau dieser DNA. Auf diese Weise kann es z. B. zur Insertion von DNA-Abschnitten in das Genom kommen.

Das System CRISPR/Cas wurde zusätzlich weiterentwickelt, so dass auch Sequenzveränderungen ohne Doppelstrangbrüche durchgeführt werden können. Dadurch wird das sogenannte *Base-Editing*[7] möglich: Die DNA wird am Zielort nicht geschnitten, sondern es werden die Stränge des Doppelstrangs voneinander gelöst. Durch eine Veränderung des Enzyms Cas9 können dann gezielt Basen an dieser geöffneten Stelle umgewandelt werden. Durch dieses Verfahren können gezielt Punktmutationen eingeführt und unerwünschte Effekte des Doppelstrangbruchs vermieden werden. Allgemein werden dem CRISPR/Cas-System gegenüber den anderen Endonukleasesystemen Vorteile in Bezug auf Einfachheit der Handhabung, Effizienz, Leistungsfähigkeit und Multiplexingmöglichkeit zugeschrieben.[8]

Bei der Anwendung von ortsgerichteten Endonukleasen werden auf der Grundlage dieser Wirkmechanismen drei Techniken unterschieden:

- SDN 1-Technik: Dem Endonukleasesystem wird *keine Template-DNA* beigefügt. Erzeugte Doppelstrangbrüche werden spontan via NHEJ repariert und etwaige Reparaturfehler können zu gewünschten Mutationen führen. Es handelt sich dabei zwar um eine gerichtete, aber ungezielte Veränderung. Sie wird als ungezielt betrachtet, da die Art der Mutation zufällig erfolgt. Das Base-Editing kann diesem Techniktypus zugerechnet werden. Obwohl kein Doppelstrangbruch erfolgt und auch der Austausch der Basen zielgeleitet ist, wird beim Base-Editing keine Template-DNA beigefügt.
- SDN 2-Technik: Zusätzlich zum Endonukleasesystem werden kleine *homologe DNA-Fragmente* in die Zelle gebracht, die einige wenige Sequenzänderungen enthalten. Durch das HDR werden diese Änderungen im Genom verankert, wodurch es zur Mutation im Zielgen kommt. Sowohl Insertionen als auch Deletionen einzelner oder mehrerer Nukleotide wie auch Nukleotidaustausche sind möglich.
- SDN 3-Technik: Es werden große *rekombinante DNA-Fragmente,* die mehrere tausend Nukleotide lang sein können, zusammen mit dem Endonukleasesystem in die Zelle eingebracht. An den Enden der DNA-Fragmente befinden sich homologe Sequenzen zu den Enden des Doppelstrangbruchs, so dass die DNA-Fragmente via HDR in das Genom eingebaut werden kann. So kann es zur

---

[7]Vgl. zum Base-Editing: Lang et al. 2019, S. 91 oder Bartsch et al. 2018, S. 20.
[8]Vgl. Bharati et al.2020, S. 85.

Insertion von großen DNA-Abschnitten in das Zielgenom kommen. Entstammt das DNA-Fragment einer anderen Spezies und wird dieses in das Zielgenom integriert, dann handelt es sich um ein transgenes Endprodukt.

Bei allen diesen Techniken müssen die Endonukleasesysteme und bei SDN 2- und 3-Techniken auch die DNA-Fragmente in die Zelle eingebracht werden. Dafür müssen die Systeme auf bestimmte Weise vorbereitet werden, um dann über verschiedene mögliche Methoden in die Zelle eingeschleust werden zu können (Tab. 1.2).

Wichtig für die spätere Beurteilung in Hinblick auf das Tierwohl können die in dieser Tabelle schon genannten Unterschiede im Bereich der Off-Target-Effekte (s. u.) und der Effizienz sein.

Die solcherart vorbereiteten Endonukleasesysteme müssen dann noch den Weg in den Zellkern der Zielzelle finden. Auch dafür stehen verschiedene Verfahren zur Verfügung, deren Vor- und Nachteile ebenfalls für das Tierwohl relevant werden können. Es werden in diesem Zusammenhang vektorielle (virale und nicht-virale) und nicht-vektorielle Einbringungsmethoden voneinander unterschieden (Tab. 1.3).

Tab. 1.2 Möglichkeiten der Vorbereitung des Endonukleasesystems[9]

Verpackung der DNA, die für das System kodiert, in ein Plasmid – Expression des Systems nach Einbringen in den Zellkern	Einbringung des Endonuklease-Systems direkt in den Zellkern	Einbringung der mRNA, die zur Translation der Endonuklease führt
Relativ günstig, Plasmid ist stabil, Effizienz gering, höhere Dauer bis Editierungsprozess beginnen kann, Einbau des Plasmids in das Genom möglich	In Herstellung aufwändiger und kostenintensiver, Editierungsprozess beginnt schnell, geringere Off-Target-Effekte	Weniger stabil und weniger effizient, Editierungsprozess beginnt schnell, geringere Off-Target-Effekte

Tab. 1.3 Mögliche Vor- und Nachteile von Einbringungsmethoden für Endonukleasesysteme in den Zellkern[10]

vektoriell		nicht-vektoriell
viral	nichtviral	
Hohe Effizienz, z. T. Ladekapazität für Aufnahme des Endonukleasesystems gering, Zytotoxizität und Immunogenität möglich	Effizienz geringer als virale Vektoren, Auswahl von geeigneten Materialien noch in Erforschung	Verfahren rel. einfach und zielgenau, lang erprobt, oft auf *in vitro* Anwendung limitiert

---

[9]Ich orientiere mich hier an Lang et al. 2019, S. 95.

[10]Vgl. Lang et al. 2019, S. 95–97.

Bei vektoriellen Verfahren macht man sich die Eigenschaft bestimmter Trägermaterialien (virale DNA oder RNA bzw. Materialien wie synthetische Polymere) zunutze, die für das Endonukleasesystem spezifische Sequenz von Nukleotiden zu integrieren bzw. zu binden und in die Zelle zu transportieren. Beim nicht-vektoriellen Verfahren werden Proteine und/oder DNA, die für das Genom-Editierungssystem kodiert, über physikalische Verfahren (z. B. Mikroinjektion oder Elektroporation) in die Zelle eingebracht. Teils ist das nur *in vitro* möglich. Die Begrenzung auf den *in vitro*-Bereich kann aber durch die Technik des somatischen Kerntransfers behoben werden: Das Endonukleasesystem wird in eine somatische Zelle eingebracht und der genomeditierte Zellkern wird dann in eine entkernte Oocyte transferiert (somatischer Kerntransfer). Ob das Endonukleasesystem erfolgreich in den Kern der somatischen Zelle eingebracht worden ist, kann auf der zellulären Ebene *in vitro* überprüft werden. Wird das Endonukleasesystem in das Zytoplasma früher Embryonen injiziert (Mikroinjektion), dann erfolgt die Selektion im frühen Embryo oder erst im geborenen Jungtier.[11]

Schon mit den Einbringungsmethoden – somatischer Kerntransfer oder Mikroinjektion – gehen unterschiedliche Risiken einher. Es wird berichtet, dass der somatische Kerntransfer mit Embryonenverlusten, postnatalem Tod und Entwicklungsfehlern assoziiert ist.[12] Mit dem somatischen Kerntransfer ist zwar eine Selektion schon *in vitro* möglich, so dass hier die Effizienz der Einbringung und Verankerung der gewünschten Merkmale höher ist,[13] aber hier sind negative Effekte auf die sich dann entwickelnden Tiere durch die Klonierungstechnik zu befürchten.

Bei der Mikroinjektion können Selektionsmechanismen nicht *in vitro* durchgeführt werden, sondern erst am editierten Embryo und später ansetzen. Dadurch können Fehlversuche, die für die Tiere mit negativen Effekten verbunden sein können, erst spät detektiert werden. Darüber hinaus ist mit der Mikroinjektion die Gefahr der Mosaikbildung verbunden.[14] Wenn Endonukleasesysteme in embryonale Zellen eingebracht werden, ist es eigentlich erwünscht, dass alle Zellen die gewünschte Veränderung enthalten. Es kann aber vorkommen, dass nur in einem Teil der Zellen die gewünschten (und/oder unerwünschten) Veränderungen im Genom vorgenommen werden und in anderen nicht. Dieses Phänomen wird als Mosaikbildung bezeichnet. Mosaikbildung kann auch natürlich – ohne manipulative Ereignisse – vorkommen, ist aber ein Risiko, das im Zusammenhang mit einer Genom-Editierung als Nebeneffekt nicht unwahrscheinlich ist.

---

[11]Vgl. Bartsch et al. 2019, S. 65.

[12]Vgl. Whitelaw et al. 2016.

[13]Eine Studie weist auf, dass die erfolgreiche Editierung (editierte Tiere/lebend geborene Tiere) via somatischem Kerntransfer bei Schweinen bei 76 %, bei Rindern bei 81 % liegt. Bei der Einbringung via Mikroinjektion liegt sie bei Schweinen bei 37 % und bei Rindern bei 8,2 %, vgl. Tan et al. 2016, S. 280.

[14]Vgl. Mehravara et al. 2019.

Mosaikbildung kann dazu führen, dass die gewünschte Genomveränderung nicht an Nachkommen übertragen wird. Die Mosaikbildung kann auch Genotypanalysen erschweren, so dass nicht ohne weiteres festzustellen ist, welcher Genotyp vorliegt.[15] Darüber hinaus kann es zu einer fehlerhaften Entwicklung des Embryos oder zu Schädigungen im entwickelten adulten Körper kommen.[16] Zum Problem der Mosaikbildung, die durch die Genom-Editierung hervorgerufen werden kann, wird zwar geforscht, eine Mosaikbildung kann bislang jedoch nicht ausgeschlossen werden.[17]

Diese Methoden der Vorbereitung und der Einbringung des Endonukleasesystems in die Zelle werden mit dem Ziel durchgeführt, ganz bestimmte Veränderungen im Zielorganismus hervorzurufen. Schon diese sind, wie hier erläutert, mit bestimmten Risiken für die Tiere verbunden; darüber hinaus entstehen Risiken durch Nebeneffekte, die durch die Genom-Editierung selbst verursacht werden können: unerwünschte On-Target- und Off-Target-Effekte sind möglich.[18]

1.2   Probleme der Genom-Editierung: Unerwünschte On- und Off-Target-Effekte

Es wurden bereits im vorhergehenden Kapitel einige Risiken der Genom-Editierung benannt, die sich auf die Technik des somatischen Kerntransfers und der Mikroinjektion beziehen. Genuin mit der Genom-Editierung sind aber noch weitere Probleme verbunden. Neben den gewünschten Veränderungen am Zielort kann es nämlich auch zu unerwünschten Effekten entweder am Zielort selbst (On-Target) oder an anderen Stellen des Genoms, die man nicht zu verändern beabsichtigte (Off-Target), kommen. Ob letztere Veränderungen vorliegen, wird allerdings faktisch nicht durchgängig und auch nicht einheitlich kontrolliert.[19] Es ist zudem auch nicht genau geklärt, auf welche Weise eine Detektion solcher Effekte erfolgen sollte. Hier scheint es an einem Konsens über einheitliche Standards zu mangeln.[20]

Am Zielort kann es zum Beispiel bei der SDN 1-Technik durch den fehleranfälligen Reparaturmechanismus des *non-homologous end joinings* (NHEJ) zu nicht angezielten Veränderungen der Nukleotidsequenz kommen. Zum einen erhofft man sich zwar, durch die Fehleranfälligkeit eine Mutation zu erzeugen, die z. B. in einer Rasterschubmutation resultiert woraufhin es zu einem Knock-out eines

---

[15]Vgl. Mehravara et al. 2019, S. 158.

[16]Vgl. Lang und Griessler 2019, S. 162.

[17]Vgl. Mehravara et al. 2019, S. 161.

[18]Vgl. Lang et al. 2019, S. 97–100.

[19]Vgl. Kawall et al. 2020.

[20]Vgl. Hammer und Spök 2019, S. 229.

Probleme bereitenden Proteins kommt. Zum anderen ist aber gerade die Zufälligkeit, mit der das passiert, kritisch, weil auch nicht intendierte Mutationen hervorgerufen werden können. Inwieweit das für den betreffenden Organismus negativ ist, wird abhängig vom jeweiligen Zielort und der Auswirkung der unerwünschten Mutation sein.

Aber nicht nur am Zielort können unerwünschte Effekte auftreten, es ist auch der Fall, dass Effekte an anderen Orten des Genoms – also Off-Target – vorkommen.[21] Das kann z. B. dadurch geschehen, dass das Endonukleasesystem aufgrund mangelnder Spezifität an zum Zielort ähnlichen Stellen im Genom bindet und dort Veränderungen induziert. Inwieweit sich diese Veränderungen auf den betreffenden Organismus auswirken, ist wiederum abhängig von den Veränderungen, die hervorgerufen wurden. Off-Target-Effekte können phänotypisch unentdeckt bleiben, es kann aber auch sein, dass essenzielle Zellfunktionen verloren gehen. So ist die Suche nach geeigneten Nachweisverfahren für Off-Target-Effekte sowie die Entwicklung von Endonukleasesystemen, die weniger Off-Target-Effekte aufweisen,[22] eine wichtige Begleitforschung der Genom-Editierung.

Es kann auch sein, dass es sich bei den Zellen, in denen die Genom-Editierung besonders gut funktioniert, um solche handelt, die auf andere Weise problematisch für den Organismus sein können. So ist z. B. festgestellt worden, dass die Genom-Editierung besonders in solchen Zellen effektiv ist, in denen ein bestimmtes Gen mutiert ist, das für ein Protein kodiert, das bei der Reparatur von Doppelstrangbrüchen beteiligt ist. Die solcherart mutierten Gene finden sich wiederum häufig in cancerogenen Zellen.[23] Bei der Auswahl, der durch die Genom-Editierung veränderten Zellen, ist dann die Wahrscheinlichkeit hoch, dass solche Zellen ausgewählt werden, die potentiell cancerogen sind. Dieses Problem kann behoben werden, indem das Screening Verfahren für die genomeditierten Zellen um genau diesen Aspekt erweitert wird, zeigt aber auch, dass die Zellprozesse, die mit der Genom-Editierung einher gehen, komplex sind und beim Screeningverfahren Berücksichtigung finden müssen.

Um die Auswahl von Zellen/Organismen zu gewährleisten, die die gewünschte Veränderung aufweisen, sind DNA-, Protein- und Metabolit-basierte Nachweisverfahren üblich.[24] Damit negative Effekte vermieden werden, muss aber auch ein Screening auf mögliche unerwünschte Effekte durchgeführt werden. In dieser Hinsicht werden drei Verfahren diskutiert: das Screening nach potentiellen Off-Target-Effekten, die Sequenzierung des gesamten Genoms oder die Sequenzierung

---

[21] Vgl. Bharati et al., S. 81.

[22] Vgl. Bravo et al. 2020.

[23] Haapaniemi et al. 2018.

[24] Vgl. Bartsch et al. 2018, S. 43–57; Bunton-Stasyshyn et al. 2022.

aller Exonbereiche.[25] Das erstgenannte Verfahren ermöglicht es, gezielt nach Veränderungen zu suchen. Es setzt aber voraus, dass mögliche unerwünschte Effekte bereits antizipiert werden. Treten unerwartete Veränderungen auf, werden diese nicht detektiert. Sequenziert man das ganze Genom, ist das häufig sehr aufwändig, man kann so aber in allen Regionen der DNA Veränderungen feststellen. Sequenziert man nur die Exonbereiche, so ist das zwar weniger umfangreich, aber die Bereiche der DNA, die proteinkodierend sind, werden darüber jedenfalls erfasst. Teils schwierig ist es allerdings, die durch die Genom-Editierung verursachten unerwünschten Veränderungen von solchen zu unterscheiden, die spontan auftreten und in den Bereich der natürlichen Variabilität gehören.[26] Sind unerwünschte Effekte detektiert, ist es zudem häufig nur schwer zu prognostizieren, welche Auswirkungen diese auf den Organismus haben werden.[27]

1.3 Züchtungsziele mit Tierwohlaspekt

Die Nutztierzucht hat vielfältige Zuchtziele wie z. B. die Steigerung von Produktionsleistungen oder die Verbesserung der Qualität tierischer Produkte. Neben solchen auf menschliche Belange zugeschnittenen Zuchtzielen gibt es aber auch solche, die dem Tierwohl zugutekommen sollen. Zuchtziele, die bislang mit der Genom-Editierung in Angriff genommen wurden, und die einen tierwohlrelevanten Aspekt haben, sind: Steigerung von Krankheitsresistenz, die Reduzierung schmerzhafter Eingriffe, die bessere Anpassung an die Bedingungen der Nutztierhaltung und die Vermeidung von unnötiger Tiertötung. Theoretisch angedacht ist auch die Verfolgung von komplexeren Zuchtzielen, wie die Reduzierung oder Ausschaltung des Schmerzempfindens bzw. der Empfindungsfähigkeit sowie die Programmierung auf einen frühen Tod. Eine weitere Möglichkeit, die züchterisch das Tierwohl stark in den Blick nimmt, wäre es, über genomeditorische Mittel positive mentale Zustände von Nutztieren zu befördern und damit ‚welfare-enhanced animals‘ zu erzeugen.

---

[25] Vgl. Ishii 2017, S. 30. Exonbereiche sind die Abschnitte des Genoms der Eukaryonten (Lebewesen, deren Zellen einen echten Zellkern aufweisen), die beim sogenannten Spleißvorgang der DNA erhalten bleiben und in RNA übersetzt werden. Die Intronbereiche werden hingegen herausgeschnitten und abgebaut.

[26] Vgl. Lang. und Griessler 2019, S. 161. Es stellt nach Van Eenennaam (2019, S. 98) ein prozedurales Problem dar, zwischen intentionalen Genomveränderungen, Nebeneffekten und spontanen *de novo* Mutationen zu unterscheiden. Sie verweist in diesem Zusammenhang auf neuere Studien, die zeigen, dass jedes neu in die Existenz kommende Tier Mutationen aufweisen wird, die aus kleineren Insertionen oder Deletionen bzw. Einzelnukleotidsubstitutionen bestehen werden. Bedenken, dass Off-Target-Effekte mit natürlichen genomischen Variationen verwechselt werden können, äußern auch Wang et al. 2018.

[27] Vgl. Lang und Griessler 2019, S. 161.

1.3.1   Steigerung der Krankheitsresistenz

Eine Steigerung der Resistenz bzw. der Resilienz gegen bestimmte Krankheiten, die bei Nutztieren häufig auftreten, ist nicht nur unter ökonomischen Gesichtspunkten interessant, sondern liegt auch im Interesse der Tiere selbst, da Krankheiten Leid und teils auch den Tod bedeuten. Gleicher Art relevant für Landwirtschaft und Tiere ist auch eine mögliche Reduzierung von Ansteckungsrisiken, die von erkrankten Tieren ausgehen. Insbesondere bei Rindern, Schweinen und beim Geflügel sind in dieser Hinsicht Züchtungsexperimente mit Hilfe der Genom-Editierung unternommen worden. In Tab. 1.4 sind einige dieser Versuche zusammengefasst und werden im Folgenden kurz dargestellt.

Tuberkuloseresistenz
Die Tuberkulose ist eine infektiöse Krankheit, die von Tier zu Tier, von Tier zu Mensch und auch von Mensch zu Mensch übertragen werden kann. Bei Rindern befällt sie meist das Lungengewebe. Bei einer Infektion kann es zu Abmagerung und schließlich auch zum Tod kommen. Eine Resistenz gegen den Erreger *(Mycobacterium bovis)* ist per se aus gesundheitlichen Gründen gut für die Rinder, ist aber auch für Menschen aus ökonomischen und krankheitspräventiven Gründen

Tab. 1.4 Züchtungsversuche auf Krankheitsresistenzen in Nutztieren via Genom-Editierung

Nutztier	Krankheit	Beleg
Rind	Tuberkulose	Wu et al. 2015, Gao et al. 2017
	Mastitis	Liu et al. 2014
	Bovine Respiratory Disease (BRD)	Shanthalingam et al. 2016
Schwein	Porcine Reproductive and Respiratory Syndrome (PRRS)	Whithworth et al. 2014, Whithworth et al. 2016, Burkard et al. 2017, Yang et al. 2018, Guo et al. 2019, Tanihara, et al. 2021
	Afrikanische Schweinepest	Hübner et al. 2018
	Transmissible Gastroenteritisvirus (TGEV) Porcine Endemic Diarrhoevirus (PEDV) – Alpha-Coronaviren	Whitworth et al. 2019, Xu et al. 2020
Geflügel	Vogelgrippe	Long et. al. 2016 (Vorarbeiten, z. Z. noch keine resistenten Hühner existierend)
	Aviäres Leukosevirus	Lee et al. 2017, Koslová et al. 2017, Hellmich et al. 2020
Aquakulturfische (Lachs, Tilapia, Karpfen)	Verschiedene Erreger	Vorarbeiten: Chakrapani et al. 2016, Ma et al. 2018, Simora et al. 2020, Kim et al. 2021

vorteilhaft. Infizierte Tiere stellen eine Einnahmeeinbuße dar und Menschen können sich über den Konsum von Rohmilch infizieren.

Bei Rindern wurde eine genomeditorische Züchtung mit einer erhöhten Resistenz gegen Tuberkulose bislang in mindestens zwei Arbeitsgruppen unternommen. Bei den beiden hier dargestellten Arbeitsgruppenergebnissen macht man sich die Eigenschaft bestimmter Proteine zu eigen, das Wachstum und die Vermehrung des Tuberkuloseerregers zu verringern sowie einen Apoptoseweg des Zelltods zu induzieren, der gegenüber der tuberkulösen Nekrose der Zellen vorteilhaft ist. Das erste Züchtungsexperiment[28] wurde mit dem Endonukleasesystem TALEN durchgeführt, mit dessen Hilfe ein Knock-in eines Gens der Maus in das Genom des Rindes erfolgte. Das verwendete TALEN-System wurde so verändert, dass keine Doppelstrangbrüche, sondern Einzelstrangbrüche in der DNA erfolgten. Das hat den Vorteil, dass der unspezifische zelleigene Reparaturmechanismus des NHEJ umgangen werden kann und die Reparatur auf das HDR-System beschränkt wird. So wird versucht, unerwünschte Off-Target-Effekte zu vermeiden.

In der zweiten Arbeitsgruppe[29] wurde aus dem gleichen Grund Cas9 modifiziert und mit diesem ein rindereigenes Gen in das Genom von Rindern inseriert, dessen Translationsprodukt zu einer Resistenz gegen intrazelluläre Pathogene führt. Dieses Gen soll zu einer angeborenen erhöhten Resistenz gegen Tuberkulose verhelfen; eine Resistenz, die bei verschiedenen Rinderrassen unterschiedlich verbreitet ist.[30]

In beiden Arbeitsgruppen wurde das Endonukleasesystem vektoriell in Fibroblasten eingebracht und via somatischen Kerntransfers wurden heterozygote Embryonen erzeugt. Es konnte *in vitro* und *in vivo* gezeigt werden, dass transgene Tiere eine erhöhte Resistenz gegen den Erreger der Tuberkulose aufweisen. Die Tiere, die zum Zweck der Testung auf erfolgreiche Resistenz mit dem Erreger infiziert wurden, wurden anschließend getötet.

Mastitisresistenz

Die Entzündung von Milchdrüsen stellt für betroffene Kühe eine schmerzhafte Erkrankung und für die Stallgenossinnen eine Gefahr dar, da letztere sich anstecken könnten. Bei Donovan et al. finden sich sechs Gründe, warum es gut wäre, Mastitis-resistente Kühe zu züchten (u. a. mit Bezug auf gentechnische Mittel): 1. Mastitiden bedeuten für die Milchproduzenten erhebliche monetäre Einbußen, da die Milchleistung dieser Kühe verringert ist; 2. die Häufigkeit von Mastitiden hat bislang nicht wesentlich abgenommen, obwohl Maßnahmen (z. B. Antibitotikagaben) dagegen ergriffen wurden; 3. Impfstoffe haben nicht den Erfolg gebracht, den man sich erhofft hatte; 4. die herkömmlichen Züchtungs-

---

[28]Vgl. Wu et al. 2015.

[29]Vgl. Gao et al. 2017.

[30]Vgl. Adams et al. 1999. Die Autoren dieses Artikels erwägen hier eine markergestützte Züchtung resistenter Rinder.

methoden erscheinen nicht geeignet, da die Vererbbarkeit einer Masitisresistenz gering ist; 5. der extensive Gebrauch von Antibiotika ist in der Landwirtschaft nicht wünschenswert, da Antibiotikaresistenzen für Mensch und Tier zu befürchten sind und schließlich 6. auch, weil es dem Tierwohl zugutekommt.[31]

Die Ursache der Entzündung ist multifaktoriell. Hauptursachen werden in mangelnder Stallhygiene, Futter- und Melkfehlern gesehen, die zusammen mit einem Vorkommen von pathogenen Erregern zur Entzündung führen. Das Enzym Lysozym, das in der menschlichen Milch vorkommt, hat antimikrobielle Eigenschaften. Diese Eigenschaften möchte man sich in der Rinderzucht zunutze machen, indem transgene Kühe gezüchtet werden, die über das Gen für das menschliche Lysozym verfügen. Im Züchtungsexperiment von Liu et al.[32] hat man dies mit einem ZFN-Endonukleasesystem durchgeführt. Bovine fetale Fibroblasten wurden mit dem System transfiziert und der transfizierte Kern per Kerntransfer in eine entkernte Oocyte übertragen. Auf diesem Weg wurden fünf Kälber gezüchtet, die heterozygot für das humane Lysozymgen sind. Die antimikrobielle Wirkung wurde *in vitro* durch Milchtestung und *in vivo* durch Infusion von Bakterienkulturen getestet. In der Milch konnte gezeigt werden, dass die Milch der transgenen Kühe Lysozym enthielt, ohne sich in den anderen Bestandteilen wesentlich von der Milch nicht-transgener Kühe zu unterscheiden. Bei der *in vivo* Testung erkrankten von 20 transgenen Kühen keine, bei den 20 nicht-transgenen Kühen erkrankten 19 an einer Mastitis.

Bovine Respiratory Disease (BRD)
Im Rachen von Rindern wie auch in dem anderer Wiederkäuer befinden sich üblicherweise verschiedene Bakterienarten. Unter diesen gibt es einige, die unter bestimmten Voraussetzungen pathogen werden können. Wenn Rinder z. B. durch Stressbedingungen oder virale Infektionen abwehrgeschwächt sind, können diese eigentlich harmlosen Bakterien Krankheiten hervorrufen. Einer dieser Erreger ist das Bakterium *Mannheimia haemolytica,* das akute Lungenentzündungen verursachen kann. Diese Erkrankung ist für die betroffenen Rinder leidvoll, bringt aber auch für die Fleischindustrie finanzielle Verluste mit sich. Die Autoren, die über das Verfahren der Genom-Editierung Rinder zu züchten versuchen, die gegen diese Krankheit resistent sind, sprechen auch von einer „economically devastating disease"[33].

Hintergrund der Überlegungen, auf welche Weise eine Resistenz gegen dieses Bakterium erzielt werden kann, ist die Erkenntnis, dass die Absonderung von Leukotoxin durch das Bakterium der kritischste Virulenzfaktor[34] ist. Leukotoxin

---

[31] Donovan et al. 2005, S. 564.

[32] Liu et al. 2014.

[33] Shanthalingam et al. 2016, S. 13.188.

[34] Für *Mannheimia haemolytica* sind mehrere potentielle Virulenzfaktoren bekannt, von denen das Leukotoxin als dasjenige gilt, das für die Entwicklung einer Pneumonie ausschlaggebend ist. Vgl. Rice et al. 2008.

bindet an ein bestimmtes Protein (CD 18) der bovinen Leukozyten, was dann zur Zerstörung der Leukozyten (Cytolyse) führt. Ist dieses Leukozytenprotein allerdings durch Austausch einer Aminosäure verändert, erfolgt keine Cytolyse und der Haupteffekt der Bakterieninfektion ist unterbunden. Shanthalingam et al. haben über das ZFN-Endonukleasesystem eine biallelische Substitution von drei Basenpaaren in dem bovinen Gen durchgeführt, das für CD 18 kodiert, so dass der für die Resistenz wichtige Aminosäureaustausch erfolgt. Das heißt, es wurde kein Fremdgen eingeführt, sondern das native Gen wurde verändert. Bovine fetale Fibroblasten wurden entsprechend transfiziert und vermittels somatischen Kerntransfers entstand ein Fötus. Dieser Fötus wurde am 125. Gestationstag ‚geerntet' *(harvested)* und war nach veterinärmedizinischem Befund gesund. Das Blut bzw. die Leukozyten des genomeditierten Fötus wurden auf die Resistenz positiv getestet und das Züchtungsexperiment wird als wichtiger Schritt auf dem Weg zur Entwicklung einer Züchtungstechnik in Bezug auf Rinder, die gegen das Leukotoxin von *Mannheimia haemolytica* resistent sind, angesehen.

Porcine Reproductive and Respiratory Syndrome (PRRS)
PRRS ist eine viral bedingte Erkrankung des Schweins, bei der es sowohl zu Problemen im Wachstum und bei der Reproduktion (erhöhte Abortrate, Totgeburten, mumifizierte Föten *in utero*) als auch zu Atemwegsbeschwerden (Husten, Fieber, Dyspnoe) kommt. Sie geht mit einer hohen Mortalitätsrate einher. Das führt auch zu erheblichen finanziellen Verlusten bei den Schweinefleischproduzenten.

Es konnten zwei schweineeigene Proteine identifiziert werden, die wahrscheinlich für den viralen Infektionsweg eine Rolle spielen (CD163 und CD1D). Das CD163-Protein gilt z. B. als Rezeptor für das Eindringen des Virus in die Zellen des Wirts. Werden die kodierenden Regionen für CD163 und CD1D verändert, so dass die Proteine nicht mehr funktionstüchtig sind, dann soll es zu einer erhöhten Resistenz gegen den Erreger kommen. Whitworth et al. haben in 2014 eine umfassende explorative Studie unternommen, um herauszufinden, welche CRISPR-Sequenzen und welche Konzentrationen geeignet sind, um eine Veränderung der CD163- und CD1D-DNA-Region hervorzurufen. Dies wurde sowohl über eine genomeditorische Veränderung von somatischen Zellen mit anschließendem Kerntransfer wie auch mittels der Mikroinjektion in Zygoten durchgeführt.[35] Es wurde gezeigt, dass eine Veränderung über CRISPR/Cas sowohl über den somatischen Kerntransfer als auch in Embryonen möglich ist, dass aber die Targeting-Effizienz unterschiedlich ausfallen kann. Bei den SCNT-Experimenten war auffällig, dass nur eine Veränderung über das NHEJ-Reparatursystem erfolgte, die intendierte Veränderung über das HDR-System aber ausblieb. Eine Ursache hierfür konnte nicht ausfindig gemacht werden. Bei der

---

[35] Vgl. Whitworth et al. 2014. 2021 wurde auch eine Einbringung eines CRISPR/Cas9 Systems in Zygoten via Elektroporation durchgeführt. Vgl. Tanihara et al. 2021.

Injektion in Zygoten hingegen konnten intendierte Deletionen festgestellt werden. Ein weiterer Unterschied in Bezug auf die Einbringung des Endonukleasesystems in die Zelle war, dass einige Ferkel, die über den somatischen Kerntransfer entstanden waren, getötet werden mussten, da sie gesundheitliche Probleme hatten (etwas, das auf den SCNT zurückgeführt wird). Bei der Injektionsmethode wies ein Ferkel einen genetischen Mosaiktypus auf.

In 2016 wurde untersucht, ob Nachkommen der geneditierten Schweine gegen das PRRS-Virus resistent sind.[36] Dazu wurden zwei der geneditierten Schweine gepaart, woraus ein Wurf von acht Ferkeln entstand: eins totgeboren, drei mit Knock-out-CD163 (Nullallel CD163$^{-/-}$) und vier mit nicht-charakterisiertem Allel. Die drei CD163$^{-/-}$-Ferkel wurden mit acht anderen Ferkeln, die als Kontrollgruppe dienten, dem Virus (intramuskulär und intranasal) ausgesetzt. Die Wildtyp-Ferkel erkrankten alle an PRRS, eines starb schon am ersten Tag der Studie, die Nachkommen der geneditierten Schweine hingegen wiesen keine klinischen Symptome auf. Am 35. Tag des Versuchs wurden alle Schweine getötet und autopsiert. Histologische Untersuchungen bestätigen, dass die Makrophagen (Zellen des Immunsystems) der Knock-out-Schweine resistent gegen das Virus gewesen sind.

In 2017 wurden erneut genomeditierte Schweine gezüchtet. Diesmal wurde in einer Arbeitsgruppe untersucht, wie sich die Virusresistenz von CD163-Knock-out-Schweinen (SDN 1-Technik) gegenüber solchen verhält, bei denen eine Domäne des porcinen CD163-Proteins durch die eines humanen CD163-ähnlichen Proteins ersetzt wurde (SDN 3-Technik, transgen).[37] Es wurde festgestellt, dass die Schweine, die über die SDN 3-Technik gezüchtet wurden, nur gegen einen Typ des Virus resistent waren und nicht gegen den anderen. Der Test auf Virusresistenz wurde sowohl *in vitro* als auch *in vivo* durchgeführt.

Gegen den Versuch, einen Bereich des porcinen Proteins durch einen *human-homologen* Bereich zu ersetzen, wenden Burkard, C. et al. (2017) ein, dass das Herstellen solch transgener Schweine in Zusammenhang mit der Fähigkeit der Viren zur Adaptation die Gefahr potentieller Humanpathogenität berge.[38] Adaptiert das Virus z. B. an das veränderte CD163, so dass das veränderte CD163 als Rezeptor dienen kann und in der Folge eine Infektion entsteht, so ist es möglich, dass auch das humane CD163-ähnliche Protein als Rezeptor fungiert und eine Infektiosität für Menschen zu befürchten wäre.

Unter Einbezug der Überlegung, dass das CD163-Protein wichtige homöostatische, inflammatorische und immunantwortbezogene Funktionen hat, haben diese Autoren eine gezielte Deletion[39] genomeditorisch implementiert, die keinen

---

[36] Vgl. Whitworth et al. 2016, S. 2.

[37] Vgl. Wells et al. 2017. Eine Angabe darüber, wie viele Schweine gezüchtet und getestet wurden und was mit den gezüchteten Schweinen nach den Experimenten gemacht wurde, wurde in dem Artikel nicht gemacht.

[38] Vgl. Burkard et al. 2017, S. 16.

[39] Dem Exon 7 des Gens, das für dieses Protein kodiert, konnte bislang keine Funktion zugeordnet werden. Daher haben die Wissenschaftler genau dieses Exon deletiert.

Verlust von Funktionen zur Folge haben soll. Hier wurde über Mikroinjektion und das CRISPR/Cas9-System die Deletion vorgenommen. Es resultierten 36 Ferkel, von denen vier genotypisch eine Deletion aufwiesen, drei davon allerdings mit Mosaikbildung. Durch Paarung zweier ‚Mosaik'-Schweine wurde dann ein Wurf von zehn Ferkeln produziert. Von diesen wiesen sechs eine Deletion auf und vier erwiesen sich genotypisch als Wildtyp. Die genomeditierten Schweine zeigten sich morphologisch und über eine Blutuntersuchung gesundheitlich als mit Schweinen vom Wildtyp vergleichbar. Bei diesem Experiment wurde *in vitro* auf Virusresistenz sowie auf normale Funktionsweise des CD163-Proteins getestet und beides wurde positiv bewertet. In einem weiteren Züchtungsexperiment konnte die Virusresistenz *in vivo* bestätigt werden.[40] Dazu wurden vier genomeditierte Tiere und vier Tiere mit Wildtyp mit dem Virus infiziert und anschließend klinisch und pathologisch untersucht.

Resistenz gegen das Afrikanische Schweinefiebervirus
Das Afrikanische Schweinefiebervirus ist der Erreger der Afrikanischen Schweinepest, die für Haus- und Wildschweine in der akuten Form u. a. mit hohem Fieber, Abgeschlagenheit, z. T. auch mit Blutungen aus Maul, Nase und After einhergeht und mit höchster Wahrscheinlichkeit tödlich verläuft. Die Erkrankung kann aber auch subklinisch verlaufen. Gegen diese Erkrankung gibt es derzeit keine Behandlungsmöglichkeit und auch keinen Impfstoff. Sie ist in Deutschland eine anzeigepflichtige Tierseuche. Der begründete Verdacht auf einen Befall kann auf rechtlicher Basis zur Folge haben, dass der jeweilige Bestand getötet werden muss (Keulung).[41] Liegt der Hinweis vor, dass sich im Wildbestand eines Gebietes infizierte Tiere befinden, so hat die Betreuung von Schweinen in der Nutztierhaltung unter besonderen hygienischen Maßnahmen zu erfolgen. Eine sonst für wünschenswert befundene Freilandhaltung ist dann gegenindiziert.[42] Eine Reduktion des Wildtierbestandes durch vermehrte Bejagung kann ebenfalls für angezeigt gehalten werden. Die Schweinepest bringt damit nicht nur erhebliches Leid für die erkrankten, sondern auch für potentiell infizierte Tiere mit sich und ist zudem für sämtliche Schweine, die in einem Gebiet leben, in dem die Schweinepest grassiert, von Nachteil. Schon bei Vorliegen der Gefahr einer Infektion kann es für die Schweinehalter zu monetären Verlusten kommen, da Einfuhrverbote für Schweinefleisch ausgesprochen werden können und auch die Gefahr der Notwendigkeit einer Keulung besteht.

Im Fall dieser Erkrankung wird z. B. versucht, über das CRISPR/Cas-System die virale DNA in einem Bereich zu ‚zerschneiden', der in vielen Virustypen des Afrikanischen Schweinepestvirus konserviert vorliegt. Mehrere Lungen-Zelllinien eines Wildschweins wurden daher mit dem CRISPR/Cas-System und einer

---

[40] Vgl. Burkard et al. 2018; vgl. auch Yang et al. 2018; Guo et al. 2019.
[41] Vgl. Zinke 2020a.
[42] Vgl. Zinke 2020b.

entsprechenden Sequenz des Virusgenoms transfiziert. Dass die genomeditierten Zellen zu nicht veränderten Zellen ein vergleichbares Wachstum aufwiesen, sehen die Autoren als Indiz dafür an, dass keine Off-Target-Effekte vorliegen. Die transfizierten Zellen wurden darauf getestet, inwieweit die Virusreproduktion beeinflusst wird. Die WissenschaftlerInnen kommen zu folgendem Ergebnis: "[O]ur experiments provide the first proof-of-principle that ASFV replication can be suppressed in cells expressing a CRISPR/Cas9 system targeting an essential virus gene."[43]

Eine andere Arbeitsgruppe hat einen Weg eingeschlagen, der auf die Resilienz gegen eine Virusinfektion abzielt.[44] In diesem Fall macht man sich die Beobachtung zunutze, dass Warzenschweine zwar mit dem Virus infiziert sein können, aber anders als Hausschweine daran offensichtlich nicht erkranken. Diese Resilienz gegenüber der Afrikanischen Schweinepest führt man auf Einzelnukleotid-Polymorphismen (*single nucleotide polymorphism* SNP) im Gen zurück, das für das Rel-like domain-containing protein A (RELA) kodiert.[45] Eine interspeziäre Ersetzung des um fünf Basenpaare veränderten Bereichs im Hausschwein-RELA-Gen verspricht ebenfalls, eine Resilienz in den Nutztieren hervorzurufen. Aus diesem Grund wurde vermittels des Zinkfingernuklease-Systems der entsprechende Bereich des Warzenschwein-RELA-Gens über Mikroinjektion in das Genom von Hausschweinen eingebracht. Von 46 Tieren, die darüber entstanden, zeigten drei eine Veränderung im RELA-Gen, die aber jeweils unterschiedlich ausfiel: ein Ferkel war heterozygot für die fünf gewünschten Basenaustausche, eines war homozygot, allerdings nur für vier Basenaustausche, und ein Ferkel war homozygot für alle fünf Basenaustausche. Proudfoot et al. bemerken teils kritisch zu diesem Ansatz: „Should these pigs prove to be resilient to ASFV infection it is likely that their use may not be permitted in many jurisdictions, since they could act as reservoirs of infection. However, in environments where the disease is endemic use of such animals could be beneficial."[46]

Resistenz gegen das Transmissible Gastroenteritisvirus (TGEV) und Porcine Endemic Diarrhoevirus (PEDV) – Alpha-Coronaviren
Bei Ferkeln führen die beiden Alpha-Coronaviren TGEV und PEDV, häufig aufgrund eines durch Diarrhoe bedingten Flüssigkeitsverlustes, zum Tod. Das bedeutet – wie generell bei den vorgestellten Krankheiten, gegen die eine Resistenz zu züchten versucht wird – sowohl Leid und zu befürchtender Tod für die erkrankten Tiere als auch erhebliche finanzielle Einbußen für die Landwirtschaft. Die Bemühungen, eine Krankheitsresistenz bei Schweinen zu züchten, konzentrieren sich darauf – ähnlich wie beim PRRS – ein Rezeptorprotein, das für die Aufnahme des Virus in die Wirtszelle relevant scheint, so zu verändern,

---

[43] Hübner et al. 2018.

[44] Vgl. Lillico et al. 2016.

[45] Vgl. Palgrave et al. 2011.

[46] Proudfoot et al. 2019, S. 9.

dass die Viren nicht mehr in die Zelle hinein transportiert und die Infektion vereitelt werden kann. In den Experimenten von Whitworth et al. 2019 wurde versucht zu zeigen, dass ein bestimmtes Rezeptorprotein (Porcine Aminopeptidase N abgekürzt ‚ANPEP') ein Kandidat für eine solche Züchtung sein könnte.[47] Dieses Protein soll eine Reihe von verschiedenen biologischen Funktionen haben. Die Untersuchung von Knock-out-Mäusen in Bezug auf das ANPEP-Gen zeigte verschiedene Auffälligkeiten (z. B. schlechtere Blutbildung unter Stressbedingung und Mammogenese, verringerte T-Zellen-Anzahl). Die Arbeitsgruppe führte die Genom-Editierung über CRISPR/Cas sowohl über die Veränderung von Fibroblasten (vermutlich um später einen Kerntransfer durchführen zu können) als auch über eine Mikroinjektion durch. Der Versuch in fetalen Schweine-Fibroblasten eine Deletion im Gen, das für ANPEP kodiert, zu verursachen, schlug fehl. Eine Injektion des CRISPR/Cas Systems und zwei entsprechender Leit-RNA-Stränge führte hingegen erfolgreich zu Würfen von Ferkeln, die sowohl genotypischen Wildtyp als auch genomediert verschiedene Formen von Deletionen im ANPEP-Gen aufwiesen. Die Wachstumsrate, die Reproduktionsfähigkeit und der Phänotyp der genomeditierten Schweine war vergleichbar mit dem der Schweine, die einen Wildtyp aufwiesen und es traten keine gesundheitlichen Probleme auf (allerdings wurden auch keine umfassenderen Analysen z. B. in Bezug auf die T-Zellen durchgeführt). Bei Testung der Tiere auf Resistenz gegen eine Infektion mit dem PED-Virus und TGE-Virus zeigte sich, dass sich die Tiere mit einem ANPEP-Null Genotyp gegen TGEV resistent zeigten, gegen den PEDV hingegen nicht. Die Autoren schließen daraus im Speziellen: "Here we confirm that ANPEP is required for the infection of pigs with TGEV, but is not a biologically relevant receptor for PEDV"[48]; und im Allgemeinen: "Enteric diseases of neonates remain a major source of loss to livestock production, worldwide. These studies demonstrate the feasibility in the use of gene editing to eliminate TGEV, and possibly other viruses, as a source of significant losses to agriculture."[49]

Dazu bemerken allerdings Proudfoot et al. kritisch an, dass Aminopeptidase N-Defekte beim Menschen mit verschiedenen Typen von Leukämie und Lymphomen in Verbindung gebracht werden. Sie reklamieren: "[F]urther investigation into the potential consequences of the absence aminopeptidase N in pigs is warranted as it may affect the overall health and/or productivity of the animals."[50]

Resistenz gegen die Vogelgrippe (Avian influenza virus)
Die Vogelgrippe – oder auch Geflügelpest genannt – ist eine Erkrankung, die für viele als Nutztiere gehaltene Vögel, wie z. B. Gänse, Hühner oder Puten,

---

[47] Vgl. Whitworth et al. 2019.

[48] Vgl. Whitworth et al. 2019, S. 25; Xu et al. (2020) haben via Genom-Editierung Doppel-Knock-out-Schweine hervorgebracht, die sowohl gegen TGEV als auch gegen PRRSV resistent sind.

[49] Vgl. Whitworth et al. 2019, S. 27.

[50] Proudfoot et al. 2019, S. 9.

gefährlich sein kann. Die Erreger gehören den Influenza A-Viren an, und es sind mehrere Typen dieses Erregers bislang nachgewiesen worden. Reservoir-Wirte sind Wildvögel, die nicht an der Vogelgrippe erkranken. Die Erkrankung gehört zu den Zoonosen, denn sie ist vom Tier auf den Menschen übertragbar. Bekannt geworden ist in diesem Zusammenhang der Erreger H5N1. Besteht der Verdacht, dass eine Geflügelpopulation mit dem Erreger infiziert ist, so ist eine der gängigen Maßnahmen, dass potentiell infizierte Tiere getötet werden (Keulung). Die Krankheit kann je nach Erregertypus unterschiedlich verlaufen. Sie geht häufig mit Leistungsabfall, Apathie, Atemnot, Durchfall, Ödemen in der Kopfregion und einer erhöhten Mortalität einher.[51] Der Erreger stellt somit für erkrankte Tiere, für potentiell erkrankte Tiere wie auch für den Menschen eine Gefahr dar. Ökonomisch bedeutet ein tatsächlicher oder aber auch ein drohender Befall für Landwirte hohe finanzielle Einbußen. Aus diesen Gründen ist die Züchtung von virusresistentem Geflügel ein allgemeines Zuchtziel. Allerdings sind in diesem Zusammenhang noch keine genomeditierten Tiere gezüchtet worden. Es liegen bislang nur Untersuchungen dazu vor, an welchem Protein bzw. Gen eine Editierung vorgenommen werden könnte, so dass eine Resistenz aussichtsreich wäre.[52]

Resistenz gegen das aviäre Leukosevirus (AVL)
Die aviäre Leukose ist eine übertragbare Leukämie bei Vögeln, die mit Appetitlosigkeit, Schwäche, Diarrhoe, Dehydration, Abmagerung, Tumorbildung und verminderter Legetätigkeit einhergeht.[53] Die Erkrankung kann aber auch subklinisch bleiben. Eine Übertragung erfolgt von Tier zu Tier oder in der Keimbahn von der Henne auf das Küken. Gegen diese Erkrankung gibt es bislang kein Heilmittel und auch keine Impfmöglichkeit. Ein befallener Bestand wird entweder ganz getötet oder aber nur einzelne befallene Tiere bei Beobachtung des Restbestands. Aus Sicht der Landwirte ist eine Züchtung von Tieren, die resistent gegen diese Erkrankung sind, aufgrund einer drohenden verminderten Legeleistung sowie der Gefahr einer notwendigen Keulung wünschenswert.

Der aviäre Leukosevirus kommt in sechs Untergruppen vor (AVL-A, -B, -C, -D, -J) und für alle Gruppen wird angenommen, dass bestimmte Rezeptoren (Tva, Tvb, Tvc, Tvj) des Wirtstieres für die Anfälligkeit des Wirts verantwortlich sind. Es konnte auch gezeigt werden, dass eine Veränderung der Gen-Loci der Rezeptoren in Inzuchtlinien von Hühnern (Rasterschubmutationen oder Substitutionsmutation) zu einer Virusresistenz führt, ohne dass die Tiere gesundheitliche Beeinträchtigungen aufweisen.[54] Über CRISPR/Cas wurden daher in

---

[51] Vgl. Neubauer-Juric 2022.

[52] Vgl. Long et al.2016; Long et al. 2019.

[53] Vgl. Dunn 2019.

[54] Vgl. Koslová et al. 2020.

Hühnerzelllinien entweder Rasterschubmutationen induziert, so dass es zu einem Knock-out der Rezeptorgene kam oder aber zu einer Deletion an einer bestimmten Stelle eines Rezeptor-Locus. Es konnte dadurch eine Resistenz von Hühnerzellen gegen ALV-A, -C und -J *in vitro* induziert werden[55] und auch *in vivo* konnte eine Resistenz implementiert werden.[56] Die *in vivo*-Resistenz wurde getestet, indem die editierten Hühner sowie Kontrollgruppen dem Virus ausgesetzt wurden.

Vorarbeiten zu Resistenzen gegen verschiedene Erreger in Aquakulturfischen
Krankheitserreger sind im Bereich der Aquakulturfische ein großes Problem und führen regelmäßig zu einem hohen Verlust im Bestand.[57] Dass eine Krankheitsresistenz auch im Bereich der Fischnutzung einen Tierwohlaspekt hat, wird zwar teils auch angeführt, aber meist nicht erstrangig als Motiv für entsprechende genomeditorische Züchtungsversuche benannt. So wird das Tierwohl bei Elaswad und Dunham erst an letzter Stelle benannt: "Reduction in the occurrence and security of disease in aquaculture would improve the productivity, profitability, efficiency and welfare of aquaculture fish."[58] In anderen Publikationen wird das Tierwohl als möglicher Grund für eine Forschung in Hinsicht auf eine mögliche Krankheitsresistenz via Genom-Editierung gar nicht angeführt.[59] Das ist möglicherweise darauf zurückzuführen, dass die (industrielle) Haltung und Zucht von Fischen in der Gesellschaft anders wahrgenommen wird, als das bei Säugetieren und Vögeln der Fall ist. Allerdings ist aus tierethischer Perspektive dieser Bereich der Tiernutzung ebenfalls als problematisch anzusehen[60] und genomeditorische Vorhaben sind auch hier unter dem Tierwohlaspekt zu verhandeln. Mögliche Maßnahmen, um eine Infektion zu vermeiden, waren bislang verschiedene Zuchtprojekte, die Behandlung mit entsprechenden Medikamenten oder Hygienemaßnahmen in der Haltung und Zucht. Versuche, Krankheitsresistenzen via Genom-Editierung zu implementieren, sind bislang nur in vorbereitenden Studien vorgenommen worden, werden aber vermutlich zukünftig eine größere Rolle spielen.[61] Angedacht oder bislang auch schon in vorbereitenden Studien angegangen sind z. B. Vorhaben zur Resistenz gegen die Lachslaus, gegen das virale hämorrhagische Septikämievirus bei der japanischen Flunder, gegen einen Graskarpfen-Reovirus und gegen bakterielle Infektionen im Wels.[62]

---

[55] Vgl. Lee et al. 2017; Koslová et al. 2018.

[56] Vgl. Koslová et al. 2020; Hellmich et al. 2020.

[57] Vgl. Elaswad und Dunham 2018, S. 877.

[58] Elaswad und Dunham 2018, S. 876; vgl. auch Wargelius 2019.

[59] Vgl. Ma et al. 2018.

[60] Vgl. Braithwaite 2010; Padden Elder 2014; Kristiansen et al. 2020; Wild 2012.

[61] Vgl. Blix et al. 2021.

[62] Vgl. Rosendal und Oleson 2022; Kim et al. 2021; Ma et al. 2018; Simora 2020.

1.3.2   Reduzierung leidverursachender Eingriffe

Vermeidung der Enthornung bei Rindern	Carlson et al. 2016
Vermeidung der Kastration von Schweinen	Sonstegard et al. 2016, Kurtz et al. 2021
Vermeidung des Schnabelkürzens bei Hühnern	Bhullar et al. 2015
Vermeidung des Tötens von männlichen Küken	Doran et al. 2016

Vermeidung der Enthornung von Rindern
Die Enthornung von Rindern stellt eine übliche Maßnahme in der Nutztierhaltung dar, die mehrere Zwecke erfüllt. Sie dient dem Zweck, dass sich die Tiere nicht gegenseitig verletzen, dient aber auch dazu, dass Transport und Umgang mit den Tieren gefahrloser möglich sind. Bei einem solchen Eingriff werden die Hornanlagen bei Kälbern mit einem Brennstab ausgebrannt und die Nerven- und Blutbahnen verödet. Laut Tierschutzgesetz (§§ 5 und 6) ist eine Betäubung nicht erforderlich, obwohl diese Maßnahme mit großen Schmerzen verbunden ist. Sie muss auch nicht von einem Tierarzt, sondern kann von anderen Personen durchgeführt werden, die die nötigen Kenntnisse und Fähigkeiten besitzen. Der an sich schon schmerzhafte Eingriff kann für die Tiere auch chronische Schmerzen zur Folge haben.[63]

Eine Züchtung von hornlosen Rindern wäre zwar auch mit natürlich hornlosen Holstein-Rindern möglich, aber züchtungstechnisch ungünstig, da damit eine verringerte Milchproduktionsleistung einherginge und vermutet wird, dass die Züchtung selbst über 20 Jahre in Anspruch nähme.[64] Hornlosigkeit ist eher ein Merkmal von Rindern, die in der Fleisch- und nicht in der Milchproduktion genutzt werden. Könnten mit Hilfe der Genom-Editierung hornlose Rinder gezüchtet werden, so könnte, wie Niemann und Petersen hoffen, „die Enthornung von Rindern in der Zukunft überflüssig werden."[65]

Die Hornlosigkeit geht bei Rindern mit dem Besitz von bestimmten POLLED-Allelen einher. Ein solches Allel wurde über Genom-Editierung mittels TALEN und somatischen Kerntransfer in Rindern etabliert und resultierte in zwei homozygote polled Bullen (Spotigy und Bluri benannt), die phänotypisch hornlos sind. Insgesamt wurden 26 Embryonen erzeugt, von denen am 40. Trächtigkeitstag noch 14 und am 90. noch 5 lebten. Diese fünf wurden lebend geboren, allerdings waren drei nicht überlebensfähig und wurden getötet. Es verblieben Spotigy und Bluri. Bei ihnen wurde das Genom sequenziert und laut den Autoren wurden keine Off-Target-Effekte festgestellt.[66] Aus dieser Züchtung gehen auch noch weitere Versuche hervor. So konnten hornlose Nachkommen dieser Bullen gezüchtet werden,

---

[63] Casoni et al. 2019.

[64] Vgl. Carlson et al. 2016, S. 480.

[65] Niemann und Petersen 2017, S. 9.

[66] Vgl. Carlson et al. 2016, S. 481.

bei denen ebenfalls keine Off-Target-Effekte festgestellt wurden.[67] Allerdings wurde nachgewiesen, dass neben dem POLLED Allel auch Plasmid-DNA in das Genom von Spotigy eingefügt wurde und dass auch dies an die Nachkommen stabil weitergegeben wurde. Spotigy und seine Nachkommen wurden getötet und verbrannt, da deren Fleisch durch die vorgenommene Genomveränderung als „unapproved animal drugs"[68] gelten und nicht als Lebensmittel zugelassen sind.[69]

Auch mit einem anderen Endonukleasesystem wurde versucht, hornlose Rinder zu erzeugen. Dies wurde mittels CRISPR/Cas und dem somatischen Kerntransfer durchgeführt. Es wurden sechs Kühe trächtig, wovon bei vieren die Trächtigkeit nicht bis zum 90. Trächtigkeitstag aufrechterhalten werden konnte. Die Autoren vermuten, dass das auf den somatischen Kerntransfer zurückzuführen ist, denn bei Klonierungen liege die Rate des Embryonen- oder frühen fetalen Todes höher als z. B. bei in vitro Fertilisationen.[70] Bei einem Rind wurde die Trächtigkeit am 90. Trächtigkeitstag unterbrochen, um den Fetus phänotypisch, histologisch und genomisch zu untersuchen und man kam zum Ergebnis, dass keine Anlagen zu Hörnern vorgelegen haben. Ein hornloses Kalb wurde mittels Kaiserschnittes geboren, war aber aufgrund multipler Organdisfunktionalitäten nicht lebensfähig. Das POLLED-Allel konnte nachgewiesen werden, eine nicht intendierte Integration von Vektor-DNA in das Genom konnte allerdings nicht ausgeschlossen werden. Die Autoren sehen ihre Forschung als Erfolg an, da gezeigt werden konnte, dass mittels CRISPR/Cas das POLLED Allel in Rinder eingebracht werden kann. Sie schließen ihren Artikel:

> In conclusion, we successfully established the CRISPR/Cas12a system as a novel method to introduce the Pc variant into the genome of a superior Holstein–Friesian bull and could thereby address current issues in today's farm animal housing and breeding. Analysis of the generated fetus showed a polled phenotype. Finally, we successfully delivered a polled calf which also showed the CRISPR/Cas12a mediated knock-in of the Pc variant.[71]

Vermeidung der Ferkelkastration bei Schweinen

Junge männliche Ferkel werden meist kastriert, weil das Fleisch dieser Tiere, falls keine Kastration durchgeführt wird, einen strengen Ebergeruch besitzen kann und dies von den FleischkonsumentInnen üblicherweise nicht toleriert wird. Die Kastration wird – lange Zeit gedeckt durch das Tierschutzgesetz § 6 – zumeist ohne Betäubung an unter acht Tage alten Ferkeln vorgenommen und stellt einen sehr schmerzhaften Eingriff für die Tiere dar. Der betäubungslose Eingriff wurde in Deutschland mit Änderung des bestehenden Tierschutzgesetzes

---

[67] Vgl. Young et al. 2020.

[68] Vgl. Young et al. 2020, S. 226.

[69] Young et al. (2020) verweisen auf: Food and Drug Administration. Guidance for Industry 187 on regulation of intentionally altered genomic DNA in animals, Federal Register 82, 12.

[70] Vgl. Schuster et al. 2020.

[71] Schuster et al. 2020.

2013 nur noch übergangsweise bis 2018 erlaubt. Mit erheblicher Verzögerung – erst zum 1. Januar 2021 – trat ein Verbot in Kraft. Als mögliche Alternativen zur Ferkelkastration werden die chirurgische Kastration unter Narkose, die Ebermast (welche höhere Anforderungen an das Haltungsmanagement stellt) oder die Immunokastration in Betracht gezogen.[72] Es werden aber auch genomeditorische Ansätze verfolgt, um den Ebergeruch zu unterbinden und eine Kastration zu vermeiden:[73] so z. B. durch eine Verzögerung der Geschlechtsreife durch Knockout des KISSR1-Gens oder durch die Inaktivierung des SRY-Gens, das bei der Hodenentwicklung männlicher Schweine beteiligt ist.[74] Letzteres Vorhaben wurde per Mikroinjektion durchgeführt. Es entstanden 12 gesunde Ferkel mit weiblichem Phänotyp von denen drei einen männlichen Genotyp aufwiesen. Diese drei sozusagen geschlechtsumgewandelten Ferkel zeigten ein normales Wachstum, wiesen aber im Vergleich kleinere Genitalien auf als Individuen einer Kontrollgruppe. Es wurden keine Off-Target-Effekte verzeichnet, in einem Ferkel wurde allerdings eine Chromosomeninversion unbekannten Ursprungs bemerkt. Die ForscherInnen schließen:

> This study paves the way for using this approach to predetermine the sex of pigs, which would be of great benefit for animal welfare by eliminating the need to castrate male offspring to avoid boar taint. […] By integrating a spermatogenesis specific CRISPR-Cas9 vector targeting the HMG domain of the SRY gene into the porcine genome, boars could be generated that produce only phenotypically female offspring.[75]

Vermeidung des Schnabelkürzens bei Geflügel
Hühner oder Puten zeigen in der intensiven Tierhaltung bestimmte Verhaltensstörungen: Federpicken und Kannibalismus. Diese Verhaltensstörungen gehen mit Verletzungen, einer erhöhten Infektionsgefahr sowie einer erhöhten Mortalitätsrate im Bestand einher. Wiederum sind hier Leid und Tod auf Seiten der Tiere mit finanziellen Einbußen auf Seiten der Landwirte miteinander verschränkt. Aus diesen Gründen wird häufig eine Schnabelkürzung in der gehaltenen Geflügelpopulation vorgenommen, was für die Tiere allerdings einen schmerzhaften Eingriff darstellt.[76] Das Kürzen wird z. B. über eine Infrarotbehandlung durchgeführt.

Eine Möglichkeit, die Verhaltensstörungen zu vermeiden, könnte in bestimmten Änderungen der Haltungsbedingungen gesehen werden. Es gäbe aber auch die Möglichkeit, das schmerzhafte Schnabelkürzen zu vermeiden, indem man Geflügel züchtet, dessen Schnäbel per se schon kurz und eher stumpf angelegt sind. Hier existiert eine evolutionsbiologische Studie, bei deren Versuchen Gene

---

[72] Vgl. BMEL 2021.

[73] Vgl. Squires et al. 2020t.

[74] Vgl. Sonstegard et al. 2016; Kurtz et al. 2021.

[75] Kurtz et al. 2021, S. 5–6.

[76] In Deutschland ist das Schnabelkürzen allerdings seit dem 01.08.2016 verboten.

manipuliert wurden, so dass eine andere Schnabelmorphologie zu beobachten war.[77] Es gibt daher, wie Shriver und McConnachie vermuten, "potential for this sort of genetic modification to provide an alternative to beak trimming."[78]

Vermeiden des Tötens männlicher Küken
In der Geflügelindustrie gibt es für männliche Küken von Zuchtlinien, die für eine hohe Legeproduktivität stehen, keine Verwendung, denn diese haben keine ausreichende Muskelmasse, um für die Fleischproduktion interessant zu sein. Aus diesem Grund werden männliche Küken derzeit nach dem Schlüpfen entweder durch Gaseinwirkung erstickt oder geschreddert. Im Jahr 2017 belief sich in Deutschland die Anzahl der auf diese Weise getöteten Tiere auf 45 Mio.[79] Um das millionenfache Töten vermeiden zu können, könnte man ebenfalls die Genom-Editierung einsetzen. Die Überlegungen hierzu sind bislang allerdings auch erst programmatisch.

Erste genauere Überlegungen finden sich z. B. bei Doran et al., die das männliche Chromosom Z des Huhns mit dem Gen, das für das grüne fluoreszierende Protein (GfP) kodiert, markieren wollen. Bei Geflügel ist das weibliche Genom heterogametisch (Chromosom Z und W) und das männliche homogametisch (ZZ). Markiert man das Z Chromosom der weiblichen Vögel (Z*), so würde man bei der Paarung eines genomeditierten weiblichen Tiers (Z*W) mit einem männlichen Tier vom Wildtyp (ZZ) in der Filialgeneration die Kombinationen (ZW), (Z*Z), (Z Z*) und (ZW) erhalten.[80] Die männlichen Küken wären so immer markiert und man könnte männliche Embryonen in sehr frühem Stadium – noch im Ei – über das GfP detektieren. Die Eier würden unter Beleuchtung mit einer bestimmten Wellenlänge grün fluoreszieren. Die weiblichen Vögel der Filialgeneration 1 wären hier immer nicht genomeditiert (Null-Seggreganten), was auch für die Verbraucherakzeptanz eine wesentliche Rolle spielen könnte.

1.3.3 Toleranz gegenüber schädigenden Haltungsbedingungen und Umwelteinflüssen

Hitze-/Kältetoleranz	Hansen 2018 => Rind; Cahaner et al. 2008 => Geflügel Zheng et al. 2017 => Schwein
Reduzierung der Leidensfähigkeit	Shriver (2009), Devolder und Eggel 2019
Eliminierung der Leidensfähigkeit	Comstock 1992
Programmierung auf einen frühen Tod	McMahan 2008

---

[77] Bhullar et al. 2015.
[78] Shriver und McConnachie 2018, S. 164.
[79] Balser 2018. In deutschen Brütereien ist das Kükenschreddern seit Januar 2022 verboten.
[80] Vgl. Doran et al. 2016.

Hitze- bzw. Kältetoleranz

Hitze kann für manche Tiere, die nicht daran angepasst sind, ein Stressor sein. Ist die Hitze extrem, kann auch die Mortalitätsrate ansteigen. Bei Milchkühen kann Hitze dazu führen, dass sich z. B. die Nahrungsaufnahme verringert, dass die Fertilität beeinträchtigt ist und die Milchproduktion geringer ausfällt. Manche Rinderrassen können allerdings Hitze besser vertragen als andere, da sie an klimatisch höhere Temperaturwerte gut angepasst sind – ihr Fell ist kürzer und die Verteilung der Haarfollikel ist weniger dicht. Dieses phänotypische Merkmal wird auch als ‚slick' bezeichnet. Eine genetische Basis für das Merkmal konnte in einer Mutation im Gen für den Prolactin-Rezeptor identifiziert werden. Liegt hier ein Frameshift vor, so liegt das Protein verkürzt vor und das wird mit dem *slick*-Phänotyp in Verbindung gebracht.[81] In konventionellen Züchtungsversuchen konnte gezeigt werden, dass eine Introgression des *slick*-Locus die gewünschte Hitzetoleranz herbeiführt.[82] Diese Erkenntnis kann als Basis für genomeditorische Züchtungsversuche verwendet werden. In dieser Hinsicht sind vorbereitende Untersuchungen vorgenommen worden.[83]

Bei Hühnern ist der genetische Hintergrund einer Hitzetoleranz ebenfalls analysiert und konventionelle Züchtungen mit reduziertem (Naked neck-Gen) oder fehlendem Federkleid (Scaleless-Gen) auf Hitzetoleranz untersucht worden.[84] Eine genomeditorische Züchtung mit dem Ziel einer erhöhten Hitzetoleranz in Hühnern ist – wie bei den Rindern – denkbar.

Schweine wiederum sind empfindlich gegenüber Kälte, was auf einen evolutionsbedingten Funktionsverlust eines Schlüsselproteins (UCP1) der Thermoregulation von Säugetieren zurückzuführen ist.[85] Dieser Funktionsverlust geht zusätzlich mit Adipositas einher. Durch die Kälteempfindlichkeit kommt es zu einer erhöhten Mortalitätsrate vor allem bei jungen Schweinen. Auf der Grundlage des Wissens um die genetische Basis der Kälteempfindlichkeit wurde über CRISPR/Cas9 das UCP1-Gen der Maus in porcine fetale Fibroblasten eingebracht.[86] Über einen somatischen Kerntransfer wurden 2553 Schweine-Embryonen geklont. Es konnten drei Trächtigkeiten etabliert werden, aus denen zwölf männliche Ferkeln hervorgingen, die allesamt transgen waren. Es konnte nachgewiesen werden, dass das UCP1 im gewünschten Gewebe und nicht in anderen Geweben exprimiert wird (nicht in Lunge-, Herz-, Milz-, Nieren-, Muskel- oder Hodengewebe). Daraus, dass eine Filialgeneration mit 15 F1-Ferkeln gezeugt werden konnte, wurde geschlossen, dass die Fertilität durch die Genom-Editierung nicht beeinträchtigt wird. Die verbesserte Thermoregulation

---

[81] Vgl. Porto-Neto et al. 2018.

[82] Dikmen et al. 2014.

[83] Hansen 2020.

[84] Vgl. Cahaner 2008.

[85] Berg et al. 2006.

[86] Vgl. Zheng et al. 2017.

bei den transgenen Schweinen wurde in Kälteexperimenten nachgewiesen. Dazu wurden ein Monat alte Ferkel (Wildtyp und transgen) für vier Stunden in eine 4 °C-Kammer gebracht und sechs Monate alte Ferkel bei 0 °C im Freien gehalten. Durch die stündliche Temperaturkontrolle und Infrarotbilder konnte gezeigt werden, dass die genomeditierten Tiere kältetoleranter sind als die Wildtyp-Tiere. Außerdem wiesen die Tiere mit dem Maus Knock-in (KI) einen verminderten Fettgehalt auf. Eine befürchtete Überexpression des UCP1-Gens einhergehend mit dem Risiko, dass die Tiere Hitze zu stark produzieren, wurde anhand der Messung des Aktivitätslevels und des Energieverbrauchs der Tiere verneint. AutorInnen dieser Studie schreiben: "UCP1 KI pigs are a potentially valuable resource for the pig industry that can improve pig welfare and reduce economic losses."[87]

Reduzierung der Leidensfähigkeit

Tiere in der intensiven Nutztierhaltung leiden unter ihren Haltungsbedingungen. Hühner sind z. B. in der Käfighaltung auf engstem Raum eingesperrt. Es mangelt ihnen an Bewegungsraum. Eine Möglichkeit, diese für das Tier schlechte Situation zu verbessern, könnte darin liegen, die Tiere so zu züchten, dass sie zufrieden oder sogar glücklich mit ihrem Dasein wären.

In 2009 hat Adam Shriver Überlegungen vorgelegt, dass es sinnvoll sein könnte, die Schmerzempfindlichkeit bei Nutztieren zu reduzieren, damit die Nutztiere Schmerzen, die sie sonst durch ihre Haltung erfahren würden, nicht mehr wahrnehmen. Eine solche Veränderung wird nach Paul Thompson als Disenhancement bezeichnet und bedeutet eine Veränderung von Tieren, der zufolge sie besser an ihre Umwelt angepasst sind.[88] Die Anpassung erfolgt dadurch, dass bestimmte Fähigkeiten von Tieren eine Einschränkung erfahren, also aufgrund einer Veränderung auf der Ebene der Tiere und nicht auf einer, die die Umwelt betrifft.

Shriver denkt, dass "recent research indicates that we may be very close to, if not already at, the point where we can genetically engineer factory-farmed livestock with a reduced or completely eliminated capacity to suffer."[89] Eine empirische Basis für eine solche Maßnahme hat er in seinem Artikel ebenfalls vorgestellt. Er unterscheidet dazu zwei Dimensionen von Schmerz, die mit Aktivitäten in unterschiedlichen Regionen des Gehirns einhergehen: die sensorische und die affektive Dimension des Schmerzes. Die sensorische Dimension umfasst die Wahrnehmung von Intensität, Lokalisierung und Qualität (wie z. B. scharf, dumpf etc.) und die affektive Dimension die Unannehmlichkeit *(unpleasantness)* des Schmerzes – „how much one minds the pain".[90] Letztere sieht Shriver als die

---

[87] Zheng et al. 2017, S. E9474.

[88] Vgl. Thompson 2008. Eine auf Shriver Bezug nehmende Überlegung in Hinsicht auf ein zu befürwortendes Disenhancement bei Versuchstieren legen Devolder und Eggel (2019) vor und referieren dabei auf die Möglichkeiten dies über das CRISPR-System tun zu können.

[89] Shriver 2009.

[90] Shriver 2009, S. 117.

relevante Dimension in Bezug auf die Leidensfähigkeit an. Als Grund führt er an, dass man z. B. bei einer Schmerztherapie, die auf Leidensminderung abzielt, Opiate geben würde, die dazu führen, dass man nicht mehr an Schmerzen leidet, obwohl man sie noch fühlt.

Beide Dimensionen sind nach Shriver unabhängig voneinander modulierbar. Das zeigten Untersuchungsergebnisse, die Bezug auf Läsionen in den betreffenden Hirnregionen nehmen. Es ist also möglich, einen Schmerz unangenehm zu finden, ihn aber z. B. nicht mehr lokalisieren zu können, wie auch, den Schmerz fühlen zu können, ihn aber nicht mehr als unangenehm zu empfinden. In Versuchen an Mäusen und Ratten konnte gezeigt werden, dass eine Knock-out-Mutation bestimmter Gene dazu führt, dass das persistente Schmerzverhalten reduziert ist, ohne dass die akute Schmerzreaktion beeinträchtigt wird. Da es für wahrscheinlich gehalten wird, dass diese Proteine in anderen Säugetieren eine ähnliche Rolle spielen, schließt Shriver: "[s]o one presumably could engineer other mammals that have a reduced affective dimension of pain while maintaining the sensory dimension of pain."[91] Die relevanten Säugetiergene sind zwar noch nicht identifiziert, aber Shriver verweist in diesem Zusammenhang auf die dramatischen Fortschritte in der molekularen Neurobiologie und vermutet, dass man sehr nah daran ist, solche zu entdecken.[92]

Neben der Ausschaltung der affektiven Dimension des Schmerzes wird auch die gezielte Abschaltung der Schmerzempfindung diskutiert. Die Schmerzempfindungsfähigkeit könnte kurz vor der zu erwartenden schmerzhaften Behandlung von Tieren durch eine entsprechende genomeditorische Modifikation der Schmerzweiterleitung abgeschaltet werden.[93]

Erzeugung von empfindungsunfähigen Tieren
In einem Gedankenexperiment wurde die Idee aufgebracht, dass man mit gentechnischen Mitteln sogar Tiere erschaffen könnte, die gänzlich empfindungslos wären. Comstock beschreibt diese Tiere folgendermaßen:

> You are staring at thousands of living egg machines, transgenic animals genetically engineered to convert feed and water into eggs more efficiently than any of their evolutionary ancestors, layer hens. The science fiction objects I am asking you to imagine are biologically descended from the germplasm of many species unrelated in nature, including humans, turkeys, and today's chickens, so the worker is not speaking in mere metaphor when he calls the objects "birds". But unlike today's poultry varieties, which are only treated as machines, the brave new birds, poultry scientists have not only selected for the trait of efficient conversion of feed into eggs; they have also selected for lack of responsiveness to the environment. The result is not a bird that is dumb or stupid, but an organism wholly lacking the ability to move or behave in dumb or stupid ways. [...]

---

[91] Shriver 2009, S. 118.

[92] Vgl. Shriver 2009, S. 119.

[93] Vgl. Shriver und McConnachie 2018. Für den Bereich der Versuchstiere wurde bereits an einem „inducible pain-free mouse model" gearbeitet. Vgl. Najjar 2018.

The brain of the bird is adept at controlling the digestive and reproductive tracts, but the areas of the brain required to receive and process sensory input and to initiate muscular movement have been selected against, bred away. The new bird not only has no eyes, no ears, no nose, and no nerve endings in its skin, it has no ability to perceive or respond to any information it might receive if it had eyes, ears, or a nose.[94]

Die gentechnisch veränderten Tiere wären nur noch mit minimalen Gehirnen ausgestattet und werden deshalb auch als ‚AML-Tiere' *(animal microencephalic lumps)* bezeichnet. Sie wären in Bezug auf ihre Empfindungsfähigkeit eher wie Pflanzen aufzufassen. Es kann ihnen vielleicht in einem funktionalen Sinne gut oder schlecht gehen, aber das wäre nicht mit einer subjektiven Erfahrung dieses Zustandes verbunden – sie hätten keine Präferenz in ihrer Situation zu verbleiben oder aber ihre Lage zu ändern.[95] Bei Comstock heißt es, sie wären wie Maschinen.

Die Möglichkeit, solcherart Zombie-Tiere mittels genomeditorischer Mittel zu erzeugen, sind vermutlich noch nicht in Nähe.[96] Eine Veränderung, wie sie von Comstock beschrieben wird, müsste sehr wahrscheinlich auf viele unterschiedliche genetische Loci zurückgreifen und auf der Basis der Kenntnis umfassender funktionaler Zusammenhänge geschehen. Durch die Methode der Genom-Editierung werden zwar multiple Genomveränderungen möglich, ein solches Multiplexing ist im Nutztierbereich bislang zumindest *in vivo* noch nicht üblich.[97] Zudem müsste erst das neuronale und das genetische Korrelat von Empfindungsfähigkeit, Schmerz oder Leid identifiziert werden, und es müsste sich auch als manipulierbar erweisen. Nichtsdestoweniger kann diese extreme Variante eines Animal-Disenhancements auch als Intuitionentester diskutiert werden.

Programmierung auf einen frühen Tod
Eine ähnliche Rolle kann ein Gedankengang Jeff McMahans spielen, den er in der Auseinandersetzung mit der Frage entwickelt, in welchem Fall es moralisch unbedenklich sein könnte, Tiere wegen des Wunsches nach Fleischkonsum zu töten. Es geht um folgende Überlegung:

Here is how it might work. Suppose that we could create a breed of animals genetically programmed to die at a comparatively early age, when their meat would taste best. We could then have a practice of benign carnivorism that would involve causing such animals to exist, raising them for a period in conditions in which they would be content, and then simply collecting their bodies for human consumption once they died. [...] Note that the

---

[94] Comstock 1992, S. 47.

[95] Vgl. Rollin 1995, S. 193. Rollin vermutet, dass eine intuitive Abwehrhaltung gegenüber solchen Tieren eher ästhetischer denn moralischer Art ist.

[96] Allerdings berichtet Ferrari unter Bezugnahme auf das Buch von C. Koch *The Quest for Consciousness,* dass in der neurowissenschaftlichen Forschung sogenannte Zombie-Mäuse hergestellt wurden, bei denen Neuronen gentechnisch abgeschaltet wurden, um deren Bewusstsein zu reduzieren. Vgl. Ferrari 2013.

[97] Ein Multiplexing wurde aber in Säugetieren bereits durchgeführt; z. B. in Mäusen oder Affen. Vgl. Wang et al. 2013; Niu et al. 2014.

practice would not cause the animals to live shorter lives than they might otherwise have had. […] [N]one of the animals caused to exist by the practice could have lived longer than they did […].[98]

Diese Tiere würden, gemäß McMahan, ein gutes Leben haben. Es würde für sie gesorgt und sie wären zufrieden. Sie wären allerdings genetisch so programmiert, dass sie genau dann sterben, wenn es für die Interessen des Menschen am besten ist. Genauso wie die Überlegung zuvor, die sich auf die Eliminierung der Leidensfähigkeit bezog, ist dieses Gedankenexperiment mit den Mitteln, die der Wissenschaft derzeit zur Verfügung stehen, noch nicht realisierbar. Auch müsste man einige Gedanken darauf verwenden, wie das Einsammeln der toten Tierkörper so vonstattengehen könnte, dass Hygiene- und Seuchenschutzregeln eingehalten werden könnten. Es ist eher ein Science-Fiction-Szenario. Aber auch hier lohnt es sich, diese Variante zum Gegenstand von ethischen Überlegungen zu machen, um zu einer ethischen Einschätzung auch in Bezug auf diese futuristischen Fälle zu kommen – um zu sehen, was man tun sollte, wenn man es könnte.

1.3.4 Nutztier-*Enhancement*

Der Begriff des Enhancements ist nicht eindeutig bestimmt. Man kann drei Verwendungsweisen gemäß eines *technological approach,* eines *medical approach* und eines *welfarist approach* unterscheiden[99] Nach dem *technological approach* wäre jegliche Verbesserung, die mit Hilfe von Bio- und anderer Technologien durchgeführt würde, als ein Enhancement zu verstehen. Wenn man ein Tier-Enhancement allerdings so verstehen würde, dann wäre jede Züchtung, die ein Merkmal eines Tieres in der nächsten Generation aus menschlicher Nutzungsperspektive besser machen würde, oder die ein Merkmal, hervorbringen würde, das es vorher noch nicht gab, ein Enhancement. Dazu würde sowohl die Steigerung der Milchleistung bei Kühen als auch die Züchtung eines weiteren Rippenpaares oder eine bessere Ausprägung von Muskelmasse bei Schweinen zählen. Um ein solches Nutztier-Enhancement sollte es hier nicht gehen, denn betrachtet werden ja hier genomeditorische Züchtungsvorhaben, die dem Tierwohl zugutekommen sollen.[100] Die Zwecke der menschlichen Tiernutzung stehen aber vielfach dem tierlichen Wohl entgegen. Es mag zwar möglich sein, dass menschliche Zwecksetzung und eine Beförderung des Tierwohls Hand in Hand

---

[98] McMahan 2008, S. 74.

[99] Vgl. Ach 2021.

[100] Damit ist der Gebrauch von ‚Tier-Enhancement' hier anders als z. B. bei Ferrari et al. (2010, S. 25), die das Tier-Enhancement an menschliche Nutzungs- und damit Verbesserungsinteressen binden. Eine Schwierigkeit, die mit dem hier angesetzten Tier-Enhancement (einer Verbesserung, die im Interesse des Tiers liegt) verbunden ist, ist es zu bestimmen, was genau im Interesse eines Tieres liegt (s. Kap. 4).

gehen, aber das ist eher als Ausnahme anzusehen. Für die in dieser Analyse zu betrachtenden Fälle der Genom-Editierung wäre also ein Verständnis nach einem *technological approach* zu weit. Hier ist vielmehr ein Tier-Enhancement einschlägig, das an einer Verbesserung des tierlichen Wohls ansetzt. Das kann gemäß eines *medical approach* (Verbesserung jenseits von medizinischer Therapie) oder eines *welfarist approach* (Verbesserung der Chance ein gutes Leben zu führen) ausbuchstabiert werden.

Für Harris – einen prominenten Verteidiger des menschlichen Enhancements im Sinne eines *welfarist approach* – liegt z. B. ein Enhancement dann vor, wenn das, was man tun will, besser erreicht werden, man die Welt besser durch alle Sinne erleben, Erfahrungen besser aufnehmen und verarbeiten, Dinge besser erinnern und verstehen kann, wenn man stärker, kompetenter und mehr so ist, wie Menschen sein wollen.[101] Das lässt sich unter einer Einschränkung auf den Tierkontext übertragen, nämlich dass es bei einem Enhancement darum ginge, das zu verwirklichen, was und wie Menschen sein wollen, nicht auf Tiere übertragen kann. Das Ziel, das mit einem Enhancement verbunden ist, kann normativ nicht an einen expliziten oder auch nur hypothetischen Willen zur Selbstgestaltung zurückgebunden werden. Nach Sarah Chan bedeutet ein Tier-Enhancement Folgendes: "[It] [e]nables greater fulfilment of the animals's own interests."[102]

Als Kandidat für mögliche Enhancement-Ziele wird bei Tieren z. B. die Steigerung von kognitiven Kapazitäten genannt. Eine Überlegung ist hier, dass man im Fall von menschlichen Kindern bei einer angeborenen Beeinträchtigung nicht zögern würde, einer Verbesserung von kognitiven Kapazitäten zuzustimmen. Übertragen auf den Fall von Schimpansen, die sich – so der Gedankengang – auf einem ähnlichen Level kognitiver Leistungen wie in dieser Hinsicht beeinträchtigte Kinder befinden, sollte man auch hier nicht zögern, die kognitiven Leistungen verbessern zu wollen.[103] Eine Steigerung der kognitiven Leistungsfähigkeit könnte Tieren z. B. dann zugutekommen, wenn sie sich, so wie sie sind, in einer sich verändernden Umwelt nicht behaupten können. Als Beispiel wird der Fall von kleinen australischen Beuteltieren diskutiert, deren Leben im jetzigen Zustand durch neobiotische Prädatoren bedroht ist, weil sie diese nicht als Gefahr erkennen. Durch ein gentechnisch induziertes kognitives Enhancement, demzufolge sie Füchse u. Ä. als Gefahrenquelle erkennen, könnte ihre Überlebenschance verbessert werden.[104] Eine weitere Idee ist, dass es auch in indirekter Weise im Interesse der Tiere sein könnte, dass sie über bestimmte Merkmale

---

[101] Harris 2007, S. 2.

[102] Chan 2009, S. 679. Sarah Chan unterscheidet drei mögliche Verständnisse von ‚Enhancement': Ein Enhancement kann erstens eine Steigerung irgendeiner natürlichen Funktion eines Tieres oder die Einführung einer neuen Funktion, zweitens die Verbesserung von Aspekten eines Tieres für menschliche Zwecke oder drittens die Ermöglichung einer besseren Erfüllung von tierlichen Interessen. Vgl. Chan 2009, S. 679.

[103] Vgl. Chan 2009, S. 678.

[104] Vgl. Rohwer 2018, S. 149.

verfügen. So wird diskutiert, dass z. B. die Steigerung der kognitiven Kapazitäten dazu dienen könnte, den moralischen Status von Tieren zu verstärken oder zu ändern, so dass in Folge besser bzw. anders mit Tieren umzugehen ist.[105] Ob diese Vorschläge solche sind, die das tierliche Wohl wirklich befördern, ist zwar zu bezweifeln, aber im Prinzip könnten die verschiedenen Verfahren der Genom-Editierung Möglichkeiten eröffnen, das Wohl von Nutztieren zu befördern. Bislang spielen allerdings diese Überlegungen in der Praxis der Genom-Editierung von Nutztieren keine Rolle und werden nur – und das auch nur randständig und allgemein – in der philosophischen Literatur diskutiert.

1.4   Zusammenfassung

Dieses Kapitel hat die Aufgabe, zu klären, worum es überhaupt bei der folgenden ethischen Analyse geht und nötige empirische Hintergrundinformationen bereitzustellen. Dazu wurden Methode und Technik der Genom-Editierung samt möglichen Risikoquellen sowie verschiedene Anwendungsbereiche, die als tierwohlförderlich verhandelt werden, vorgestellt. Die hier zusammengestellten Informationen erheben allerdings keinen Anspruch auf Vollständigkeit und geben zudem nur den derzeitigen Stand der Forschung wieder. Sie sollen einen Überblick verschaffen, damit man weiß, um welche Art gentechnischer Manipulation es hier geht, wie entsprechende Forschungsprojekte konzipiert sind, wie sie vorangetrieben werden und auch warum man denkt, dass sie dem Tierwohl zugutekommen würden.

Ist aber eine Einflussnahme auf das Wohl der Tiere, die genomeditorisch verändert werden, überhaupt für eine ethische Beurteilung relevant? Das Stellen einer solchen Frage oder gar deren Verneinung provoziert vermutlich intuitiv Widerstand. Sie muss im Rahmen dieser Untersuchung gleichwohl gestellt und auch beantwortet werden. Denn dahinter verbirgt sich ein philosophisches Problem, das Derek Parfit im Zusammenhang mit reproduktionsethischen und zukunftsethischen Überlegungen im Humankontext bekannt gemacht hat: das Problem der Nicht-Identität.[106]

---

[105] Vgl. Yeates 2013, S. 123 ff., vgl. Dvorsky 2008.

[106] Vgl. Parfit 1984, Kap. 16. Weitere wichtige Autoren, die das Problem bekannt gemacht haben, sind James Woodward (1986) und Gregory Kavka (1982).

Einige der im vorherigen Kapitel angeführten genomeditorischen Züchtungsideen sind solche, die zwar tierliche Fähigkeiten zu verringern anstreben (wie z. B. das Schmerzempfinden oder die Empfindungsfähigkeit), aber dennoch das Tierwohl im Blick haben. Es wurde in der Literatur z. B. diskutiert, ob man nicht Hühner blind züchten sollte, damit der Stress, den sehende Hühner in der intensiven Tierhaltung erleben, verringert wird. Angenommen, man hätte nun vor, via Genom-Editierung blinde Hühner zu züchten, kann man dann davon reden, dass ein so gezüchtetes Huhn geschädigt und dass eine solche Züchtungshandlung dadurch zu etwas moralisch Problematischem würde? Sollte man, wenn man schon Hühner züchten möchte, nicht lieber solche in die Welt bringen, die nicht durch Blindheit gehandicapt sind? Die Beantwortung dieser Fragen ist keinesfalls so leicht, wie sie vielleicht auf den ersten Blick – und rein intuitiv – erscheinen mag, und das hat mit dem Problem der Nicht-Identität zu tun.

Im Kern geht es bei dem Problem um Handlungen, die sowohl die Existenz als auch die Identität von Individuen bestimmen, und bei denen man vor die Wahl gestellt wird, ein Individuum in Existenz zu bringen, dessen Wohl unvermeidbar beeinträchtigt ist (z. B. das blinde Huhn),[1] oder aber ein anderes, mit diesem nicht-identisches Individuum, dessen Wohl nicht beeinträchtigt ist (z. B. ein sehendes Huhn). Obwohl man intuitiv vielleicht sagen würde, dass man besser das sehende Huhn in Existenz bringen sollte, scheint es auch richtig, dass das blinde Huhn dadurch, dass es in Existenz gebracht wird, nicht geschädigt wird. Das blinde

---

[1] Von einer Beeinträchtigung zu sprechen, kann als Präjudiz dafür angesehen werden, dass es gerechtfertigt ist, von einer Schädigung zu sprechen. Das soll hier aber noch nicht vorentschieden sein. ‚Beeinträchtigung' soll hier als eine Charakterisierung verstanden werden, wie sie vortheoretisch und intuitiv als Bezeichnung für eine Minderung oder Eliminierung von Fähigkeiten vorgenommen wird.

S. Hiekel, *Tierwohl durch Genom-Editierung?*, Techno:Phil
– Aktuelle Herausforderungen der Technikphilosophie 8,
https://doi.org/10.1007/978-3-662-66943-3_2

Huhn kann nur mit der Beeinträchtigung existieren oder gar nicht. Aus Sicht des blinden Huhnes ist die Handlung vielmehr begrüßenswert: es kann nur so und nicht anders existieren. Solange sein Leben lebenswert ist, wird auch ein Leben mit Blindheit es zufrieden stellen. Es scheint daher moralisch nicht falsch zu sein, das blinde Huhn in Existenz zu bringen. Das mutet seltsam an: es scheint richtig zu sein, das sehende Huhn in die Existenz zu bringen, aber es scheint auch nicht falsch zu sein, das blinde Huhn in Existenz zu bringen.

Im Humankontext kann man sich die Problematik gut an folgendem Beispiel *(The Hasty Mother Case)* noch einmal verdeutlichen.[2] Eine Frau hat eine Krankheit, die man medikamentös gut behandeln kann. Bis zum Erfolg der Behandlung muss allerdings einige Zeit abgewartet werden. Wird die Frau vor dem erfolgreichen Abschluss der Behandlung schwanger, so wird das Kind, das sie bekommt, eine leichte mentale Beeinträchtigung haben. Wartet sie hingegen ab, so wird sie – aller Voraussicht nach – ein gesundes Kind zur Welt bringen. Die Frau ist aber ungeduldig und wird noch vor Abschluss der Behandlung schwanger. Das Kind kommt mit einer leichten mentalen Beeinträchtigung zur Welt. Eine moralische Intuition, die vielfach geteilt wird, ist, dass die Frau falsch gehandelt habe. Sie hätte besser warten sollen. Für das leicht mental beeinträchtigte Kind hätte es aber keine Alternative gegeben außer, gar nicht zu existieren. Es konnte nur mit der Beeinträchtigung in Existenz kommen. Hätte die Frau abgewartet, wäre nicht dieses, sondern ein anderes mit diesem nicht-identisches Kind zur Welt gekommen. Das beeinträchtigte Kind scheint nicht dadurch geschädigt worden zu sein, dass es auf diese Weise in die Welt gebracht worden ist. Es ist sogar vermutlich froh, dass seine Mutter sich so entschieden hat, wie sie es tat.[3]

Im Falle eines Disenhancements – einer Minderung bzw. Eliminierung bestimmter tierlicher Eigenschaften – argumentiert Clare Palmer analog wie folgt:

> While, if we look across whole species, an animal produced to lack certain species-normal features does appear disenhanced *relative to other members of the species*, this shouldn't be confused with the idea that something has been taken away from *this particular animal*. It has not been disenhanced relative to some already existing, "enhanced" state of itself, since *it*, as an individual, did not exist prior to being created with exactly the capacities it actually has. *It* has not been deprived of anything. At the point of the human

---

[2] Vgl. Palmer 2011, S. 46.

[3] Ähnliches gilt auch für Handlungen, die die Versorgung zukünftiger Generationen mit Ressourcen anbelangt. Parfit diskutiert den Fall einer Verschwendungspolitik, die dazu führt, dass die jetzige Generation alle Ressourcen verbraucht, so dass zukünftige Generationen einem Mangel ausgesetzt sind, der ihre Lebensqualität erheblich beeinträchtigt. Unter der Annahme, dass es in extremer Weise kontingent ist, welche Individuen in Existenz kommen werden und unsere Handlungsentscheidungen einen Einfluss darauf haben werden, wer existieren wird, könnten sich die an einem Mangel leidenden zukünftigen Personen nicht über eine Benachteiligung beschweren, denn hätten die jetzigen Personen eher eine Erhaltungspolitik verfolgt, wären ganz andere Personen in Existenz gekommen. Nichtsdestoweniger hat man die Intuition, dass es falsch wäre, die Verschwendungspolitik zu verfolgen. Vgl. Parfit 1984, S. 362–364.

activity, there was no subject of a life to wrong. In fact, the term "disenhancement" itself seems awkward here, since no particular individual animal has been disenhanced; *it* is all it ever could have been [...].[4]

Entsprechend dieser Argumentation kann sich ein via gentechnischer Methoden gezüchtetes Tier, das geringere oder weniger Fähigkeiten aufweist, nicht beschweren, dass es so auf die Welt gekommen ist, wie es ist. Seine Fähigkeiten sind zwar im Vergleich zu Mitgliedern seiner Art verringert, aber dieses Tier konnte nur so auf die Welt kommen oder gar nicht. Wenn sein Leben lebenswert ist, dann wird es froh sein, dass es am Leben ist, auch wenn es weniger Fähigkeiten hat als seine Artgenossen. Es scheint im Interesse dieses tierlichen Individuums zu liegen, in Existenz gebracht worden zu sein. Dennoch hat man die Intuition, dass es falsch wäre, Tiere mit verringerten Fähigkeiten in Existenz zu bringen. Die Suche nach dem moralischen Grund dafür, dass so etwas falsch sein soll, bezeichnet Parfit als das Problem der Nicht-Identität.[5]

Dieses Problem ist den Überlegungen zur ethischen Beurteilung der Genom-Editierung von Tieren, die dem Tierwohl zuträglich sein sollen, sozusagen vorgelagert. Wenn es nämlich für die fragliche moralische Intuition keine Begründung geben sollte, dann kann es bei bestimmten Handlungen der Fall sein, dass man vielleicht alltagssprachlich davon redet, dass diese Handlungen dem Wohl eines Individuums abträglich sind – dass sie einen Schaden darstellen –, dass es aber bei genauerer Analyse für diese Qualifikationen keinen notwendigen Rückhalt gibt. Das träfe in Fortführung dieses Gedankens auch auf Handlungen zu, die man üblicherweise als wohlzuträglich bezeichnen würde. Ohne eine Begründung für die moralische Intuition scheinen die Kategorien einer Schädigung oder eines Nutzens für eine ethische Beurteilung fast bedeutungslos zu sein. Es scheint auf eine Art moralisch irrelevant zu sein, welche Art von gentechnischer Veränderung man an Tieren vornimmt, solange man keine Tiere zur Existenz bringt, deren Leben nicht lebenswert ist.

Ich möchte hier dafür argumentieren, dass man einen Grund dafür angeben kann, dass existenzhervorbringende Handlungen, die dazu führen, dass Fähigkeiten von Tieren beeinträchtigt sind, als Schädigungen aufgefasst werden können. Das heißt, dass die moralische Intuition, die zum Problem der Nicht-Identität führt, eine Begründung erfahren kann. Dadurch wird bestimmten Argumenten – insbesondere wohlergehenstheoretischen Argumenten – quasi der Boden bereitet. Denn erst, wenn man berechtigterweise der Auffassung sein kann, dass man veränderten Tieren durch die Genom-Editierung schaden oder nutzen kann, wird die Frage, ob eine genomeditorische Manipulation von Nutztieren moralisch vertretbar ist, in gewissem Sinne wohltheoretisch erst interessant. Zudem hätte eine Begründung der moralischen Intuition zur Folge, dass Befürwortern eines *Animal Disenhancements,* die sich rechtfertigend auf das Problem der Nicht-Identität

---

[4]Palmer 2011, S. 45.

[5]Vgl. Parfit 1984, S. 363.

berufen,[6] vor Augen geführt wird, dass dieser Pfeiler ihrer Argumentation nicht trägt.

2.1 Das Problem der Nicht-Identität

Bevor man sich überlegen kann, wie mit dem Problem der Nicht-Identität umzugehen ist, ist es sinnvoll, sich zunächst die allgemeine Struktur des Problems etwas genauer vor Augen zu führen. Vor dem Hintergrund dieser strukturellen Aufbereitung werden die Ansatzpunkte einer möglichen Lösung des Problems deutlich werden. Zudem werden die charakteristischen Merkmale benannt, die Handlungen als solche ausweisen, die sich mit dem Problem der Nicht-Identität konfrontiert sehen. Dass sich nicht alle gentechnischen Manipulationen hier subsumieren lassen, hat bereits Arianna Ferrari in Reaktion auf den für die Tierdebatte einflussreichen Text von Clare Palmer herausgestellt.[7] Hier sollen die Merkmale von Nicht-Identitätsfällen weiter konkretisiert werden.

2.1.1 Die allgemeine Struktur des Problems

Wodurch entsteht genau das Problem der Nicht-Identität? Es entsteht dadurch, dass die ersten zwei der folgenden Überzeugungen mit der dritten kollidieren:[8]

1. *Individuenbezogenheit, Komparativität und Kontrafaktizität moralischer Schädigung:* Eine moralische Schädigungshandlung hat immer direkten Bezug zu einem Individuum (I). Eine Schädigung liegt vor, wenn ein- und dasselbe Individuum I durch eine Handlung in Bezug auf sein Wohl schlechter gestellt wird; I wird durch die Handlung schlechter gestellt als I es wäre, wäre die Handlung nicht ausgeführt worden.
2. *Nicht Schädigung:* Bestimmte Handlungen sind von der Art, dass ihre Ausführung ein Individuum I nicht schlechter stellt, als es gestellt wäre, wäre die Handlung nicht vollzogen worden, d. h. I wird durch eine solche Handlung nicht geschädigt. Die Existenz von I ist zwar aufgrund der Handlung auf unvermeidbare Weise mit einer Beeinträchtigung verbunden, das Leben von I ist aber trotzdem lebenswert.

---

[6]Vgl. Fischer 2020.

[7]Vgl. Ferrari 2012.

[8]Melinda Roberts hat in ihrem Übersichtsartikel zum Problem der Nicht-Identität drei Intuitionen identifiziert, deren Kollision zum Problem führen. Die hier aufgeführten Überzeugungen lehnen sich an die von Roberts genannten an, sind aber nicht mit diesen identisch, vgl. Roberts 2021. Wenn hier und auch folgend von Individuen die Rede ist, sind immer empfindungsfähige Lebewesen gemeint.

3. *Moralische Intuition:* Eine existenzverursachende Handlung, die eine Beeinträchtigung der Lebensqualität durch Verminderung oder Eliminierung von Fähigkeiten impliziert, ist moralisch falsch und sollte unterbleiben.

Da der in Überzeugung 1 investierte Schädigungsbegriff für die Entstehung des Problems der Nicht-Identität eine wesentliche Rolle spielt,[9] lohnt es sich, die Bedingungen noch einmal genauer herauszustellen, die für dieses Verständnis von Schädigung gelten:

i) *Kontrafaktische Schlechterstellungsbedingung:*[10] Eine Handlung bewirkt eine Schlechterstellung des Wohls eines Individuums. Die Schlechterstellung ergibt sich durch einen Vergleich des Zustands eines Individuums, der durch eine Handlung herbeigeführt wurde, mit einem Zustand, der vorliegen würde, wäre die Handlung nicht ausgeführt worden.
ii) *Bedingung des intrapersonalen Vergleichs:* Die Schlechterstellung bezieht sich auf einen Vergleich von Wohlzuständen ein und desselben Individuums.

Bei Bedingung i) wird hier von einem kontrafaktischen Schädigungsbegriff gesprochen, da die Schlechterstellung mit Bezug auf einen kontrafaktischen Zustand (Zustand des Individuums, wäre die Handlung nicht ausgeführt worden) diagnostiziert wird.[11] Weil es sich um einen Vergleich von Zuständen handelt, ist der Schädigungsbegriff komparativ. Weil es um eine Schlechterstellung von ein und demselben Individuum geht ii), ist es ein individuenbezogener kontrafaktischer Schädigungsbegriff. Was eine moralisch relevante Schlechterstellung genau ausmacht, bleibt hier erst einmal offen. Je nach Verständnis von ‚Wohl‘ kann Unterschiedliches gemeint sein. Im Rahmen meiner Analyse wäre, gemäß den Überlegungen in Kap. 4, ein interessentheoretisch gerahmtes Verständnis von ‚Wohl‘ anzusetzen.

Die zweite Überzeugung bezieht sich auf Handlungen, in denen gemäß dem individuenbezogenen kontrafaktischen Schädigungsverständnis gerade keine Schädigung vorliegt. Eine gentechnische Veränderung von Tieren würde nach diesem Schädigungsverständnis nur dann schädigen und damit ethisch problematisch sein, wenn ein Tier durch den Eingriff schlechter gestellt würde, d. h. wenn sein Zustand in Bezug auf sein Wohlergehen schlechter wäre, als wenn die Veränderung nicht durchgeführt worden wäre. Dieses setzt jedoch voraus, dass Zustände eines Individuums miteinander verglichen werden können, die in Abhängigkeit zur Ausführung oder Nicht-Ausführung der fraglichen Handlung stehen. Die Tiere mit der durch die gentechnische Manipulation

---

[9]Vgl. Omerbasic-Schiliro 2022, S. 4–9.

[10]Der komparative Schädigungsbegriff wird meist in dieser kontrafaktischen Lesart in der Debatte diskutiert. Der Vollständigkeit halber soll hier aber auch erwähnt werden, dass von wenigen auch eine temporal-komparative Version vertreten wird. Vgl. Velleman 2008, S. 242.

[11]Vgl. Feinberg 1986.

bestimmten Identität wären aber erst gar nicht in die Existenz gekommen, wäre der gentechnische Eingriff nicht vorgenommen worden. Diese Tiere können sich sozusagen „nicht beschweren", da sie nur so in die Existenz kommen konnten, wie sie es taten – sie sind durch diese Manipulation weder schlechter noch besser gestellt. Akzeptiert man diese Argumentationslinie und setzt man das Prinzip der Nichtschädigung zur Beurteilung von entsprechenden Fällen an, dann würde dies besagen, dass

> in Fällen wie diesen nicht von einer moralisch falschen Handlung gesprochen werden kann, da die Betroffenen nicht besser gestellt gewesen wären oder ihr Wohl nicht nicht in negativer Weise tangiert worden wäre, wenn die Akteure anders gehandelt hätten; wenn die Akteure anders gehandelt hätten, wären die Betroffenen vielmehr gar nicht in die Existenz gebracht worden und es könne hier entsprechend nicht von einer Schlechter-stellung beziehungsweise in Bezug auf das Prinzip der Nichtschädigung nicht von einer moralisch problematischen Schädigung gesprochen werden.[12]

Überzeugung (1) und (2) hängen also miteinander zusammen und führen zusammen mit dem Prinzip der Nichtschädigung – als einem allgemein als plausibel angesehenen ethischen Prinzip – im Ergebnis dazu, dass die Handlungen, die in den Bereich von Überzeugung (2) fallen, als moralisch nicht problematisch anzusehen sind. Dies steht nun im eklatanten Widerspruch zur moralischen Intuition. Zusammengefasst heißt das: Die Kriterien für die Anwendung eines Schädigungsbegriffs (Überzeugung 1), der üblicherweise für plausibel und für moralisch relevant erachtet wird, werden von einer zu beurteilenden Handlung nicht erfüllt (Überzeugung 2), und trotzdem besteht die Intuition, dass es sich um eine moralisch falsche Handlung handelt (Überzeugung 3).

Durch diesen Widerspruch wird die Frage nach einer Begründung der moralischen Intuition aufgeworfen. Bevor ich mögliche Antworten vorstelle, möchte ich kurz erörtern, welche Züchtungsvorhaben überhaupt das Problem der Nicht-Identität aufwerfen. Es ist nämlich keineswegs so, dass alle Fälle einer genomeditorischen Züchtung in den Skopus der Problematik fallen.

2.1.2 Welche Tierzüchtungsvorhaben werfen das Problem der Nicht-Identität auf?

Es sind solche Handlungen bzw. Fälle, wie sie in Überzeugung (2) thematisiert werden, die das Problem der Nicht-Identität aufwerfen. Sie weisen die folgenden Merkmale auf:

a) *Existenzverursachende Handlung:* Eine Handlung verursacht (direkt oder indirekt), dass ein Individuum I in Existenz kommt. Durch die Wahl zwischen

---

[12] Omerbasic-Schiliro 2022, S. 15.

verschiedenen existenzverursachenden Handlungen werden jeweils andere Individuen tangiert.[13]

b) *Unvermeidbarkeit der Beeinträchtigung:* Die Handlung bewirkt die Existenz eines Individuums, und ist mit einer Beeinträchtigung verbunden, welche unter einem komparativ kontrafaktischen Schädigungsbegriff nicht als Schädigung beschreibbar ist.

c) *Lebenswertes Leben trotz Beeinträchtigung:* Obwohl die Handlung eine Beeinträchtigung bewirkt, ist das Leben des Individuums dennoch lebenswert.

Alle tierzüchterischen Handlungen, ob konventionell oder gentechnisch, sind als existenzverursachende Handlungen anzusehen. Indem man ausgewählte Reproduktionspartner zusammenführt oder aber eine Insemination, eine In-vitro-Fertilisation oder eine somatische Klonierung vornimmt, bewirkt man, dass ein Individuum entsteht. Im Falle genuin biotechnischer Handlungen (ivF oder somatische Zellklonierung) sind allerdings mögliche Quellen von Kontingenz minimiert oder sogar eliminiert. Diese biotechnischen Handlungen legen fest, welcher Art die Zygote sein wird – anders als bei üblichen Reproduktionshandlungen, bei denen nicht von vornherein feststeht, welches Spermium mit einer Eizelle verschmelzen wird. Die existenzverursachende Handlung ist weiterhin dadurch qualifiziert, dass das Leben des entsprechenden Individuums auf unvermeidbare Weise beeinträchtigt ist (b). Diese Beeinträchtigung ist wiederum derart, dass das Leben des Individuums trotzdem lebenswert ist (c). Entscheidend für die Unterscheidung der Fälle, auf die das Problem der Nicht-Identität zutrifft, ist also der direkte Konnex von Existenzverursachung und der Unvermeidbarkeit einer Beeinträchtigung bestimmter Art. Die Frage, die sich hier stellt, ist, was es genau heißen soll, dass das Leben des Individuums auf *unvermeidbare* Weise beeinträchtigt sein wird.

Die Unvermeidbarkeit der Beeinträchtigung rekurriert hier zum einen auf den Umstand, dass das Individuum nur mit der Beeinträchtigung in die Existenz kommen kann. Die Handlung verursacht die Beeinträchtigung. Das Individuum kann zudem durch die Handlung nicht schlechter gestellt werden. Es ist kein kontrafaktischer Lebensverlauf des Individuums denkbar, der vorläge, würde die Handlung nicht ausgeführt. Das legt den Gedanken nahe, dass die fraglichen Handlungen solche sind, die ausgeführt werden, noch bevor das Individuum beginnt zu existieren, denn dann kann es so einen kontrafaktischen Lebensverlauf nicht geben.

Sieht man hier einmal kurz von der besonderen Konstellation des Problems der Nicht-Identität ab, ist zu bedenken, das Ähnliches auch für eine unvermeidbare Verbesserung gilt. Wird eine Handlung ausgeführt, noch bevor ein Individuum existiert, die dessen Existenz mit einer unvermeidbaren Verbesserung bewirkt,

---

[13] Mit der Wahl zwischen verschiedenen existenzhervorbringenden Handlungen geht einher, dass durch die Wahl dann auch verschiedene Individuen betroffen sind. Bei Parfit wird das als *Different People Choices* bezeichnet, vgl. Parfit 1984, S. 356.

dann kann man auch hier sagen, dass diese Verbesserung nicht kontrafaktisch intrapersonal verstanden werden kann. Dieses Individuum kommt nur mit dieser Verbesserung in die Existenz oder gar nicht.

Diese Überlegungen werfen die ontologisch bzw. biologisch heikle Frage auf, wann ein Individuum beginnt zu existieren. Im vorliegenden Kontext mag es für den Zweck Handlungen auseinanderzuhalten, die das Problem der Nicht-Identität aufwerfen und solchen die das nicht tun, ausreichend sein, zwischen (einigermaßen) klaren Fällen und Fällen, die in einem Graubereich unseres Identitätsvokabulars liegen, zu unterscheiden.

In klarer Weise kann man sagen, dass eine Handlung noch vor dem Beginn der Existenz eines Individuums ausgeführt wird, wenn sie präkonzeptionell vollzogen wird. Üblicherweise sprechen wir davon, dass die Entwicklung der Entität, um die es geht, postkonzeptionell nach der Verschmelzung von Spermium und Eizelle (bzw. Zusammenkommen von entkernter Eizelle und somatischem Kern) beginnt. Ab diesem Zeitpunkt sind aus zwei Entitäten eine geworden und man spricht außerdem von einer anderen Art von Entität – von der Zygote – und bezeichnet das als den Beginn der Embryogenese. Wird die entsprechende Handlung präkonzeptionell nicht durchgeführt, wird es kein Individuum geben. Wird sie ausgeführt, dann wird ein Individuum beginnen zu existieren und dies mit der entsprechenden Veranlagung, die dazu führt, dass es beeinträchtigt sein wird.

Dass man allerdings üblicherweise davon ausgeht, dass mit dem Zeitpunkt der Konzeption ein Individuum zu existieren beginnt, muss nochmals hinterfragt werden. Es gibt nämlich in der frühen Embryogenese einen Graubereich, in dem unser Identitätsvokabular uneindeutig ist.[14] In diesem Bereich können auch postkonzeptionelle Handlungen mit dem Problem der Nicht-Identität konfrontiert sein. Ab dem Zeitpunkt der Konzeption kann sich in dieser Phase nämlich mehr als ein Individuum aus der Zygote entwickeln. Es gibt also eine zeitliche Grauzone, in der es noch unbestimmt ist, ob nur ein Individuum existieren wird. Wird eine Handlung in dieser Zeit ausgeführt, dann kann es sein, dass diese Handlung bereits auf ein Individuum einwirkt und der komparativ-kontrafaktische Schädigungsbegriff kann somit greifen. Es kann aber auch sein, dass, wenn eine Mehrlingsbildung zustande kommt, die Handlung ausgeführt wird, noch bevor man davon spricht, dass die Mehrlinge existieren. In letzterem Fall müsste man sagen, dass bei Mehrlingsbildung die Existenz eines ursprünglichen Embryos endet und neue Individuen entstehen. Für alle Individuen, die keine solchen Mehrlinge sind, kann man jedoch sagen, dass sie mit der Entität, die sich ab der Bildung der Zygote entwickelt hat, diachron identisch sind.[15] Bei Mehrlingsbildung gilt jedoch, dass es postkonzeptionelle Handlungen gibt, die, wenn sie in der Phase zwischen Bildung

---

[14] Auf die Uneindeutigkeit des Identitätsvokabulars hat Ralf Stoecker in seinem Artikel *Mein Embryo und ich* hingewiesen und Implikationen für das Identitätsargument in der Abtreibungsdebatte abgeleitet.

[15] Vgl. Stoecker 2003, S. 138.

der Zygote und Bildung der Mehrlinge ausgeführt werden, das Problem der Nicht-Identität aufwerfen.

Eine weitere Schwierigkeit, den Beginn der Existenz festzulegen, kann in der Tatsache gesehen werden, dass sich nicht alle aus der Zygote hervorgegangenen Zellen zum späteren juvenilen oder adulten Individuum entwickeln. Manche der Zellen entwickeln sich auch zu versorgenden oder schützenden Geweben wie z. B. bei Säugetieren zur Plazenta, zur Fruchtblase etc. Dies führt zu der Auffassung, dass bei menschlichen (und dann analog auch bei tierlichen) Individuen

> der Mensch erst mit der Keimscheibe entsteht, denn dann sind die Zellinien [sic] festgelegt, aus denen er sich bilden wird im Unterschied zum embryonalen Hilfsgewebe. Außerdem gibt es dann auch eine räumliche Grenze gegenüber dem Restgewebe. Der Embryo hat von diesem Zeitpunkt an eine Gestalt, die sich kontinuierlich zu einem Kind weiterformen wird.[16]

Das hieße, dass die Existenz eines Individuums erst ab diesem Zeitpunkt der Ausdifferenzierung und räumlichen Abgrenzung beginnt. Teilt man diese Ansicht (wie z. B. deGrazia 2012, Kap. 7) und kann Argumente dafür anbringen, dass der Beginn der Existenz bei dem Zeitpunkt angesetzt werden sollte, an dem sich das Gewebe weiter ausdifferenziert hat, dann würde auch die Genom-Editierung via Mikroinjektion (wenn diese zum Zeitpunkt vor der Ausdifferenzierung vorgenommen wird) vom Problem der Nicht-Identität betroffen sein.

Dagegen, den Beginn der Existenz so zu verorten, spricht allerdings, dass sich von der Bildung der Zygote an, ein Entwicklungsprozess einer Entität kontinuierlich fortsetzt. Aus der Zygote entstehen durch Zellteilung sowohl Hilfsgewebe als auch der sich weiter ausdifferenzierende Embryo, so dass der Existenzbeginn des weiter ausdifferenzierten Embryos dennoch bei der Zygotenbildung angesetzt werden kann.[17]

Insgesamt kann man also sagen, dass präkonzeptionelle Handlungen und wenige postkonzeptionelle Handlungen – solche, die vor einer Mehrlingsbildung durchgeführt werden – vom Problem der Nicht-Identität betroffen sind. Bei diesen Handlungen kann der kontrafaktische komparative individuenbezogene Schädigungsbegriff logisch nicht greifen. Es ist unmöglich, dass ein

---

[16] Stoecker 2003, S. 141.

[17] Stoecker wendet ein, dass das quantitative Verhältnis zwischen den vergleichsweise wenigen Zellen, die dem späteren Embryo zuzuordnen sind und jenen, die später das Hilfsgewebe ausmachen gegen diese Sicht spricht. Außerdem liegt noch keine interne Zelldifferenzierung in der frühen Phase der Embryogenese vor, so dass der Prozess nicht als eine Art Entpuppung verstanden werden kann. Diese Argumente sind allerdings zu hinterfragen, denn es ist keineswegs klar, warum für die Frage der diachronen Identität das quantitative Verhältnis einer bestimmten Art oder warum eine Differenzierung von Zellen schon in früheren Stadien so wichtig sein sollte. Man muss diesen Prozess nicht als eine Art Häutung oder Entpuppung verstehen, sondern eben als einen Prozess der Ausdifferenzierung in verschiedene Richtungen (vgl. zudem die Hinweise, dass eine Richtung der Ausdifferenzierung schon ab der Konzeption festgelegt ist bei Damschen und Schönecker [2003, S. 247] unter Rückgriff auf Pearson [2002]).

Individuum besser oder schlechter gestellt werden kann, weil es zu diesem Zeitpunkt des Handlungsvollzugs entweder noch kein Individuum gibt oder aber ein
vorliegendes Individuum bei nachfolgender Mehrlingsbildung aufgehört hat
zu existieren. Werden allerdings Handlungen postkonzeptionell*[18] ausgeführt,
die sich negativ auf das Wohl eines Individuums auswirken, liegt kein Fall mehr
vor, der mit der Überzeugung (2) erfasst wird, denn in diesem Fall kann der
Schädigungsbegriff logisch greifen: Es ist dann möglich, dass es um das Wohl des
Individuums auch hätte besser bestellt sein können, nämlich dann, wenn die Handlung unterblieben wäre.

Ein wesentlicher Faktor zur Bestimmung, welche Handlungen relevant sind,
ist also zeitlicher bzw. ontogenetischer Natur: Es kommt auf die Unterscheidung
von prä- und postkonzeptionellen Handlungen an. Die Frage, die noch zu
beantworten bleibt, ist, welcher Art die Handlungen sind, die zum Problem der
Nicht-Identität führen. Hier sind solche Handlungen relevant, die unvermeidbare
Beeinträchtigungen mit sich bringen, d. h., die einen Einfluss auf Eigenschaften
des Individuums nehmen, so dass es zu einer Wohlbeeinträchtigung kommt. In
einem interessentheoretischen Setting wäre das eine Einflussnahme, die sich
auf Merkmale und Fähigkeiten derart auswirkt, dass bestimmte Interessen des
Individuums schlechter oder gar nicht befriedigt werden können.[19] Als Beispiel
einer solchen Handlung führt Clare Palmer die Züchtung von Bulldoggen an, die
mit hoher Wahrscheinlichkeit bestimmte gesundheitliche Beeinträchtigungen aufweisen (Hüftdysplasie, respiratorische Probleme etc.).[20] Weitere Fälle, die im
Kontext der genomeditorischen Züchtungsvorhaben diskutiert werden, sind z. B.
Züchtungsvorhaben mit dem Ziel einer Reduktion der Schmerzempfindlichkeit.
Palmer diskutiert auch unter Rückgriff auf eine Überlegung von McMahan die
Züchtung kurzlebiger Hunde; eine Züchtung, durch die man vermeiden könnte,
dass Hunde, nachdem Kinder ihrer überdrüssig geworden sind, im Tierheim
landen.

---

[18] Das ‚*' soll anzeigen, dass es um postkonzeptionelle Handlungen geht, die entweder bei Mehrlingsbildung nach der Bildung der Mehrlinge ausgeführt werden oder aber im Nicht-Mehrlings-
fall nach der Bildung der Zygote.

[19] Bei Omerbasic-Schiliro wird die Einflussnahme auf essenzielle Eigenschaften eines
Individuums beschränkt, d. h. solche Eigenschaften, die ein Individuum mit Notwendigkeit
besitzt. Sie will so, die Weise wie eine Handlung ein Individuum in qualitativer Hinsicht tangiert,
unterscheiden, vgl. Omerbasic-Schiliro 2022, S. 247–252. Zu den essenziellen Merkmalen
zählt Omerbasic-Schiliro genetische, zu den akzidentiellen, Sklave zu sein. Sie schließt damit
Kavkas Sklavenkindbeispiel aus den Fällen, die zum Problem der Nicht-Identität führen, aus.
Entscheidend scheint mir aber nicht zu sein, dass es sich hier um ein akzidentielles Merkmal
handelt, sondern vielmehr, dass die fragliche Handlung (Verkauf des Kindes an den Sklaven-
halter), die eine Schlechterstellung des Wohls bewirkt, postkonzeptionell durchgeführt wird (vgl.
Omerbasic 2018, S. 75). Was genau essenzielle von akzidentiellen Merkmalen unterscheidet,
bleibt m. E. unklar und scheint für die Betrachtung auch nicht relevant. Die Unvermeidbarkeit
der Beeinträchtigung scheint mir eher an der Logik des Schädigungsbegriffs anzusetzen, als an
der Art der Eigenschaften, auf die Einfluss genommen wird.

[20] Vgl. Palmer 2012.

Man muss allerdings auf methodischer Ebene Folgendes unterscheiden: Wird die genomeditorische Manipulation vermittels einer somatischen Zellklonierung durchgeführt, so werfen die manipulativen Handlungen, die bis zur Zusammenführung des somatischen Zellkerns mit der entkernten Eizelle stattfinden, das Problem der Nicht-Identität auf. Wird die genomeditorische Veränderung mittels Mikroinjektion vorgenommen, dann ist dies nicht der Fall. Die Mikroinjektion wird ja an einem bereits existierenden Individuum – dem Embryo – vorgenommen[21] und stellt damit eine postkonzeptionelle Manipulation dar. Angenommen, durch eine Mikroinjektion soll eine Verringerung von Fähigkeiten bewirkt werden, so kann man den Vergleich, der nach dem investierten Schädigungsbegriff erforderlich ist, vornehmen. Diese postkonzeptionell bewirkte Beeinträchtigung ist nicht untrennbar mit der Identität des Individuums verbunden, weil eine Entwicklung dieses Individuums auch ohne die Beeinträchtigung möglich gewesen wäre. Allerdings muss man hier einschränkend den Mehrlingsfall bedenken. Entwickeln sich aus dem genomeditorisch manipulierten Embryo Mehrlinge, dann ist die Einschätzung der manipulativen Handlung wieder vom Problem der Nicht-Identität betroffen.

Über das per Mikroinjektion manipulierte Individuum hinaus muss man wiederum auch noch dessen mögliche Nachkommen berücksichtigen, weil deren Hervorbringung wiederum das Problem der Nicht-Identität aufwirft.[22] Wählt man die mittels Mikroinjektion manipulierten Individuen nämlich für die weitere Zucht aus, dann handelt es sich bei dieser Zuchtwahl um eine präkonzeptionelle Handlung in Bezug auf die Filialgeneration. Das hat das merkwürdige Ergebnis, dass die Erzeugung der Elterngeneration evtl. als ethisch problematisch anzusehen ist, wenn hier Individuen schlechter gestellt werden, als es der Fall wäre, wäre die Handlung nicht ausgeführt worden. Die Filialgeneration wiederum kann sich „nicht beschweren", wenn sie mit Beeinträchtigungen in Existenz kommt. Sie konnte ja nur so auf die Welt kommen.

Für die Diskussion des Problems der Nicht-Identität ist also insgesamt wichtig zu beachten, dass es nur ganz bestimmte Handlungen sind, die selbiges Problem aufwerfen, nämlich präkonzeptionelle und nur bestimmte postkonzeptionelle Handlungen mit Auswirkung auf das Wohl des späteren Individuums. Dadurch bedingt kommt es auf der methodischen Ebene der Genom-Editierung zu einer Dichotomie in Bezug auf die ethische Beurteilung. Wenn genomeditorische Manipulationen via Mikroinjektion postkonzeptionell* durchgeführt werden, kann eine ethische Beurteilung ohne Beachtung des Problems der Nicht-Identität vorgenommen werden. Bei der somatischen Zellklonierung hingegen nicht.

---

[21] Dass eine Manipulation an einem bereits existierenden Embryo nicht in den Skopus des Problems der Nicht-Identität fällt, darauf hat Arianna Ferrari hingewiesen, vgl. Ferrari 2012, S. 68.

[22] Vgl. Omerbasic 2018, S. 74 f.

2.2   Mögliche Umgangsweisen mit dem Problem

Parfit, der das Problem der Nicht-Identität in *Reasons and Persons* identifiziert hat, hat es als eines dargestellt, das es in der Moralphilosophie zu lösen gilt. Seither hat es in der philosophischen Debatte eine Fülle von Reaktionen hervorgerufen. Die Reaktionen sind größtenteils im humanethischen Kontext erfolgt, zum Teil finden sie sich aber auch im tierethischen Kontext. Ich möchte die erfolgten Reaktionen und auch einen eigenen Vorschlag entlang der folgenden Abbildung kurz diskutieren:

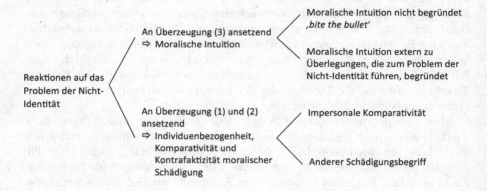

2.2.1   „Bite The Bullet"

Verfolgt man die *bite the bullet*-Strategie, dann erteilt man der Suche nach einer Begründung der moralischen Intuition eine Absage. Man akzeptiert, dass in Nicht-Identitätsfällen keine Schädigung vorliegt und geht davon aus, dass die moralische Intuition einfach aufgegeben werden sollte. Es werden also Überzeugungen (1) und (2) akzeptiert und dafür plädiert, Überzeugung (3) – die moralische Intuition, dass die Hervorbringung bestimmter Individuen moralisch verfehlt ist – fallen zu lassen. So argumentiert z. B. Bob Fischer dafür, dass die moralische Intuition in Bezug auf Tiere zurückgewiesen werden sollte. Er bezieht sich dabei auf Überlegungen von Clare Palmer, die für den Bereich der Tierzüchtung generell und auch für ein *Animal Disenhancement* via gentechnischer Methoden darauf hingewiesen hat, dass das Problem der Nicht-Identität vorliegt.[23] Sie erörtert mehrere Lösungsstrategien, befindet aber mögliche Rechtfertigungen der moralischen Intuition für nicht überzeugend.[24] Während Palmer allerdings eher dazu aufruft, nach weiteren Argumenten zu suchen, argumentiert Fischer unter Rückgriff auf Palmers Überlegungen, dass man die moralische Intuition für Menschen

---

[23] Palmer 2011.

[24] Palmer 2012.

zwar nicht fallen lassen, aber dass dies für Tiere erwogen werden sollte. Fischer schreibt:

> [W]e can simply accept that some of our intuitive judgments are mistaken, and what seems impermissible is, in fact, morally aboveboard. I'm not recommending this as a general approach to the non-identity problem, but I am suggesting that it's worth considering for nonhuman animals. For instance, perhaps it matters that human beings have concepts like *my first child* and *future generations,* which inform the way that we relate to the beings to whom we apply those notions. These sorts of differences between human and nonhuman animals may explain why there are deontic or virtue-based constraints on how we treat another that don't apply to our treatment of nonhuman beings.[25]

Fischer denkt also, dass die moralische Intuition in tierlichen Nicht-Identitätsfällen fallen gelassen werden kann. Im Humankontext hält er die moralische Intuition für gerechtfertigt, führt aber die Begründung hierfür nicht genau aus. Er verweist lediglich darauf, dass Menschen bestimmte Beziehungen für wichtig erachten (die Beziehung zum ersten Kind oder zu den nachfolgenden Generationen), die bestimmte Haltungen gegenüber denen, die Relata dieser Beziehungen darstellen, implizieren *(virtue-based constraints)* oder aber Werte verkörpern, die zu respektieren sind *(deontic constraints)*. Tiere verfügen nicht über solche Begrifflichkeiten und Wertvorstellungen, und daher hält Fischer es für gerechtfertigt, die moralische Intuition bei Tieren fallen zu lassen.

Allerdings überzeugt die Unterscheidung, die zwischen dem Human- und dem Tierkontext gemacht wird, aus (mindestens) zwei Gründen nicht. Erstens sind die Gründe, die Fischer dafür anführt, dass die Fälle im Humankontext anders behandelt werden sollten, solche, die sich auf die Konzepte oder Werte von aktualen menschlichen Individuen beziehen. Eine Berücksichtigung der menschlichen Individuen, die in Existenz gebracht werden könnten, erfolgt damit nur auf indirekte Weise.[26] Das scheint nicht das zu sein, worauf sich die moralische Intuition z. B. im *Hasty Mother Case* bezieht. Man hat die Intuition, dass die ungeduldige Mutter etwas falsch macht, weil das in Bezug auf das Kind als eine falsche Entscheidung angesehen wird, und nicht, weil sie gegen Werte handelt, die unabhängig von ihrer Beziehung zum Kind bestehen.

Zweitens bleibt unklar, warum das faktische Verfügen über bestimmte Konzepte oder Werte überhaupt einen normativen Unterschied zwischen Menschen und Tieren machen sollte. Dass Menschen über das Konzept des/der Erstgeborenen oder der zukünftigen Generationen verfügen, und dass damit

---

[25] Fischer 2020, S. 143.

[26] Dieses Statement Fischers, dass nur Werte und Interessen aktualer Menschen für eine moralische Berücksichtigung zukünftiger potentieller Menschen ausschlaggebend sind, erinnert an die Position von David Heyd. Vgl. Heyd 1992. Gegen Heyd argumentiert Omerbasic-Schiliro, dass seine Position erstens zu kontraintuitiven populationsethischen Konsequenzen führt, und dass sie zweitens nicht mit der Universalisierbarkeitsforderung für moralische Normen vereinbar ist, vgl. Omerbasic-Schiliro 2022, S. 56–62.

vielleicht auch bestimmte Beziehungen der Art nach bestimmt sind, ist zwar richtig. Aber Menschen haben auch ein Konzept für tierliche Nachkommen oder für speziesgemischte zukünftige Generationen. Wie mit den Individuen umgegangen werden soll, die in den entsprechenden Beziehungen zum Menschen stehen, ist nicht durch die Begriffe entschieden. Es müsste eine normativ relevante Rechtfertigung der Differenzierung zwischen Menschen und Tieren aufgezeigt werden. Wollte man die von Fischer vorgeschlagene Differenzierung zwischen dem Human- und dem Tierkontext vornehmen, so läge die Beweislast bei ihm, zu zeigen, dass es einen solchen speziesspezifischen Unterschied gibt, der erstens die nötige normative Relevanz besitzt und zweitens für die Nicht-Identitätsfälle einschlägig ist.

Wenn dieser Nachweis aber nicht überzeugend geführt wird, dann kann die *bite the bullet*-Strategie nur Erfolg haben, wenn sie auch für den Humankontext erfolgreich verteidigt werden könnte.[27] Das ist allerdings zu bezweifeln, denn das würde in Bezug auf unsere Wünsche sowohl was unseren Umgang mit Natur und Umwelt als was den Reproduktionskontext anbelangt einem *anything goes* gleichen.[28] Melinda Roberts formuliert diese Einschätzung folgendermaßen:

> [I]t seems implausible that our future-directed conduct should get a free moral compass whenever it affects the timing and manner of conception. So much affects the timing and manner of conception! Even given the assumption that the existence we are dealing with are worth having, it seems implausible that such acts are always morally permissible.[29]

Würde die *bite the bullet*-Strategie verfolgt, dann wäre es z. B. moralisch unproblematisch, vorsätzlich Kinder in die Welt zu bringen, deren Fähigkeiten verringert sind, solange deren Leben nur lebenswert ist. Das halten mit aller Wahrscheinlichkeit die meisten Menschen für moralisch hoch problematisch, und diese moralische Intuition dürfte auch sehr fest und hartnäckig verankert sein. Obwohl eine Intuition per se keine rechtfertigende Funktion übernehmen kann, sollte sie aber zum Anlass genommen werden, doch lieber auf die Suche nach einer Rechtfertigung zu gehen. Es scheint besser, der Aufforderung Parfits nachzukommen, nach einer Begründung für die moralische Intuition (Überzeugung 3) zu suchen.

---

[27] Autoren, die die moralische Intuition fallen lassen wollen, sind z. B. David Heyd, David Boonin oder John A. Robertson (vgl. Heyd 1992; Boonin 2014; Robertson 2003).

[28] Omerbasic-Schiliro verweist in diesem Zusammenhang auf Laura M. Purdy, die das Fallenlassen der moralischen Intuition als moralischen Bulldozer bezeichnet, vgl. Omerbasic-Schiliro 2022, S. 40.

[29] Roberts 2021.

2.2.2 Begründungen der moralischen Intuition extern zum Problem der Nicht-Identität

Eine Möglichkeit, die moralische Intuition zu rechtfertigen, besteht darin, nach Begründungen zu suchen, die unabhängig von den Überzeugungen sind, die die Suche nach einer moralischen Begründung der Intuition heraufbeschworen haben. Das heißt, es wird die Ansicht geteilt, die Nicht-Identitätsfälle seien moralisch problematisch, ohne dass die Überzeugungen (1) und (2) aufgegeben würden. Mögliche rechtfertigende Gründen für die Intuition müssen daher extern zu den Überzeugungen (1) und (2) liegen.

Hier kann man vielleicht grob zwei Varianten von extern liegenden Begründungen unterscheiden: Gemäß einer ersten Variante wird argumentiert, dass die moralische Intuition nicht in der Schädigung eines Individuums zu begründen ist, dass sie aber als Ausdruck einer problematischen Beziehung – hier einer problematischen Mensch-Tier-Beziehung – anzusehen ist (relationale Begründung). In einer zweiten Variante wird nicht die Beziehung zum Tier problematisiert, sondern der menschliche Charakter, der durch entsprechende existenzhervorbringende Handlungen zum Ausdruck gebracht wird, wird als moralisch problematisch betrachtet (tugendethische Begründung). Diese beiden Varianten sind nicht ganz trennscharf voneinander zu unterscheiden. Dennoch möchte ich sie kurz einzeln diskutieren.

2.2.2.1 Eine problematische Mensch-Tier-Beziehung
Eine relationale Begründung führt die moralische Intuition nicht auf das zurück, was eine entsprechende Züchtungshandlung für das in Existenz gebrachte Individuum bedeutet. Sie verortet die Basis der moralischen Intuition in einer zu kritisierenden Beziehung. Im Zusammenhang von Überlegungen zur Zulässigkeit der Genom-Editierung im veterinärmedizinischen Kontext vertreten Herwig Grimm und Christian Dürnberger eine solche Position. Für den Fall der Anwendung der Genom-Editierung in Nicht-Identitätsfällen teilen Sie die Überzeugungen (1) und (2). Sie schreiben:

> Zwar ist es möglich, dass durch GEV [Genome Editing Verfahren, S.H.] Tierwohl und Tiergesundheit gesteigert werden, allerdings ist dies bei zukünftigen Tieren keine Verbesserung im Sinne des BIP[30], da nicht ein bestimmter tierlicher Patient davon profitiert.

---

[30] Das BIP (Best interest Principle) wird von den Autoren als zentraler Orientierungspunkt tierärztlichen Handelns ausgewiesen. An diesem Prinzip orientieren sich die tierärztlichen Hilfspflichten derart, dass tierärztliche Handlungen im besten Interesse des Tieres auszuführen sind. Eine tierärztliche Handlung folgt dem BIP, wenn sie erstens auf gesundheitsrelevante Aspekte zielt (medizinische Bedingung), zweitens nicht gegen das mutmaßliche Interesse des tierlichen Patienten verstößt (Interessenbedingung) und drittens, wenn sie aus der mutmaßlichen Perspektive des tierlichen Patienten getroffen wird (Bedingung der Patientenorientierung). Vgl. Grimm und Dürnberger 2021, S. 124–126. Mit dem BIP vertreten die Autoren ein interessentheoretisch geprägtes Prinzip, das ihnen zufolge aber bei Nicht-Identitätsfällen gerade nicht greift.

> Kurz: GEV tragen im Falle der Veränderung zukünftiger Tiere nicht dazu bei, die Situation tierlicher Individuen zu verbessern, obwohl sie einen positiven Beitrag zum Tierwohl und zur Tiergesundheit liefern können.[31]

Grimm und Dünberger thematisieren hier richtigerweise, dass es im Kontext von Nicht-Identitätsfällen auch um mögliche Verbesserungen des Tierwohls durch genomeditorische Verfahren gehen kann. Weil das *Best Interest Principle* (BIP) im Fall der zukünftigen genomeditierten Tiere nicht greifen kann, gehen sie davon aus, dass sich die Frage hinsichtlich des Werts der genomeditorischen Vorhaben dahin verschiebt, ob damit tradierte und problematische Mensch-Tier-Beziehungen (MTB) drohen, verfestigt zu werden. Es kann nach Grimm und Dürnberger nicht darum gehen, ob bestimmte Vorhaben Einzelindividuen nutzen oder schaden, sondern „welche MTB wir durch sie manifestieren oder herstellen und wozu wir uns in dieser Beziehung machen."[32]

Nach Grimm und Dürnberger sind xenonome Mensch-Tier-Beziehungen die Regel.[33] Das ist eine heteronome, also fremdbestimmte Beziehung, bei der die Fremdbestimmung – die Beherrschung – von Tieren durch Menschen, also Mitgliedern einer anderen Art, erfolgt. Der Neologismus

> Xenonomie in der MTB [Mensch-Tier-Beziehung, S.H.] steht für die Haltung gegenüber Tieren, die Tiere in der Wahrnehmung, Behandlung und Gestaltung der MTB als fremdbestimmt thematisiert. Der Begriff soll erfassen, dass fremde (menschliche) Interessen und Zwecksetzungen die Behandlung von Tieren, ihre Wahrnehmung, ihre Gestaltung und damit die MTB insgesamt massgeblich [sic] leiten. Der Effekt ist die Berücksichtigung von Tieren um *anderer* und nicht ihrer selbst willen und die Missachtung ihres moralischen Status. Bei Handlungen, die darauf zielen menschliche Zwecksetzungen mit Hilfe von Tieren als Mittel zu realisieren, spricht man von Instrumentalisierungen.[34]

Da die Autoren gemäß der Logik von Überzeugung (1) und (2) des Problems der Nicht-Identität davon ausgehen, dass es bei genomeditorischen Vorhaben in züchterischer Perspektive nicht um das individuelle Wohl der Tiere gehen kann, stellen sich Fragen zur Zulässigkeit der Vorhaben nur im Hinblick darauf, „welche MTB wir durch sie manifestieren oder herstellen und wozu wir uns in dieser Beziehung machen."[35] Instrumentalisierungen werden hier als Form einer xenonomen Beziehung aufgefasst. Sie spielen für Grimm und Dürnberger eine wichtige Rolle bei der Beurteilung gentechnischer Zuchtvorhaben. Werden durch die entsprechenden Handlungen instrumentalisierende Beziehungen

---

[31] Grimm und Dürnberger 2021, S. 117.

[32] Vgl. Grimm und Dürnberger 2021, S. 123.

[33] Grimm und Dürnberger 2021, S. 121.

[34] Grimm und Dürnberger 2021, S. 119. Offensichtlich werden instrumentalisierende Mensch-Tier-Beziehungen hier als Formen von xenonomen Beziehungen verstanden. Wie die Merkmale einer Fremdbestimmung und einer Instrumentalisierung genau miteinander verknüpft sind, wird allerdings nicht richtig deutlich gemacht.

[35] Grimm und Dürnberger 2021, S. 123.

(in denen Handlungen entlang menschlicher Zwecke verfolgt werden und in denen Tiere als Mittel zum Zweck dienen) verfestigt, so sind die Vorhaben als moralisch problematisch anzusehen, da dadurch allgemein eine Haltung gegenüber Tieren stabilisiert wird, bei denen Tiere „nicht um ihrer selbst willen berücksichtigt werden und fremden Zielen unterworfen werden, was der Achtung ihres moralischen Status widerspricht."[36] Als Beispiel für solche problematischen Vorhaben dient Grimm und Dürnberger die Idee, Haustiere über genomeditorische Mittel so zu züchten, dass sie bestimmte körperliche Beeinträchtigungen nicht mehr aufweisen, die Tiere ihrer Rasse nur aufgrund von ästhetischen Vorlieben des Menschen besitzen (beispielsweise die Brachycephalie bei Hunden). Eine genomeditorische Korrektur sehen sie in diesen Fällen als moralisch problematisch, weil eine instrumentalisierende xenonome Mensch-Tier-Beziehung dadurch verfestigt, wenn nicht verstärkt wird. Sie schreiben dazu

> Gentherapie wird an dieser Stelle zu einem Mittel der übermäßigen Instrumentalisierung. Aus diesem Grund sind Gentherapien mit oder ohne GEV zur Behebung von Qualzuchten aufgrund ästhetischer Zwecke als Beitrag und Steigerung der Instrumentalisierung in der MTB zu verstehen und abzulehnen. Um es nochmals in Erinnerung zu rufen: Aufgrund des »non-identity«-Problems wird bei der Gentherapie zukünftiger Tiere einem existierenden Tier weder geholfen noch geschadet, weshalb auch keine Pflicht gegenüber einem existierenden Tier besteht. Insofern wirft die Gentherapie an dieser Stelle ein Licht auf Kontexte, in denen Tiere als etwas anderes als Wesen mit einem eigenen Leben und Wert thematisiert werden, nämlich als Instrumente zur Befriedigung menschlicher Interessen. [...] Denn die Idee besteht dann darin, den Genotyp so zu verändern, dass der Phänotyp, den sich menschliche Akteure wünschen, für das Tier erträglich wird. Kurz: Eine Handlung muss nicht weh tun, damit sie moralisch fragwürdig ist.[37]

Diese Einschätzung würde in Übertragung auf die genomeditorischen Züchtungsvorhaben im Nutztierbereich, die dem Tierwohl dienlich sein sollen, bedeuten, dass auch diese generell abzulehnen sind,[38] da auch hier die stabilisierende Auswirkung auf instrumentalisierende xenonome Mensch-Tier-Beziehungen ausschlaggebend wäre. So sehen Grimm und Dürnberger z. B. die Vermeidung einer Enthornung, auch wenn sie eine Reduktion von Schmerzen und Leiden bedeutet, ganz in den Kontext einer radikalen Instrumentalisierungslogik gesetzt. Durch die Herstellung und Verwendung geneditierter Tiere, die unter weniger subjektiv erfahrenen Zuständen leiden, wird eben die „Dominanz und Respektlosigkeit Tieren gegenüber, die gemeinhin mit der fehlenden Berücksichtigung des Eigenwertes tierlicher Individuen ausgedrückt wird [...] verstärkt."[39]

---

[36] Grimm und Dürnberger 2021, S. 146.

[37] Grimm und Dürnberger 2021, S. 145.

[38] Mit der Einschränkung, dass es sich tatsächlich um Nicht-Identitätsfälle handelt (s. Abschn. 2.1.2). Grimm und Dürnberger müssten eigentlich die genomeditorischen Manipulationen an Tierembryonen als Fälle, die nicht unter die Nicht-Identitätsproblematik fallen, anders beurteilen. Diese Unterscheidung wird aber nicht gemacht.

[39] Grimm und Dürnberger 2021, S. 157.

Die Ablehnung der skizzierten genomeditorischen Vorhaben auf der Basis der Argumentation von Grimm und Dürnberger ist allerdings zu hinterfragen. Es ist nämlich fraglich ob genomeditorische Züchtungsvorhaben notwendig als Ausdruck einer moralisch problematischen xenonom-instrumentalisierenden Mensch-Tier-Beziehung anzusehen sind.

Das von den beiden Autoren angeführte Beispiel einer moralisch problematischen Mensch-Tier-Beziehung aus dem Haustierbereich thematisiert die Zucht von Tieren gemäß menschlich-ästhetischer Vorlieben, die dazu führt, dass Tiere gesundheitliche Probleme bekommen. Die Frage, die sich hier stellt, ist, was genau der Grund dafür ist, dass diese Beziehung als moralisch problematisch anzusehen ist. Dieter Birnbacher weist darauf hin, dass im Humankontext viele Menschen zu fremden Zwecken ‚gebraucht‘ werden. Er nennt als Beispiele z. B. Arbeitnehmer, Probanden, Polizisten oder Soldaten.[40] Unzulässig wird die Instrumentalisierung laut Kants Selbstzweckformel des kategorischen Imperativs, wenn eine Person *bloß* als Mittel zum Zweck gebraucht wird. Wann dies der Fall ist, wird bei Kant durch das Zustimmungskriterium bestimmt. Kann eine Person einer instrumentalisierenden Handlung nicht zustimmen, so ist diese als moralisch problematisch anzusehen.[41] Diese Unterscheidung zwischen zulässiger und unzulässiger Instrumentalisierung scheint mir sehr wichtig für die Frage, ob eine Mensch-Tier-Beziehung moralisch problematisch ist oder nicht, zu sein. Nur die unzulässige Instrumentalisierung ist eine, die moralisch zu kritisieren ist.

Es gibt in der tierethischen Debatte den Vorschlag von Samuel Camenzind, zur Bestimmung einer zulässigen Instrumentalisierung in Anlehnung an Christine Korsgaard das Kriterium der hypothetischen Zustimmung anzusetzen.[42] Eine Instrumentalisierung wäre unzulässig, wenn das Tier hypothetisch dem Zweck einer Behandlung nicht zustimmen würde. Ich bin mir allerdings nicht sicher, ob man hier tatsächlich die hypothetische Zustimmung als Kriterium wählen sollte. Dieses Kriterium bringt nämlich einige Schwierigkeiten mit sich,[43] wie z. B. die Frage, was genau es heißen soll, dass ein Tier hypothetisch zustimmt. Der Verdacht liegt nahe, dass Tiere in problematischer Weise idealisiert werden. Bei Camenzind heißt es nun, dass bei „der Frage, ob ein Tier zu einer instrumentalisierenden Handlung seine hypothetische Zustimmung geben würde

---

[40]Vgl. Birnbacher 2001, S. 247.

[41]Vgl. Camenzind 2020, S. 272.

[42]Vgl. Camenzind 2020, S. 295. Camenzind sieht faktische und hypothetische Zustimmung als komplementäre Kriterien zur Bestimmung der Zulässigkeit einer Instrumentalisierung an. Die faktische Zustimmung kann sich dabei nur auf den Instrumentalisierungsmodus beziehen, die hypothetische Zustimmung auf den Zweck der Instrumentalisierung, vgl. Camenzind 2020, S. 296. Das Kriterium der hypothetischen Zustimmung hat Christine Korsgaard zwar in früheren Schriften vertreten (vgl. z. B. Korsgaard 2015), hat es aber dann zugunsten eines aristotelisch geprägten Ansatzes aufgegeben, vgl. Korsgaard 2018.

[43]Vgl. zur Problematik der hypothetischen Zustimmung Wennberg 2003.

[…] das tierliche Wohlbefinden das Referenzsystem sein"[44] muss. Das heißt, er bindet die hypothetische Zustimmung an das Tierwohl, an das, was „im besten Interesse eines Tieres"[45] ist. Daher kann man vielleicht sparsamer direkt von einer Zu- oder Abträglichkeit der fraglichen Handlung in Bezug auf das Tierwohl sprechen.

Dieses Kriterium können Grimm und Dürnberger aber gerade nicht heranziehen, da sie das Problem der Nicht-Identität akzeptieren. Ihnen bleibt ganz allein der Rekurs auf eine bestimmte menschliche Haltung oder Intention, mit der die genomeditorischen Züchtungsversuche ausgeführt werden, als Kriterium zur Unterscheidung von zulässigen und unzulässigen Instrumentalisierungen. Grimm und Dürnberger behaupten nun genomeditorische Manipulationen würden problematische Mensch-Tier-Beziehungen zum Ausdruck bringen und auch stabilisieren. Es ist zwar empirisch – angesichts unseres derzeitigen Umgangs mit Tieren – wahrscheinlich, dass züchterisch und auch gesellschaftlich Ziele verfolgt werden, die im Ergebnis eine moralisch problematische Tiernutzungspraxis verstetigen. Aber eine Perpetuierung problematischer Verhältnisse und Beziehungen ist nicht mit Notwendigkeit anzunehmen. Bei den auf das Tierwohl abzielenden Vorhaben besteht zwar die Möglichkeit, dass sie dazu führen, aber das muss nicht so sein. Sie könnten auch Ausdruck einer tierrespektierenden Haltung sein, sie könnten mit der Intention verfolgt werden, problematische Verhältnisse zum Guten hin zu wenden oder sogar aufzulösen. Es wäre sogar denkbar, dass sich die Mensch-Tier-Beziehung verbesserte. Eine logische Verknüpfung zwischen der Genom-Editierung und einer Stabilisierung problematischer Verhältnisse oder einer übermäßigen Instrumentalisierung besteht nicht. Ich denke auch nicht, dass Grimm und Dürnberger eine solche behaupten wollen. Wie sie diese Verknüpfung genau aufgefasst wissen wollen, geht allerdings nicht aus ihren Ausführungen hervor. Dass im Fall genomeditorischer Züchtungen, wie die Autoren sagen, eine Gefahr besteht, dass die menschliche Dominanz und die Respektlosigkeit Tieren gegenüber verstärkt wird, will ich nicht bestreiten. Es folgt daraus aber nicht direkt, dass eine Genom-Editierung im Zuchtbereich abzulehnen ist. Sie müsste normativ so gerahmt werden, dass der Gefahr entgegengetreten werden kann. Es besteht jedenfalls die Möglichkeit, dass genomeditorische Züchtungsvorhaben mit einer Haltung des Respekts und unter Achtung von Tieren durchgeführt werden.

2.2.2.2   Ein schlechter menschlicher Charakter

Eine andere externe Begründung der moralischen Intuition ist die, dass bestimmte existenzhervorbringende Handlungen Ausdruck eines schlechten menschlichen Charakters sind. Dieses Motiv klingt auch schon im Xenonomie-Ansatz bei Grimm und Dürnberger an, wenn sie z. B. schreiben, dass wir uns in einer bestimmten Mensch-Tier-Beziehung, also im Umgang mit Tieren, zu guten oder

---

[44] Camenzind 2020, S. 297.
[45] Camenzind 2020, S. 287.

schlechten Menschen machen können.[46] Bei Daniel Wawrzyniak findet sich dieses Motiv dezidiert, wenn er diskutiert, ob es ethisch legitim ist, ein transgenes Schwein mit verringerter Lebensqualität (Schwein-TA) anstelle eines ‚normalen' Schweins (Schwein-A) in Existenz zu bringen:

> [S]elbst wenn wir den Grad an Lebensqualität von Schwein-TA und Schwein-A nicht direkt miteinander in Verbindung setzen können, so können wir [...] auf anderem Weg ethische Kritik üben. Denn wir können immer noch hinterfragen, was es über uns als handelnde Moralakteure aussagt, bewusst ein Tier mit niedrigerer Lebensqualität zu erschaffen (Schwein-TA) anstelle eines anderen Tiers, das mehr Lebensqualität genossen hätte (Schwein-A). In dieser Hinsicht können Geneingriffe auch dann moralisch kritikwürdig sein, wenn sie einem Tier weder etwas „rauben", noch in anderer Hinsicht sein Wohl beeinträchtigen.[47]

Wawrzyniak akzeptiert also auch, dass bei Nicht-Identitätsfällen den betroffenen Individuen nicht geschadet wird, dass sie in ihrem Wohl nicht beeinträchtigt sind. Dementsprechend kann man davon ausgehen, dass er Überzeugung (1) und (2) teilt. Die Begründung der Intuition, dass dennoch eine moralisch problematische Handlung vorliegt, wird wie auch bei Grimm und Dürnberger extern gesucht, nur geht es hier nicht um eine problematische Relation, sondern um eine Eigenschaft des Menschen, die kritikwürdig ist.

Eine solch schlechte Eigenschaft wird nach Wawrzyniak bei unauthentischer Berücksichtigung des Wohls der Tiere zum Ausdruck gebracht. In den Motiven, Tiere in Kontexten von leidbringenden Haltungsbedingungen über gentechnische Verfahren so zu verändern, dass sie unter den Haltungsbedingungen nicht mehr so stark leiden, sieht er eine gewisse Unaufrichtigkeit. Er plädiert nun darauf, dass eine Authentizität des Tierwohls gewahrt bleiben muss.[48] Diese Authentizität sieht er auf engste mit dem menschlichen Charakter verbunden:

> Im Authentizitätskriterium findet unsere Rolle als Moralakteure Betonung, die die Lebenssituation anderer Individuen beeinflussen können. Vielleicht wäre es treffender zu sagen, dass nicht das Wohl des betroffenen Tiers durch Manipulationen unauthentisch ist, sondern die Art unserer Berücksichtigung seines Wohls. Wenn wir uns mit dem Tierwohl beschäftigen, tun wir das nicht aus unbeteiligter Neugier, sondern immer bereits mit dem Anspruch, dieses Wohl in einer Weise zu berücksichtigen, die wir vor uns selbst und anderen als nicht-willkürlich, glaubwürdig und als Zeichen ernster Anteilnahme vertreten können, und eben nicht als bloßes Kalkül und Eigennutz.[49]

Eine authentische Berücksichtigung des Tierwohls ist bei den gentechnischen Vorhaben nicht gegeben, und deshalb ist das Motiv, aus dem heraus die Manipulation vorgenommen wird, fragwürdig.

---

[46]Vgl. Grimm und Dürnberger 2021, S. 121.

[47]Wawrzyniak 2019, S. 275.

[48]Wawrzyniak 2019, S. 282.

[49]Wawrzyniak 2019, S. 283.

Aber auch diese externe Begründung ist zu hinterfragen. Es wird nämlich nicht ausreichend klar, wie ein entscheidender Terminus – hier das authentische Tierwohl – zu verstehen ist. Wawrzyniak rekurriert zwar auf ein Authentizitätsverständnis, das sich im Humankontext dadurch auszeichnet, dass für eine Bestimmung des authentischen Wohls subjektive Wertsetzungen und Urteile zum einen ausreichend informiert und zum anderen autonom sein müssen,[50] aber wie genau diese Kriterien – Informiertheit und Autonomie – im Tierkontext auszubuchstabieren sind, bleibt weitgehend offen. Es wird zwar angeführt, dass ein Individuum für eigene Wertsetzungen einen ausreichenden Spielraum von Optionen haben muss,[51] aber es bleibt unklar, was genau autonome tierliche Wertsetzungen sind. Die Begriffe der tierlichen Authentizität bzw. der tierlichen Autonomie, die für Wawrzyniaks Einschätzung eine bedeutende Rolle spielen, bleiben unzureichend konturiert.

Außerdem bleibt unklar, warum in Nicht-Identitätsfällen die Haltung oder der Charakter des Menschen eine Form der Unaufrichtigkeit, sprich der Nicht-Authentizität aufweisen sollte. Es ist möglich, dass eine gentechnische Manipulation durchaus mit Motiven durchgeführt wird, die von Aufrichtigkeit, Nicht-Willkür und von ernsthafter Sorge um das tierliche Wohl geprägt sind. Wenn man dann noch zugesteht, dass in den Nicht-Identitätsfällen das tierliche Wohl keine Rolle spielen kann, dann könnte man wie Clare Palmer zum Ergebnis kommen, dass es ratsam ist, Intuitionen in Bezug auf ein Disenhancement fallen zu lassen:

> [B]ut if creating a short-lived dog does not harm the dog itself, and actually adds to total positive experience in the world, why should breeding it be seen as arrogant and manipulative, or someone who creates such a dog as lacking in morally admirable human traits? Perhaps breeding a short-lived dog shows the ability to reason through one's intuitive ethical unease and to decide, on reflection, that it is groundless. Given this possible response, the virtue-oriented view does not seem to provide a conclusive explanation of why we should not breed short-lived dogs, or other animals that have poorer welfare than animals we might have bred.[52]

Man muss nicht wie Palmer auf eine höhere Gesamtsumme positiver Erfahrungen in der Welt zurückgreifen, um plausibel zu machen, dass die hier in Frage stehende menschliche Eigenschaft durchaus auch als moralisch zu befürwortende ausgewiesen werden könnte. Deshalb ist die tugendethische Antwort als nicht schlüssig anzusehen. Wenn ein entsprechendes Tier (das Schwein-TA oder der kurzlebige Hund) nur mit den Eigenschaften in Existenz kommen konnte, die es eben aufweist, und es sein Leben als lebenswert empfindet, dann ist es ja gerade nicht der Fall, dass dessen Wohl als beeinträchtigt angesehen werden kann. Warum sollte dann die Hervorbringung eines solchen Wesens eine moralische

---

[50]Vgl. Wawrzyniak 2019, S. 182.

[51]Vgl. Wawrzyniak 2019, S. 183.

[52]Palmer 2012, S. 165.

Fragwürdigkeit des menschlichen Charakters anzeigen? Das Vorhaben z. B. krankheitsresistente Tiere via Genom-Editierung zu züchten, kann auch Ausdruck eines mitfühlenden und Tiere respektierenden Charakters sein.[53] Das gesteht Wawrzyniak für den Fall, Tiere weniger anfällig für Krankheiten zu machen oder vererbte Krankheiten auszuschalten, zu, denkt aber, dass das kontextabhängig zu beurteilen ist.[54] Im Kontext der landwirtschaftlichen Nutzung hegt er Zweifel an der Aufrichtigkeit. Ein Zweifel scheint mir allerdings nicht ausreichend zu sein, um den gentechnischen Vorhaben in diesem Kontext eine Absage zu erteilen. Auch hier könnte man durch geeignete normative Vorgaben einer entsprechenden Unaufrichtigkeit in der Motivation entgegenwirken.

Beide externen Antworten auf das Problem der Nicht-Identität können also mit dem gleichen Argument zurückgewiesen werden. Sowohl Grimm und Dürnberger als auch Wawrzyniak berücksichtigen nicht, dass gentechnische Eingriffe, wenn sie zum Wohlergehen der Tiere beitragen, Ausdruck sowohl einer zu befürwortenden Mensch-Tierbeziehung als auch eines guten menschlichen Charakters sein können. Mir scheint das Argument der motivationsbezogenen Kritik wie auch das relationale Argument erst dann überzeugend zu greifen, wenn die Überzeugungen 1) bzw. 2) des Problems der Nicht-Identität angegangen werden und man zeigen kann, dass die betreffenden Tiere, die in Existenz kommen, in ihrem Wohl beeinträchtigt sind. Dann kann die Kritik am Motiv, am Charakter oder an einer problematischen Mensch-Tier-Beziehung an eine zu kritisierende Einflussnahme auf das tierliche Wohl zurückgebunden werden. Man sollte daher auf die Suche nach einer internen Begründung für die Überzeugung (3) – der moralischen Intuition – gehen. Gibt es eine solche interne Begründung, dann könnten allerdings beide Formen der externen Begründungen eine verstärkende Kraft bei der Begründung der moralischen Intuition entwickeln.

2.2.3　Auf der Suche nach internen Lösungen der Nicht-Identitätsproblematik

Es gibt eine ganze Reihe von Lösungsvorschlägen, die das Problem intern aufzulösen suchen. Im Rahmen dieser Untersuchung können leider nicht alle diskutiert werden. Ich beschränke mich daher hier auf zwei Möglichkeiten, wobei die zweite Möglichkeit mir plausibler erscheint. Es handelt sich erstens um eine impersonale Lösung und zweitens um eine Lösung, die am investierten Schädigungsbegriff ansetzt.

---

[53] Vgl. Cochrane 2012, S. 112–114.
[54] Vgl. Wawrzyniak 2019, S. 292.

2.2.3.1 Impersonale Begründung der moralischen Intuition

Bei einem impersonalen Lösungsansatz wird die moralische Falschheit einer in
Frage stehenden Handlung nicht daran festgemacht, dass ein Individuum durch
diese Handlung schlechter gestellt wird, als es das hätte sein können. Es geht
solchen Ansätzen gemäß nicht darum, was ,schlecht-für-ein-Individuum' ist; es
geht vielmehr darum, Weltzustände miteinander zu vergleichen. So würden z. B.
Handlungen nach einem Prinzip beurteilt, das Dan Brock wie folgt formuliert hat:
„It is morally good to act in a way that results in less suffering and less limited
opportunity in the world."[55] In einem solchen Prinzip wird kein Bezug auf ein
Individuum genommen, das eine Benachteiligung aufweist, sondern es geht
darum, generell so wenig Leid oder Einschränkungen von Optionen wie möglich in der Welt zu verursachen. Im Fall der *Hasty Mother* würde das bedeuten,
dass die Mutter etwas falsch gemacht hat, denn ihre Eiligkeit führt dazu, dass die
Optionen für ihr Kind aufgrund der kognitiven Beeinträchtigung beschränkt sind.
Dass sie etwas falsch macht, liegt aber nicht daran, dass der Zustand, in dem sich
ihr Kind befindet, schlecht für das Kind ist, sondern daran, dass der Weltzustand
insgesamt schlechter ist als er es wäre, würde die Mutter noch abwarten und dann
ein Kind bekommen. Dies könnte als eine umfassende Lösung des Problems der
Nicht-Identität angesehen werden. Allerdings gibt es hier auf der begründungs-
theoretischen Ebene Schwierigkeiten, die erst noch aufgelöst werden müssten,
bevor man diesen ,einfachen' Weg zur Auflösung des Problems der Nicht-Identität
einschlagen sollte.

Die Rede von einer unpersönlichen Lösung trifft nämlich nicht die moralische
Intuition, der gemäß im Fall der *Hasty Mother* dem Kind ein Schaden zugefügt
würde, würde es in die Welt gebracht werden. Man weicht hier auf einen Vergleich von Weltzuständen aus, um die moralische Intuition einfangen zu können.
Das bringt jedoch die Schwierigkeit mit sich, dass man begründen können müsste,
warum ein Weltzustand schlechter als ein anderer anzusehen sein sollte. Dabei auf
die Welt als Subjekt eines Schadens zu referieren, ergibt hingegen keinen Sinn.
Die Welt selbst ist keine Entität, der es etwas ausmachen würde, wie es ihr geht,
der etwas wichtig wäre oder die ein eigenes Wohl aufweist, das beeinträchtigt
werden könnte. Bei einem impersonalen Ansatz spielen zwar Empfindungen oder
Präferenzen eine Rolle, indem nämlich die Weltzustände wie z. B. bei Brock
danach beurteilt werden, ob mehr oder weniger Leid oder mehr oder weniger
Optionen vorliegen, aber die Empfindungen und Präferenzen sind losgelöst von
den Individuen zu denken, die sie haben. Das macht den Witz des impersonalen
Ansatzes aus, birgt aber zugleich auch seine Schwierigkeit. Individuen werden
hier lediglich als Behälter *(receptacles)* oder Orte von Empfindungen oder
Präferenzen gesehen. Es ist sozusagen nur die Füllung der Behälter bzw. dass es
diese Empfindungen/Präferenzen irgendwo gibt, was hier relevant wird. Brock
spricht dann auch ganz konsequent davon, dass es in Nicht-Identitätsfällen

---

[55] Brock 1995, S. 273.

keine Opfer von bestimmten Handlungen gibt.[56] In diesen Fällen von Opfern zu sprechen, wäre seiner Meinung nach eine Fehlcharakterisierung der Nicht-Identitätsfälle.[57]

Angesichts dessen muss man sagen, dass Vertreter eines impersonalen Ansatzes zwar eine moralische Intuition begründen können, dass es aber nicht die Art der Intuition ist, die vermutlich die meisten bei den Nicht-Identitätsfällen teilen: dass etwas von dem, was mit dem von der Handlung betroffenen Individuum passiert, nicht in Ordnung ist. Zudem ist fraglich, was Erfahrungen oder Präferenzen zu etwas moralisch zu Berücksichtigendem macht, wenn sie von den Subjekten der Erfahrung oder Subjekten der Präferenzen losgelöst sind.[58] Hier müssten Vertreter eines impersonalen Ansatzes eine plausible Erklärung dafür geben, wie eine Werthaftigkeit, die losgelöst von Subjekten, die bestimmte Erfahrungen machen und bewerten bzw., die bestimmte Interessen haben, begründet werden kann.

Wenn man nun die moralische Intuition begründen will, dass es auch bei Nicht-Identitätsfällen um das Individuum geht, das von einer Handlung ggf. betroffen wäre und teilt man die Skepsis in Bezug auf die Werthaftigkeit von frei flottierenden Empfindungen oder Präferenzen, dann bietet es sich an, nach einem individuenbezogenen Lösungsansatz für das Problem der Nicht-identität Ausschau zu halten.

2.2.3.2 Ein anderes Schädigungsverständnis?

Es gibt verschiedene Vorschläge, auf welche Weise mit einem anderen Verständnis von ‚Schädigung‘ oder ‚Schaden‘ das Problem der Nicht-Identität aufgelöst werden kann, ohne den Individuenbezug zu verlieren. Es würde hier zu weit führen, sie alle wiederzugeben und zu diskutieren.[59] Deshalb beschränke ich mich darauf, einen Lösungsvorschlag vorzustellen und zu verteidigen, so dass deutlich wird, dass das Problem zufriedenstellend aufgelöst werden kann. Akzeptiert man die nachfolgende Argumentation, dann hat das zum einen zur Folge, dass es möglich ist, eine auf das Wohl der betroffenen Tiere bezogene Beurteilung von genomeditorischen Züchtungsvorhaben, die als Nicht-Identitätsfälle zu klassifizieren sind, vorzunehmen. Zum anderen können die zu Beginn des Kapitels vorgestellten Begründungen für die moralische Intuition, die extern zum Problem der Nicht-Identität liegen, Unterstützung erhalten. Der Vorschlag ist, dass die moralische Intuition unter Rückgriff auf ein sogenanntes nicht-komparatives Schädigungsverständnis begründet werden kann: In den Nicht-Identitätsfällen wird durch eine

---

[56] So auch DeGrazia 2012, S. 274.

[57] Vgl. Brock 1995, S. 275.

[58] Christine Korsgaard argumentiert z. B. für eine Gebundenheit von Werten. Werte oder das, was wichtig ist, ist gebunden an Subjekte, für die etwas Wert hat bzw. für die etwas wichtig ist. Eine Loslösung von Wert oder Wichtigkeit widerspricht daher der Logik von ‚Wert‘ oder ‚Wichtigkeit‘, vgl. Korsgaard 2018, S. 9 ff. Ähnlich argumentiert Rivka Weinberg in Bezug auf ‚Leid‘ oder ‚Freude‘: Ohne Subjektbindung sind das sinnlose Ausdrücke, vgl. Weinberg 2012, S. 31.

[59] Für einen Überblick über die Debatte vgl. Roberts 2021; Omerbasic-Schiliro 2022.

Handlung bewirkt, dass Individuen mit einem Handicap in Existenz gebracht werden. Die Hervorbringung eines Individuums mit einem Handicap ist als eine (nicht-komparative) Schädigung anzusehen und deshalb moralisch problematisch.

Zur Erinnerung: Das Problem der Nicht-Identität ergibt sich, weil gemäß einem bestimmten Schädigungsverständnis ein Individuum durch eine existenz-bestimmende Handlung nicht geschädigt wird, aber dennoch die Intuition kaum abweisbar ist, dass die betreffende Handlung moralisch falsch ist. Der investierte Schädigungsbegriff ist individuenbezogen, kontrafaktisch und komparativ. Gemäß diesem Schädigungsverständnis muss sowohl i) die kontrafaktische Schlechter-stellungsbedingung als auch ii) die Bedingung des intrapersonalen Vergleichs erfüllt sein. Man geht davon aus, dass in Nicht-Identitätsfällen beide Bedingungen nicht erfüllt sind. Die kontrafaktische Schlechterstellungsbedingung scheint nicht erfüllt, weil ein Relatum des Vergleichs ,Um das Wohl von I ist es im Zustand X schlechter bestellt als im Zustand Y' fehlt. Zustand Y des Individuums wäre einer, der vorläge, wäre eine entsprechende Handlung nicht ausgeführt worden. Diesen Zustand kann es in Nicht-Identitätsfällen nicht geben. Aus diesem Grund scheint auch kein intrapersoneller Vergleich möglich. Das Individuum kommt ja mit einer unvermeidbaren Beeinträchtigung in Existenz. Ein Zustand Y ein und desselben Individuums ist – so die These – auch kontrafaktisch unmöglich.

Es ist nun aber so, dass man nicht nur in diesem kontrafaktisch-komparativen Sinne von einer Schädigung spricht. Wir scheinen zwei gleichermaßen gebräuch-liche Verwendungsweisen des Ausdrucks Schädigung zu besitzen, nämlich ein nicht-komparatives und ein komparatives Verständnis:

> We seem to use the term "harming" in two different ways. According to one way of understanding harming, I harm someone if and only if I bring it about, in a sufficiently direct manner, that he suffers a harm. [...] I'll call this the non-comparative sense of harming. [...] According to another way of understanding harming, I harm someone if and only if my behaviour leads to him being worse off overall than he would have been if I had acted differently. I'll call this the overall comparison sense of harming.[60]

Das hier zuletzt angeführte komparative Verständnis ist jenes, das durch die Diskussion des Problems der Nicht-Identität bereits wohlvertraut ist. Dennoch gibt es auch das nicht-komparative Verständnis von Schädigung, demgemäß eine Person verursacht *(bring it about)*, dass jemand einen Schaden erleidet.[61] Ein

---

[60] Woollard 2012, S. 685. Die Einschränkung, dass eine Einflussnahme bei einer nicht komparativen Schädigung hinreichend direkt sein soll *(sufficiently direct manner)*, verweist auf den Umstand, dass ein Einfluss auch indirekt durch die Beeinflussung des Verhaltens anderer Personen oder durch unvorhersehbare Nebeneffekte erfolgen könnte, was dann nicht direkt unter den Begriff einer Schädigung gezählt würde.

[61] Parfit diskutiert ein solches Verständnis von Schädigung an Beispielen und verwirft es als moralisch irrelevant und votiert daher in Richtung eines kontrafaktisch komparativen Schädigungsbegriffs (vgl. Parfit 1984, S. 70 ff.). Woollard weist allerdings darauf hin, dass man Beispiele finden kann, bei denen eine Person geschädigt wird, ohne durch eine Handlung schlechter gestellt zu werden, als sie es gewesen wäre, wäre die Handlung nicht durchgeführt worden, und die Schädigung auch für moralisch relevant gehalten wird. Das sind

solcher Schädigungsbegriff deckt z. B. sogenannte *Pre-emption*-Fälle ab, wenn ein Individuum durch eine Handlung nicht schlechter gestellt wird, als es das wäre, wäre die Handlung unterlassen worden, man aber dennoch davon spricht, dass das Individuum einen Schaden erlitten hat.[62] Das verdeutlicht Wollard an folgendem Beispiel: Eine Person A wird von zwei Personen B und C derart gehasst, dass beide zur Tat schreiten A umzubringen. Egal welche Handlung ausgeführt wird, A wird nicht durch die Handlung einer der beiden Personen schlechter gestellt, als sie es wäre, wäre die Handlung nicht ausgeführt worden – A stirbt. In diesem Beispiel kommt es ganz darauf an, dass es sozusagen keine mögliche Welt gibt, in der es A hätte besser gehen können, wäre eine der Handlungen der beiden Mörder nicht ausgeführt worden. A ist tot, gleichgültig, ob B zur Tat schreitet oder nicht. Führt B die Tötungshandlung aus, dann ist A tot; führt B die Tötungshandlung nicht aus, so schreitet C zur Tat. Obwohl A nicht schlechter gestellt werden kann, würde man trotzdem sagen, dass eine Handlung dazu geführt hat, dass A geschädigt wurde. Es mag sein, dass hier noch zusätzliche Annahmen in das Gedankenexperiment eingespeist werden müssen, um auszuschließen, dass nicht doch ein komparativer Schädigungsbegriff greifen kann. Zu überlegen wäre, ob die Handlungen von B und C gleichzeitig erfolgen müssten oder in gleicher Weise tödlich etc. Worauf es aber ankommt, ist, dass ein Beispiel für eine offensichtlich schädigende Handlung vorgelegt werden kann, welches aber nicht mit dem komparativen Schädigungsbegriff erfasst werden kann. A erleidet durch eine Handlung einen Schaden in einem nicht komparativen Sinn.

Ein nicht-komparatives Schädigungsverständnis findet aber auch in alltäglicheren Fällen Anwendung, und zwar dann, wenn Urteile darüber erforderlich sind, welche Zustände im Allgemeinen als schlecht für ein Individuum zu erachten sind, und welche Ursachen diese Zustände herbeiführen können. In unserem Umgang mit Mitmenschen orientieren wir uns sehr häufig daran, welche Handlungen im Allgemeinen für andere gut oder schlecht sind, ohne zu berücksichtigen, ob sie tatsächlich ein betroffenes Individuum besser oder schlechter stellen. Wir vermeiden es, Dinge zu tun, die Menschen oder auch Tiere in einen schlechten Zustand bringen würden. Dafür überlegen wir meist nicht, ob unsere Handlung das konkrete Individuum schlechter stellt als es ohne die Handlung wäre – wir fokussieren nicht den Zustand des Individuums und dessen konkrete Veränderung durch eine Handlung, sondern wir orientieren uns an verbreiteten Standards darüber, was im Allgemeinen für ein Individuum schlecht wäre. Das gilt insbesondere bei Handlungen, bei denen Auswirkungen auf Individuen ohne Wissen um deren Identität abgeschätzt werden müssen. Das ist besonders ein-

---

zugegebenermaßen Beispiele, die sehr konstruiert wirken, aber Parfits Beispiele, mit denen er den Nicht-komparativen Schädigungsbegriff zurückweist, sind in ähnlicher Weise stark konstruiert.

[62] Vgl. zum Problem, dass der kontrafaktische Schädigungsbegriff die Pre-emption-Fälle nicht einfangen kann: Johannson und Risberg 2019.

drücklich in sogenannten *wrongful life cases;* also solchen Fällen, bei denen eine Handlung zu beurteilen ist, durch die ein Wesen in Existenz kommen würde, dessen Leben derart beeinträchtigt wäre, dass das Leben nicht lebenswert erscheint. Ein Beispiel für einen *wrongful life case* im Tierbereich wäre z. B. die Züchtung der Beltsville Pigs, die durch die gentechnische Insertion eines humanen Wachstumshormons verursacht in ihrem Wohl extrem beeinträchtigt sind. Ein solcher sehr schlechter Zustand kann *ex ante* durch den komparativ-kontrafaktischen Schädigungsbegriff nicht, durch einen nicht-komparativen Schädigungsbegriff sehr wohl als Form von Schädigung erfasst werden. Wir brauchen also einen nicht-komparativen Schädigungsbegriff für Fälle dieser Art.

Ein solches nicht-komparatives Schädigungsverständnis kann nun in den genomeditorischen Züchtungsvorhaben, die als Nicht-Identitätsfälle klassifiziert wurden, greifen. Gentechnische Manipulationen in Nicht-Identitätsfällen können zwar nicht auf das Individuum einwirken und es dadurch schlechter stellen als es gewesen wäre, wären diese nicht vorgenommen worden. Aber sie können sehr wohl – in Fällen, in denen eine Manipulation dazu führt, dass relevante Fähigkeiten bzw. Interessen beeinträchtigt werden –, bewirken, dass das betroffene Individuum einen Schaden, eine Benachteiligung erleidet: Es muss mit einem Handicap leben, d. h., die Ermöglichungsbedingungen relevanter Interessen sind eingeschränkt oder die Erfüllung von relevanten Interessen ist erschwert oder verunmöglicht. Als relevant sind Interessen zu betrachten, bei denen man davon ausgehen kann, dass sie im Allgemeinen für einen guten Wohlzustand des Individuums wichtig sind.[63]

Die Auflösung des Problems der Nicht-Identität über ein solches nicht-komparatives Schädigungsverständnis halte ich für zielführend. Eine prominente Vertreterin eines solchen Schädigungsverständnis ist Elizabeth Harman. Sie bestimmt das, was eine Schädigung ausmacht, folgendermaßen:

> […] One harms someone if one causes him pain, mental or physical discomfort, disease, deformity, disability, or death.
>   (The slogan version of claim (1) is: harming is causing harm. That is, an action is a harming action if it causes an effect of harm.) More generally, the view is that an action harms someone if it causes the person to be in a bad state.[64]

Der Schädigungsbegriff wird durch eine Aufschlüsselung des substantivierten Kausalverbs ‚Schädigung' erläutert: Schädigung ist die Verursachung eines Schadens. Was zunächst wie eine fast zirkuläre Bestimmung anmutet – man erläutert ‚Schädigung' durch ‚Schaden' – wird dann weiter expliziert, indem das Verständnis von ‚Schaden' spezifiziert wird: ein Schaden ist ein Zustand, der schlecht für das Individuum ist. Dabei kann die Handlung auch durchaus prä-

---

[63] Vgl. zum Verständnis tierlichen Wohls Kap. 4.
[64] Harman 2009, S. 139.

konzeptionell eine Kausalkette in Gang gesetzt haben, die in dem schlechten Zustand resultiert.

Wie genau kann ein solch schlechter Zustand aussehen? Harman führt hier zwar mehrere Beispiele an (Schmerzen, mentales oder physisches Unbehagen, Krankheit, Deformitäten, Behinderungen oder den Tod), bei denen man nicht unbedingt daran zweifelt, dass es sich um schlechte Zustände handelt, aber man fragt sich, was das Gemeinsame an ihnen ist. Harman selbst schlägt als Kriterium Folgendes vor: „bad states are those states that are worse in some way than the normal healthy state for a member of one's species"[65] Das heißt, dass der eigentlich als nicht-komparativ eingeführte Schädigungsbegriff dennoch ein komparatives Moment enthält: der Zustand des Individuums wird mit dem Zustand verglichen, den ein normal gesundes Mitglied der Spezies aufweist, aber er wird, anders als im traditionellen komparativen Schädigungsbegriff, nicht in Beziehung zu dem Zustand gesetzt, in dem das Individuum sich ohne die schädigende Handlung befände.[66]

Hier könnte man sich die Frage stellen, ob ein solches Schädigungsverständnis damit einhergeht, dass alle Zustände oder Eigenschaften von normal gesunden Mitgliedern einer Spezies für relevant zu erachten wären. Ich denke, dass das nicht der Fall ist. Nur solche Eigenschaften sind relevant, die im Allgemeinen dafür wichtig sind, dass der Zustand vom Individuum als ein zu befürwortender Zustand angesehen wird. So ist es z. B. für ein normal-gesundes Mitglied der Spezies Homo-Sapiens normal, Haare an den Beinen zu haben, aber dieses Merkmal ist für das Wohl eines Individuums eher irrelevant. Zum anderen mag es individuelle Ausnahmen geben, bei denen ein Zustand, der von dem eines normal-gesunden Mitglieds negativ abweicht, vom Individuum selbst befürwortet wird. Zu denken ist hier im Humankontext an Asketen, Masochisten u. a. Nichtsdestoweniger kann in vielen Kontexten der Zustand eines normal-gesunden Mitglieds der Spezies (oder der Rasse oder der betreffenden Population) als ein Standard dafür verstanden werden, welcher Zustand aller Wahrscheinlichkeit nach derart ist, dass er von dem Individuum als gut erachtet wird, und welche Abweichungen davon als schlecht empfunden werden. Eine solcher evaluativer Standard wird benötigt, um bestimmen zu können, was generell als ein schlechter Zustand angesehen wird (z. B. bei der Einstufung als Krankheit) und um herauszufinden, was diese Zustände verursacht.

Bei einem nicht-komparativen Verständnis findet also ein Vergleich gegenüber einem allgemein gesetzten Standard statt. Wird ein Zustand herbeigeführt, der schlechter ist als der normal-gesunde Zustand, dann liegt diesem Schädigungsverständnis zufolge eine Schädigung vor. Ist das überzeugend? Folgende Einwände sind hier denkbar.

---

[65] Harman 2009, S. 139.

[66] Im Weiteren wird hier der Einfachheit halber dennoch von einem nicht-komparativen Schädigungsverständnis gesprochen.

Einwand 1: Das Kriterium ist nicht notwendig für eine Schädigung

Es wird gegen das Harmansche Schädigungsverständnis eingewandt, dass eine Schädigung vorliegen kann, ohne dass ein Individuum sich in einem Zustand befindet, der schlechter ist als derjenige eines normal gesunden Mitglieds der Spezies. Matthew Hanser hat dies an folgendem Beispiel erläutert:[67] Ein über die Maßen intelligenter Nobelpreisgewinner erleidet einen Schlaganfall. Infolgedessen sind seine intellektuellen Fähigkeiten so weit reduziert, dass sie auf dem Level eines Menschen im normal-gesunden Zustand sind. Hier könnte man davon sprechen, dass der Schlaganfall den Nobelpreisträger nur im komparativen Sinn schädigt. Man könnte aber auch Hansers Beispiel etwas abändern, um einen klareren Bezug zu einer Schädigungshandlung zu bekommen: Angenommen, dem hochintelligenten Nobelpreisträger wird eine Verdummungspille verabreicht, der zufolge er nach Einnahme auf dem intellektuellen Stand eines normal-gesunden Menschen wäre. Man würde sagen, dass die Verabreichung der Pille eine Schädigung verursacht hat. Dies kann allerdings durch Harmans Schädigungsverständnis nicht eingefangen werden.

Gegen diesen Einwand ist zu sagen, dass ein nicht-komparatives Schädigungsverständnis keine Exklusivität beansprucht. Wie oben unter Rückgriff auf Woollard erläutert, sind beide Verständnisse von Schädigung – sowohl komparativ als auch nicht-komparativ – gebräuchlich. Man kann also durchaus zugestehen, dass der Nobelpreisgewinner im nicht-komparativen Verständnis nicht geschädigt wird. Er wird durch den Schlaganfall schlechter gestellt als er es wäre, wäre der Schlaganfall nicht eingetreten. Der komparativ-kontrafaktische Schädigungsbegriff kann hier greifen. Das Kriterium für den nicht-komparativen Schädigungsbegriff ist lediglich als ein hinreichendes Kriterium zu verstehen. Falls jemand verursacht, dass ein Individuum sich in einem schlechten Zustand befindet, dann liegt eine Schädigung vor. Schädigungen können aber auch auf andere, nämlich auf komparativ-intraindividuelle Weise bedingt sein.

Spricht das gegen Harmans Vorschlag, die ja schlechte Zustände an einem überindividuellen Maßstab bemisst? Ich denke nicht. Es ist zwar zuzugeben, dass das, was gut oder schlecht für ein Individuum ist, sich von Individuum zu Individuum unterscheidet. Man kann aber dennoch davon ausgehen, dass es bestimmte überindividuelle Leitplanken gibt, an denen man sich in Bezug auf Urteile, die das Wohl eines Individuums betreffen, orientieren kann. Das gilt insbesondere für Beeinträchtigungen des individuellen Wohls, die grundlegende Fähigkeiten bzw. Interessen oder aber Voraussetzungen für das Haben von Interessen betreffen. Wir haben keinen Zweifel daran, dass bestimmte Beeinträchtigungen wie z. B. Blindheit, ein Herzfehler, Mukoviszidose u. ä. das Wohl eines Individuums beeinträchtigen werden, ohne das Individuum in seiner konkreten Individualität zu kennen. Es wäre seltsam, wenn man bei solchen Zuständen annehmen würde, dass man erst die konkrete Entfaltung einer individuellen menschlichen oder tierlichen

---

[67]Vgl. Hanser 2008, S. 432; Thomson 2011.

Persönlichkeit vor Augen haben muss, um entscheiden zu können, ob einen Herzfehler o. Ä. zu haben, einen schlechten Zustand für das Individuum darstellen wird oder nicht.[68]

Der Rückgriff auf den Standard eines normal gesunden Mitglieds einer Spezies oder Rasse sollte als ein *prima facie* zu berücksichtigender Standard zur Beurteilung, ob eine Schädigung vorliegt bzw. vorliegen wird, verstanden werden. Ein negatives Abweichen vom Zustand eines normal gesunden Mitglieds der Spezies wird mit Wahrscheinlichkeit auch vom jeweilig betroffenen Individuum als negativ bewertet werden. Zur Beurteilung der Wahrscheinlichkeit wird es auch auf den Grad der Abweichung ankommen. Wenn es sich nur um geringfügige Abweichungen handelt wie z. B. eine leichte Kurzsichtigkeit, mag dieser Zustand von vielen Individuen vielleicht nur gering oder sogar auch gar nicht negativ bewertet werden. Mit einem steigenden Maß an Abweichung wird jedoch die Wahrscheinlichkeit, dass das Individuum diesen Zustand als schlecht bewerten wird, ebenso steigen. Bei manchen Abweichungen wird man sich vielleicht unsicher sein, bei anderen wird man die Prognose mit einem großen Ausmaß an Sicherheit treffen können.

Bei Nicht-Identitätsfällen kann man nun nur auf diesen Standard zurückgreifen. Das ist so, weil es um die Beurteilung von Handlungen geht, die erst dazu führen, dass ein Individuum in die Existenz kommen wird. Die individuelle Konkretisierung der Fähigkeiten und Interessen eines solchen Individuums – ob es sich z. B. um einen Nobelpreisträger oder einen Menschen mit durchschnittlich kognitiven Kapazitäten handeln wird – kann man nicht zur Grundlage der Entscheidung machen, ob eine Handlung ausgeführt werden sollte oder nicht. Das spricht aber nicht gegen den nicht-komparativen Schädigungsbegriff, sondern zeigt nur auf, dass es in bestimmten Kontexten epistemische Grenzen gibt. Es ist diesen Fällen inhärent, dass man gerade keine Kenntnis der Eigenschaften des Individuums und seines Wohlergehens haben kann, die jenseits einer Art- oder Rassenzugehörigkeit[69] liegen.

---

[68] Alina Omerbasic-Schiliro wendet gegen Harman ein, dass der Rückgriff auf einen normal gesunden Zustand erfordert, dass geklärt werden müsse, was es heißt, sich in einem solchen zu befinden. Da das nicht geklärt ist, „bleibt [es] weiterhin unklar, wo die Grenze liegt, ab wann eine Handlung, die ein Individuum in einen bestimmten Zustand versetzt, als *schädigende* und somit *moralisch falsche* Handlung betrachtet werden kann" (Omerbasic-Schiliro 2022, S. 170). Ich gebe Omerbasic-Schiliro recht, dass es keineswegs klar ist, was ‚normal gesunder Zustand' bedeutet. Es gibt hier noch einigen Klärungsbedarf. Aber auch wenn es schwammig und vage bleibt, was einen Normalzustand auszeichnet, kann man dennoch klar Zustände identifizieren, die in Abweichung von einem solchen Normalzustand dazu führen, dass man unter ihnen leiden wird.

[69] Der Begriff der Rasse ist im Humankontext zu Recht diskreditiert. Bei Tieren spielt er durchaus eine Rolle. Hier ist an die Unterschiede zu denken, die Mitglieder einer Spezies (z. B. *Canis lupus*) aber unterschiedlicher Rassen (z. B. Pekinese und Wolfshund) aufweisen können.

Einwand 2: Das Kriterium ist nicht hinreichend für eine Schädigung

Es wird eingewendet, dass nicht jeder verursachte Zustand, der schlechter ist als der eines normal gesunden Mitglieds der Spezies, als ein Schaden bezeichnet wird. Judith Thomson führt in diesem Zusammenhang folgendes Beispiel an:[70] Eine Person, die blind ist, wird von einem Arzt operiert, was zur Folge hat, dass sie nach der OP zwar über eine gewisse Sehkraft verfügt, aber in einem viel schlechteren Ausmaß, als das für eine normal gesunde Person der Fall wäre. Obwohl die Person sich nach Harman in einem Zustand befindet, der verglichen mit einer normal gesunden Person als ein schlechter zu bezeichnen wäre, würde man hier nicht davon sprechen, dass der Arzt die Person geschädigt hat. Ein weiteres Beispiel wird in diesem Zusammenhang ebenfalls diskutiert, nämlich das Beispiel eines Arztes, der einen akuten Blinddarmdurchbruch diagnostiziert und daraufhin den betreffenden Patienten einer Notoperation unterzieht.[71] Obwohl nun der Patient später unter postoperativen Schmerzen leidet und auch körperlich durch die OP-Wunde eine Beeinträchtigung erfahren hat und damit ein nach Harman schlechter Zustand verursacht wurde, wird man auch hier nicht sagen wollen, dass der Arzt den Patienten geschädigt hat.

Harman selbst reagiert auf diese Beispiele.[72] Im Fall der Operation am Auge unterscheidet sie folgende Fälle: (1) der Eingriff des Arztes ist solcherart, dass er eine Kausalkette in Gang setzt, die unabhängig von derjenigen ist, die zur Blindheit führt. (2) der Eingriff ist derart, dass keine unabhängige Kausalkette in Gang gesetzt wird. Im zweiten Fall geht Harman davon aus, dass wenn die lediglich etwas verbesserte Sehkraft so erreicht wird, der Arzt den Patienten nicht geschädigt hat. Der Arzt hat den schlechten Zustand, in dem sich der Patient mit minderer Sehkraft befindet, hier nicht verursacht. Wenn der Arzt allerdings beim Versuch, die Blindheit zu heilen, eine Kausalkette in Gang bringt, die unabhängig von der zu sehen ist, die die Blindheit beheben würde und die dazu führt, dass der Patient nur über eine mindere Sehkraft verfügt, dann verursacht der Arzt einen Schaden. Im Fall der Blinddarm-Operation geht Harman ebenfalls davon aus, dass der Arzt den Patienten geschädigt hat. Es handelt sich nach Harman in diesem Fall aber um eine moralisch erlaubte Schädigung. Sie wird dadurch gerechtfertigt, dass ein größerer Schaden verhindert wird. Ob eine Schädigung vorliegt oder nicht, ist also nach Harman davon abhängig, in welcher Weise eine fragliche Handlung in die Kausalstruktur des Geschehens eingebettet ist. Eine Schädigung liegt ihr zufolge nur dann vor, wenn der Arzt Quelle der Ursache ist, die dazu führt, dass der Patient sich in einem schlechten Zustand befindet. Das scheint allerdings quer dazu zu stehen, dass man üblicherweise alle diese Operationen gleich qualifizieren würde. Alltagssprachlich würde keine der Operationen als Schädigung aufgefasst

---

[70]Vgl. Thomson 2011, S. 441. Dieses Beispiel wird in verschiedenen Varianten von mehreren AutorInnen in der Auseinandersetzung mit einem nicht-komparativen Schädigungsbegriff diskutiert. Vgl. z. B. Hanser 2009; Gardner 2015.

[71]Vgl. Harman 2004, S. 91; Harman 2009, S. 139, Boonin 2014, S. 74.

[72]Vgl. Harman 2009, S. 148 f.

werden. Die Unterscheidung, die Harman hier einführt, wird üblicherweise nicht gemacht und würde eine Revision unseres Sprachgebrauchs erfordern.[73]

Anders als Harman denke ich, dass man ein Urteil, ob es sich bei den fraglichen Beispielfällen um Schädigungen handelt, nicht auf der Basis von Kausalkettenverläufen fällen, sondern vielmehr am passenden Schädigungsbegriff für diese Fälle orientieren sollte. Wie oben ausgeführt, gebrauchen wir sowohl den komparativen wie auch den nicht-komparativen Schädigungsbegriff.[74] Zur Beurteilung der Beispielfälle ist es sinnvoll zu überlegen, in welchen Kontexten die beiden Schädigungsbegriffe eine Rolle spielen. Man kann annehmen, dass der nicht-komparative Schädigungsbegriff eine wesentliche Funktion in Kontexten erfüllt, in denen kausale Zusammenhänge identifiziert werden müssen, die dazu führen, dass sich jemand aller Voraussicht nach in einem schlechten Zustand befinden wird. Hier wird es nicht auf das aktuale Wohllevel eines Individuums ankommen, um diese Identifikation vornehmen zu können. Egal ob jemand ein hyperintelligenter Nobelpreisträger oder eine Person mit durchschnittlichen kognitiven Kapazitäten ist, ein Schlaganfall wird einen Schaden für beide darstellen. Es ist im höchsten Maße unwahrscheinlich, dass jemand es begrüßen wird, einen Schlaganfall zu bekommen. Vielmehr ist anzunehmen, dass dies allgemein als etwas Schlechtes angesehen wird. Dementsprechend wird ein nicht-komparativer Schädigungsbegriff in Kontexten eine Rolle spielen, in denen Generalisierungen in Bezug auf die negative Bewertung von Zuständen erforderlich sind.

Der komparativ-kontrafaktische Schädigungsbegriff ist hingegen gerade nicht auf allgemeine Kontexte, sondern auf das konkret-aktuale Wohl von Individuen bezogen und nicht in Beziehung gesetzt zu dem, was durchschnittlich für normal gesunde Mitglieder einer Spezies gilt. Eine Schädigung liegt hier auch in dem Fall vor, wenn einem Millionär ein Euro gestohlen wird. Obwohl der Millionär durch die Diebstahlshandlung schlechter gestellt wird, würde man nicht behaupten wollen, dass er sich in einem allgemein schlechten Zustand befindet. Bei den beiden Operationen, die Harman als Beispielfälle diskutiert, scheint es mir um das aktuale Wohllevel, und nicht z. B. um die Ursachenidentifikation eines schlechten Zustands zu gehen. Da aber die Patienten in diesen Fällen durch die Operationen

---

[73] Boonin weist unter Diskussion dieser Beispiele darauf hin, dass der kontrafaktische Schädigungsbegriff diese Fälle besser einfängt und weist deshalb unter anderem den nicht-komparativen Schädigungsbegriff zurück, vgl. Boonin 2014, S. 77. Ich denke, dass diese Reaktion vorschnell ist. Man sollte aber zur Verteidigung des nicht-komparativen Ansatzes nicht die Strategie Harmans einschlagen. Die Operationen sollten auch unter einem nicht-komparativen Ansatz nicht als Schädigungen gelten. Anzumerken ist hier, dass abweichend vom Alltagssprachgebrauch in rechtlichen Kontexten Operationen als Eingriffe in die körperliche Unversehrtheit und damit als Körperverletzung bzw. Schädigungen aufgefasst werden, die über eine Zustimmung des Patienten zu legitimieren wären. Wenn eine Zustimmung vorliegt, ist die Operation als gerechtfertigte Körperverletzung zu betrachten.

[74] Vgl. für einen hybriden Ansatz von Schaden: Unruh, 2022.

nicht schlechter gestellt werden, spricht man in beiden Fällen alltagssprachlich nicht von einer Schädigung.

Bei den Nicht-Identitätsfällen handelt es sich wiederum um einen allgemeinen Kontext. Über die Identität der Individuen können noch keine Information vorliegen, außer solchen, die allgemein für Wesen der Art oder der Rasse gelten. Ein Individuum existiert ja zum Zeitpunkt der Handlung noch nicht. Man kann aber schon präkonzeptionell absehen, ob ein zukünftig in die Existenz kommendes Individuum einen bestimmten Zustand aller Voraussicht nach als schlecht bewerten wird. Qua Logik der Nicht-Identitätsfälle können durch präkonzeptionelle Handlungen Individuen nicht schlechter gestellt werden, so dass ein komparativ-kontrafaktischer Schädigungsbegriff nicht greifen kann. Der nicht-komparative Schädigungsbegriff kann dies aber sehr wohl.

Ich plädiere daher dafür, dass ‚Schädigung' in zweierlei Weise zu verstehen ist, sowohl komparativ als auch nicht-komparativ. Beide Begriffe haben ihre Funktion in verschiedenen Kontexten. Für eine genaue Ausbuchstabierung eines solch kontextabhängig-hybrid angelegten Schädigungsverständnisses wäre es noch notwendig, zum einen Kriterien für die Anwendung der beiden hier für plausibel ausgewiesenen Verständnisse zu nennen, und zum anderen etwas zum Verhältnis zu sagen, in dem sie zueinander stehen. Dies würde allerdings im Rahmen dieser Analyse zu weit führen. Aus Gründen der Sparsamkeit einen Schädigungsbegriff als den einzig richtigen herausstellen zu wollen, scheint jedenfalls nicht ratsam zu sein. Sparsamkeit zahlt sich nicht immer aus. Für die Nicht-Identitätsfälle kann der nicht-komparative Begriff als einschlägig angesehen werden.

Einwand 3: Der Wert der eigenen Existenz wiegt mehr als das Handicap
In Nicht-Identitätsfällen ist das Handicap, unter dem ein Individuum leiden wird, nicht so schwerwiegend, dass das Leben nicht mehr als lebenswert erachtet werden könnte. Auch wenn hier der nicht-komparative Schädigungsbegriff greift, so könnte man einwenden, dass das Individuum es vorzieht, in die Existenz gekommen zu sein und daher das Handicap in Kauf nehmen wird. Es scheint daher legitim, Individuen mit einem Handicap in die Existenz zu bringen.

Gegen diesen Einwand kann man (mindestens) drei Argumente vorbringen. Erstens kann eine Existenz nur für denjenigen wertvoll oder auch wertlos sein, der bereits existiert. Das Argument bezieht sich darauf, dass das Wohl eines Wesens unter anderem dadurch bestimmt wird, dass bestimmte Erfahrungen als positiv oder negativ erlebt werden. Eine solche Erfahrung ist aber davon abhängig, dass das betroffene Wesen bereits in die Existenz gekommen ist. Die Existenz eines Subjekts von Interessen ist Voraussetzung dafür, dass Erfahrungen positiv oder negativ bewertet werden.[75] Bei den Nicht-Identitätsfällen handelt es sich um

---

[75]Weinberg pointiert diesen Aspekt folgendermaßen: „All interests are contingent upon existence. Unless an entity exists at some point, it cannot have any interests because, in the absence of an entity that exists at some point, there is no real subject for the interests." Vgl. Weinberg 2012, S. 28; siehe auch DeGrazia 2010.

solche, in denen *ex ante* zu entscheiden ist, ob Handlungen durchgeführt werden sollten. Da das Individuum noch nicht existiert – es sozusagen zu den *merely possible individuals* gehört – hängt eine Aussage über das Wohl des Individuums quasi in der Luft.[76] Das scheint mir eine sehr wichtige Überlegung zu sein, denn es geht bei den Züchtungshandlungen gerade um *ex ante* Entscheidungen.

Nichtsdestoweniger könnte ein Opponent überlegen, was wäre, wenn die Handlung durchgeführt würde und ein Individuum mit Handicap in Existenz kommt. Könnte es sein, dass die Handlung *ex post* Legitimation erfährt? Denn erst in die Existenz gekommen, befürwortet aller Wahrscheinlichkeit nach das Individuum sein Leben, obwohl es mit einem Handicap leben muss. Das führt zum zweiten Argument.

Für die Entscheidung, ob die Handlung hätte ausgeführt werden sollen, ist es wichtig, zu berücksichtigen, dass es alternative Handlungsmöglichkeiten gibt, die einen gleich großen Nutzen hervorbringen können, ohne dass eine Benachteiligung involviert wäre. Auch wenn ein Individuum mit einem Handicap in Existenz gebracht wurde, so hätte doch auch ein anderes Individuum in Existenz gebracht werden können, das den Wert seiner Existenz genießt, ohne mit einem Handicap leben zu müssen, wie beispielsweise, wenn man die Wahl hat, ein Huhn in die Welt zu bringen, das blind ist oder eines, das sehen kann. Man könnte hier allerdings einwenden, dass dies das Individuum mit Handicap in der Beurteilung der Tatsache, dass es in die Existenz gebracht wurde, nicht betrifft. Warum sollte es für eine Beurteilung der fraglichen Handlung aus Sicht des Individuums überhaupt relevant sein, dass an seiner Stelle ein anderes Individuum hätte in Existenz gebracht werden können? Dies führt zum dritten Argument, das darauf abhebt, dass hier ein moralisches Urteil zu fällen ist.

Dass ein Individuum, das mit einem Handicap in Existenz gebracht wurde, befürwortet, in die Existenz gebracht worden zu sein, ist ein prudentiell evaluatives Urteil aus der Sicht des Individuums mit allen Vorlieben und Interessen, die dieses Individuum aufweist. Ein prudentiell evaluatives Urteil ist aber von einem moralischen Urteil zu unterscheiden. Die moralische Frage ist nun nicht, ob das Individuum etwas für gut oder schlecht befindet, sondern ob es in die Existenz gebracht werden soll oder auch in die Existenz hätte gebracht werden sollen. Für ein moralisches Urteil in dieser Frage ist nun wesentlich, dass es unparteilich gilt. Eine Möglichkeit sich eine solche Unparteilichkeit zu vergegenwärtigen, ist der Rawlssche Schleier des Nichtwissens, unter dem die Entscheidungen darüber, was das Richtige zu tun ist, in Unwissenheit über die eigene Position in der Welt gefällt werden.[77] Eine andere Möglichkeit ist, diese Unpartei-

---

[76] Vgl. Weinberg 2008; Weinberg 2013.

[77] Man könnte hier erstens einwenden, dass Rawls den Schleier des Nichtwissens sozusagen für Fragen der Gerechtigkeit reserviert und zweitens, dass der Schleier des Nichtwissens voraussetzt, dass die Individuen, die eine unparteiliche Entscheidung fällen, zwingend über Rationalität verfügen müssten. Daher wäre erstens eine Erweiterung auf Fragen der Ethik und zweitens eine Übertragung auf tierliche Individuen nicht möglich ist. Es ist zum einen unwahrscheinlich, dass sich ein tierliches Individuum überhaupt zu diesen Fragen verhalten kann und zum

lichkeit über die Universalisierbarkeit moralischer Urteile zu charakterisieren. Das heißt, dass man beim Fällen eines moralischen Urteils von den eigenen Wünschen und Vorlieben abstrahiert und die der anderen, die von einer Handlung betroffen sind, in gleicher Weise berücksichtigt.[78] Das heißt, dass das Individuum, das mit einem Handicap in Existenz gebracht wurde, sich – unter Absehung von den eigenen Wünschen und Vorlieben – auch in die Lage des Individuums hinein-versetzen muss, das alternativ ohne Handicap in Existenz gekommen wäre. Wenn dem Individuum nicht bekannt ist, ob es mit oder ohne ein Handicap in Existenz gebracht wird (oder wenn es von den eigenen Wünschen und Vorlieben abstrahiert) und es entscheiden sollte, in welcher Form eine Hervorbringung erfolgen sollte, so wird sich das Individuum *prima facie* für eine Existenz ohne Handicap entscheiden.

Ein Handicap aufzuweisen, bedeutet ja, dass einem Individuum bestimmte Möglichkeiten für positive Erfahrungen (oder zur Vermeidung von negativen Erfahrungen) nicht offenstehen. Wenn ein Huhn blind ist, dann wird es bestimmte Erfahrungen nicht haben können (z. B. am Boden nach Futter herumpicken etc.), und es wird bestimmten negativen Erfahrungen nicht gut ausweichen können (z. B. Verletzungen durch mangelnde Orientierung).[79] Einem Huhn ohne Handicap stehen mehr Optionen des Wohlbefindens zur Verfügung als einem, das ein Handicap aufweist.

Man könnte hier skeptisch einwenden, dass man durch den Rekurs auf die Unparteilichkeit – quasi durch die Hintertür – eine impersonale Lösung einführt, die zuvor als weniger plausibel zurückgewiesen wurde. Das ist aber nicht not-wendig so zu sehen. Es ist nämlich zum einen daran zu erinnern, dass hier für ein auf der prudentiell evaluativen Ebene individuenbezogenes Schädigungsver-ständnis argumentiert wurde. Die Verursachung eines Handicaps in Nicht-Identi-tätsfällen ist im nicht-komparativen Sinn als Schädigung eines Individuums zu verstehen. Dementsprechend ist es auch sinnvoll, von einem Opfer der ent-sprechenden Handlung zu reden. Auf der evaluativen Ebene ist die Konzeption, für die hier argumentiert wird, also als eine individuenbezogene Konzeption zu ver-stehen. Zum anderen ist zu bedenken, dass auf der normativ-moralischen Ebene Unparteilichkeit nicht notwendig Impersonalität impliziert. Man könnte denken, dass das Absehen oder Ausblenden von persönlichen Wünschen und Vorlieben

---

anderen können wir auch nicht wissen, wie es sich dazu verhalten würde. Aber die Trennung von Moral und Gerechtigkeit ist zu hinterfragen; auch in Fragen der Moral und Ethik sind unpartei-liche Urteile erforderlich, für die der Schleier des Nichtwissens fruchtbar gemacht werden kann. Einzuräumen ist nun, dass nur rationale Wesen – als *moral agents* – Entscheidungen hinter dem Schleier fällen können. Nichtsdestoweniger können aber *moral agents* für *moral patients* Entscheidungen treffen. Das gilt auch für tierliche *moral patients*. Ideen, wie man tierliche Interessen unter einem Schleier des Nichtwissens berücksichtigen kann haben z. B. Donald VanDeVeer (1979b) und Mark Rowlands (2009) vorgelegt.

[78] Vgl. Hare 1997, S. 26; Mackie 1983, S. 117.

[79] Vgl. Cochrane 2012, S. 122–123.

bedeutet, dass es sich um eine impersonale Konzeption handeln muss. Das ist aber nicht der Fall. Man kann zwar Unparteilichkeit über einen Vergleich von Weltzuständen konzeptualisieren, man kann dies aber auch auf andere Art und Weise. Unparteilichkeit kann als allgemeines Kennzeichen der Moral angesehen werden und wird in (impersonal) konsequentialistischen wie auch (personal) deontologischen Ethikansätzen[80] sowie in diskursethischen Konzeptionen angesetzt. In nicht impersonal-konsequentialistischen Ansätzen kann nun Unparteilichkeit als ein bestimmter Standpunkt von Individuen verstanden werden, den diese einnehmen. Zuzugestehen ist, dass hier ein Subjekt, das zwischen Handlungsoptionen wählen muss, der eigenen Position und dem eigenen Interesse kein besonderes Gewicht beimessen darf, sondern dies als eines unter anderen zu betrachten hat. Nichtsdestoweniger geschieht dies vom Standpunkt eines Subjekts aus.

Bislang war die Überlegung, dass, wenn eine unparteiliche Wahl z. B. hinter einem Schleier des Nichtwissens getroffen werden soll, ob ein Individuum mit oder ohne Handicap auf die Welt kommen sollte, *prima facie* eines ohne Handicap zu wählen wäre. Wenn allerdings hinter dem Schleier des Nichtwissens entschieden werden sollte, ob ein Wesen mit Handicap oder aber gar kein Wesen in Existenz gebracht werden soll, dann ist vermutlich die Tendenz da, zu sagen, dass dann die Existenz mit Handicap zu wählen wäre. Hier schwingt aber implizit mit, dass Existenz per se etwas ist, das zu befürworten ist. Dafür muss man nicht annehmen, dass es die Existenz selbst ist, die befürwortet wird, sondern dass sie implizit als Voraussetzung für die Möglichkeit positiver Erfahrungen wertgeschätzt wird. Das halte ich aber nicht für ausgemacht. Hier haben pessimistische Philosophen in der Nachfolge Schopenhauers wie z. B. David Benatar sogar dafür argumentiert, dass es generell besser wäre, nicht geboren worden zu sein, und dass man, ist man erst einmal in Existenz, sich in einer Zwangslage befindet: das Leben ist schlecht, der Tod aber auch.[81] Es wird auch diskutiert, dass es rational ist, die Nicht-Existenz der Existenz vorzuziehen.[82]

So weit möchte ich nicht gehen, möchte aber darauf hinweisen, dass Existenz nicht nur Voraussetzung für positive Erfahrung ist. Die Existenz eines Lebewesens kann sowohl positive wie auch äußerst schlechte Erfahrungen beinhalten. Wie sich ein Wesen insgesamt zu seiner Existenz stellen wird, ob seine Existenz gut oder schlecht für es ist, ist nicht von vornherein ausgemacht. Ich stimme hier Rivka Weinberg zu, die meint, dass die Existenz eine „mixed bag of benefits and burdens"[83] ist. Wann immer ein Individuum in Existenz kommt – ob mit oder ohne Handicap –, ist es nicht festgelegt, welche Zusammensetzung diese ‚Gemischte Tüte' aufweisen wird und auch nicht, wie das Individuum diese Mixtur bewerten wird.

---

[80] Vgl. Jollimore 2022.

[81] Benatar 2006; Benatar 2017.

[82] Hallich 2018; Hallich 2022.

[83] Weinberg 2012, S. 31.

In der moralischen *ex ante* Frage, ob ein Individuum mit oder ohne Handicap in Existenz gebracht werden soll, ist die Antwort für den Fall, dass es auch eine alternative Möglichkeit dazu gibt, mit Handicap in die Existenz gebracht zu werden, dass es besser ist, ohne Handicap in die Existenz gebracht zu werden; liegt keine alternative Möglichkeit vor und berücksichtigt man nur die Existenz des Individuums allein, wird es darauf ankommen, für wie wahrscheinlich es gehalten wird, dass es dem Individuum in seinem Leben gut gehen wird. Eine Pflicht zur Hervorbringung existiert hier jedenfalls nicht, denn die Existenz ist nur dann für ein Individuum etwas, dass es befürworten kann, wenn es erst in Existenz ist. Steht die Entscheidung an, ob ein Tier in die Existenz gebracht werden soll, das in der industriellen Tierhaltung groß werden wird, sind die Aussichten, dass es ein lebenswertes Leben haben wird, offenkundig miserabel.

2.3 Zusammenfassung

Das Problem der Nicht-Identität entsteht dadurch, dass bei Handlungen, die Individuen hervorbringen, die unvermeidbar mit einem Handicap in Existenz kommen, ein bestimmter Schädigungsbegriff (der kontrafaktisch komparative individuenbezogene Schädigungsbegriff) nicht greifen kann. Obwohl keine Schädigung vorzuliegen scheint, besteht aber dennoch die moralische Intuition, dass diese Handlungen moralisch problematisch sind. Weit entfernt von dem Anspruch, dieses Problem in aller Ausführlichkeit hier diskutieren zu können, wurden einige verschiedene Umgangsweisen damit aufgezeigt und kritisch beleuchtet. Die *bite the bullet*-Strategie wurde verworfen, da die moralische Intuition, dass die fraglichen Handlungen moralisch problematisch sind, intensiv ist und sich hartnäckig hält. Bevor die *bite the bullet*-Option überhaupt ins Auge gefasst wird, sollte man lieber nach möglichen Begründungen für die moralische Intuition suchen, die überzeugen können. Zumal auch Vorschläge dafür vorliegen, wie man die moralische Intuition argumentativ unterfüttern kann.

Die Argumente, die, extern zum Problem der Nicht-Identität, eine Rechtfertigung für die moralische Intuition unter Bezugnahme auf eine fragwürdige Mensch-Tier-Beziehung oder einen problematischen menschlichen Charakter geben, können allerdings im Prinzip erst dann richtig greifen, wenn gezeigt werden kann, dass sich fragliche Handlungen negativ auf das Wohl von Individuen auswirken. Eine impersonale Lösung kann wiederum die moralische Intuition, dass es um das Wohl des betroffenen Individuums geht, nicht einfangen. Mit Hilfe des anschließend vorgestellten nicht-komparativen Schädigungsverständnisses nach Harman, das in den Nicht-Identitätsfällen greifen kann, wurde ein Vorschlag unterbreitet, wie die moralische Intuition untermauert werden kann. Zugestanden ist hier, dass es einer weiteren und ausführlicheren Beschäftigung mit diesem Lösungsvorschlag im Detail bedarf. Ich gehe aber insgesamt davon aus, dass mit einem nicht-komparativen Schädigungsbegriff das Problem der Nicht-Identität erfolgreich aufgelöst werden kann. Mit dem nicht-komparativen Schädigungsverständnis kann jedenfalls plausibilisiert werden, dass eine Handlung in Nicht-

Identitätsfällen als eine moralisch problematische auszuweisen ist. Mit diesem Vorschlag können auch relationale oder tugendethische Argumente unterfüttert werden. Wie genau genomeditorische Züchtungsvorhaben allerdings zu bewerten sind, ist dadurch noch nicht geklärt. Es ist lediglich gezeigt, dass Handlungen in Nicht-Identitätsfällen einen schädigenden oder nützlichen Einfluss haben können, und dass dadurch eine moralische Beurteilung unter Rückgriff auf genau diese Auswirkung möglich ist.

Mit diesem Kapitel wurde quasi der Weg für tierwohltheoretische Argumente geebnet, indem gezeigt wurde, dass es Sinn ergibt, genomeditorische Züchtungsvorhaben mit Blick auf das Wohl der von diesen gentechnischen Manipulationen betroffenen Tiere zu beurteilen. Einem *anything goes* wurde entgegenargumentiert. Es liegt nun nahe, ein Argument zu entwickeln, bei dem die genomeditorischen Vorhaben mit Blick auf ihre Auswirkung auf das Tierwohl beurteilt werden. Bevor aber weiter überlegt wird, wie ein solches tierwohltheoretisches Argument auszubuchstabieren ist, soll im folgenden Kapitel noch ein Zwischenschritt eingelegt werden. In der Debatte um die gentechnische Veränderung von Lebewesen und insbesondere von Tieren werden nämlich auch Argumente diskutiert, die ein allgemeines und prinzipielles Verbot solcher Vorhaben – sozusagen ein *nothing goes* – nahelegen. Das sind Argumente, die sich auf eine Verletzung der Integrität bzw. des intrinsischen Wertes[84] von Tieren beziehen.

---

[84] Der Ausdruck ‚intrinsische Werthaftigkeit' verweist hier auf einen tierlichen Eigenwert – einen Wert von Tieren, der nicht instrumentell, sondern um ihrer selbst willen (*value of its own*) besteht. Er kann sowohl in einem nicht-moralischen (bloß evaluativen) als auch in einem moralischen Verständnis gebraucht werden. Vgl. de Vries 2008. In der moralischen Sphäre kann ein intrinsischer Wert als ein *mögliches* Kriterium gesehen werden, aufgrund dessen etwas moralisch zu berücksichtigen wäre, es kann aber auch als *notwendiges* Kriterium aufgefasst werden. Vgl. Schmidt 2008, S. 69 Bei einem Prinzip, das Respekt vor der tierlichen Integrität fordert, unterscheidet man eine Nicht-Einmischung (*non-interference*) in das tierliche Leben, von der Nicht-Schädigung (*non-maleficence*) und öffnet damit die moralische Beurteilung für Urteile jenseits von Überlegungen zur Schädigung betroffener Tiere. Vgl. Heeger 1997, S. 244.

Integritätsargumente

3

Wird eine gentechnische Veränderung von Tieren grundsätzlich abgelehnt, so liegt es nahe zur Begründung dieser kategorischen Ablehnung auf eine tierliche Integrität Bezug zu nehmen.[1] Positionen, die einem Integritätsansatz verpflichtet sind, stellen mögliche Verletzungen der Integrität oder des intrinsischen Werts durch gentechnische Eingriffe ins Zentrum. Mit ihnen wird eine Einschätzung von Handlungen unabhängig davon abgegeben, ob diese Handlungen das subjektive Tierwohl befördern oder verletzen.[2] Integrität ist allerdings als ein Umbrella-Term – als ein Sammelbegriff – anzusehen. Unter diesem werden ganz unterschiedliche normative Wertsetzungen vorgenommen, die, obschon alle in der Forderung nach Respekt vor der Integrität mündend, dennoch verschieden bestimmt sind und auch argumentativ

---

[1] Vgl. Millar und Morton 2009.

[2] Solche Argumente sind spätestens seit Diskussionen in den 1980er Jahren um die Tiergesetzgebung in den Niederlanden ein Topos in der Debatte um die Beurteilung der gentechnischen Veränderung von Tieren. In einem politischen Memorandum von 1981 (Rijksoverheid en Dierenbescherming/National Government and Animal Protection) wird der intrinsische Wert von Tieren in den Niederlanden als zu berücksichtigende normative Größe befürwortet. In der Tierversuchsregulierung der Niederlande (Experiments on Animal Act 1996) schlägt sich das im Artikel 1a in der Forderung nach Berücksichtigung des intrinsischen Werts von Tieren nieder. Im *Animal Health and Welfare Act* (Gezondheids- en welzijnswet voor dieeren) Artikel 66 Absatz 3.b wird in Bezug auf biotechnologische Vorhaben gefordert, dass keine ethischen Bedenken gegen diese Vorhaben bestehen dürfen. Dies ist in engem Zusammenhang mit der Berücksichtigung eines intrinsischen Wertes zu lesen. Der intrinsische tierliche Wert wiederum wird mit der Berücksichtigung der tierlichen Integrität verbunden. Vgl. Brom 1999.

S. Hiekel, *Tierwohl durch Genom-Editierung?*, Techno:Phil
– Aktuelle Herausforderungen der Technikphilosophie 8,
https://doi.org/10.1007/978-3-662-66943-3_3

heterogen unterfüttert werden.[3] Ganz allgemein lassen sich drei Typen von Argumenten identifizieren:

1. *Das Argument der genetischen Integrität:* Dem Argument der genetischen Integrität zufolge sind Eingriffe in das Genom von Tieren moralisch unzulässig, weil sie die genetische Integrität – die Intaktheit des Genoms – von Tieren verletzen.
2. *Das Argument der artspezifischen Wesenszüge:* Mit diesem Argument wird behauptet, dass Eingriffe in das Genom von Tieren als moralisch falsch anzusehen sind, weil und insofern sie die artspezifischen Wesenszüge von Tieren nicht respektieren. Folgt man dieser Auffassung, ergibt sich die Verpflichtung, alle Handlungen zu unterlassen, die Merkmale verändern, die für Tiere ihrer Art charakteristisch sind.
3. *Das Argument der artspezifischen Funktionen:* Mit dem dritten Argument schließlich wird behauptet, dass es die Möglichkeit der Ausübung artspezifischer Funktionen oder Fähigkeiten ist, die durch die Moral zu schützen ist. „Eine Reduktion und eine Einschränkung der Fähigkeiten", so das Argument, „verletzen das Gut eines Wesens und beeinträchtigen die Lebensqualität des betroffenen Wesens, und dies unabhängig davon, was und ob es selbst etwas empfindet."[4]

Im Folgenden werden diese drei Argumente näher vorgestellt und kritisch diskutiert. Es wird sich zum einen zeigen, dass alle drei Konzeptionen mit schwerwiegenden internen Begründungsproblemen versehen sind. Zum anderen wird sich zeigen, dass die Beurteilung von genomeditorischen Vorhaben, auch wenn alle diese Konzeptionen sich auf Integritätsvorstellungen berufen, zu unterschiedlichen Bewertungen in Hinblick auf die genomeditorischen Züchtungsvorhaben kommen. Es folgt kein (argumentativ untermauertes) prinzipielles Verbot aus ihnen.

3.1   Integrität als genetische Intaktheit

Das erste der oben aufgeführten Argumente bezieht sich auf die genetische Integrität des tierlichen Genoms. Diese soll respektiert werden, und eine Verletzung derselben ist als moralisch unzulässig anzusehen. Im ethischen Diskurs um biotechnologische Eingriffe an Tieren ist die Wichtigkeit der Wertvorstellung einer genetischen Integrität von J. Vorstenbosch besonders betont worden. Sein kurzer und knapper, programmatisch gehaltene Artikel *The Concept of Integrity* schließt

---

[3] Ein Definitionsvorschlag für Integrität, der in der Debatte häufig Erwähnung findet, ist der von Rutgers und Heeger. Dieses Autorenduo versteht unter tierlicher Integrität: „the wholeness and completeness of the animal and its species-specific balance of the creature, as well as the animal's capacity to maintain itself independently in an environment suitable to the species." Rutgers und Heeger 1999, S. 45.

[4] Balzer et al. 1998, S. 57.

mit der Überlegung, dass wenn man die genetische Integrität von Tieren in einem strikten Sinne normativ als zu respektierenden Wert ansetzt, jede gentechnische Intervention als ethisch problematisch anzusehen ist.[5] Das würde genomeditorische Eingriffe prinzipiell aus moralischer Sicht diskreditieren – gleichgültig, ob sie dem Wohl eines Wesens zuträglich oder abträglich angesehen werden.

Zur Einschätzung eines solchen Arguments ist es wichtig, sich vor Augen zu führen, was unter ,genetischer Integrität' zu verstehen ist. Dazu sollen die Ausführungen von Vorstenbosch zur Klärung herangezogen werden. Vorstenbosch geht davon aus, dass der Begriff der Integrität in Kontexten Sinn ergibt, in denen es um Entitäten geht, deren Grenzen (wie bei einem Körper) wohl bestimmt *(welldefined)* sind und die übertreten oder verletzt werden können.[6] Wenn es nun um biotechnologische Kontexte geht, sieht er das tierliche Individuum bzw. dessen Genom als zentralen Bezugspunkt und definiert: „the genetic integrity of the animal as the genome being left intact."[7] Es geht hier also um Integrität im Sinne einer Intaktheit. Diese Intaktheit ist nach Vorstenbosch nicht graduell zu verstehen. Entweder sie besteht oder sie besteht nicht.[8] Die Intaktheit des individuellen Tiergenoms ist nach diesem Integritätsverständnis zu respektieren, und Verletzungen der Intaktheit sind zu kritisieren. Hier ergibt sich erstens die Frage, was unter einem intakten Genom zu verstehen ist, und zweitens gilt es zu klären, was es heißen soll, die Intaktheit eines Genoms zu verletzen.

3.1.1 Die Intaktheit eines Genoms

Die Rede von einer Intaktheit des Genoms ist nämlich keineswegs unproblematisch. Das Genom ist natürlicherweise bestimmten Veränderungen unterworfen. In jedem reproduktiven Zyklus findet z. B. eine Veränderung des Genoms von der Eltern- zur Filialgeneration statt, und das Genom kann auch durch Umwelteinflüsse (Strahlung, Ernährung etc.) einen Wandel erfahren.[9] Solche Veränderungen des Genoms sind evaluativ bzw. normativ neutral. Darauf

---

[5] Vgl. Vorstenbosch 1993, S. 112.

[6] Vorstenbosch 1993, S. 110.

[7] Üblicherweise bezeichnet man mit ,Genom', die gesamte genetische Information der Chromosomen eines Individuums. Es kann aber mit ,Genom' auch das Spezies-Genom gemeint sein, d. h. die genetische Information, die den Mitgliedern einer Spezies zu einem bestimmten Zeitpunkt gemeinsam ist. Vgl. Rhowan und Marris 2016, S. 233. Es ist häufig nicht klar, auf welche Weise der Ausdruck ,Genom' gebraucht wird, wenn von genetischer Integrität die Rede ist. Vgl. Tanyi 2016, S. 248. Tanyi verteidigt gegen Rohwer und Marris die Idee der Werthaftigkeit genetischer Integrität, wenn sie so verstanden wird, dass das Genom einer Spezies Identität verleiht. Man würde etwas verlieren, wenn man die Reinheit des Speziesgenoms verlieren würde. Das scheint mir allerdings auf einer fragwürdigen Auffassung einer Speziesidentität im Sinne eines genetischen Essentialismus zu beruhen.

[8] Vorstenbosch 1993, S. 112.

[9] Vgl. Rohwan und Marris 2016, S. 238.

weisen auch Sandøe und Holtug hin, die deutlich machen, dass es völlig unklar ist, warum eine bestimmte genetische Ausstattung zu einem bestimmten Zeitpunkt in besonderer Weise berücksichtigt werden sollte:

> Through the history of evolution the genetic structures have changed continuously. It is not possible to point to one stage in evolution at which animal species have reached their "final" or "real" development. To say that the present genetic make-up is special seems from the perspective of evolution completely arbitrary – just like saying that art and literature now have reached their final point and should not be allowed to change further.[10]

Bei einer solch wandelbaren Entität ist zweifelhaft, wie der Kontext, den Vorstenbosch für die Verwendung des Integritätskonzeptes reklamiert – also einen, bei dem es um Entitäten mit wohldefinierten Grenzen gehen soll – passen sollte.[11] Vorstenbosch löst eine solche Schwierigkeit auch nicht auf, indem er einen Standard genomischer Intaktheit benennt.

Er benennt auf der deskriptiven Ebene keine biologischen Kriterien, anhand derer eine Unterscheidung zwischen einem intakten und einem nicht-intakten Genom ermöglicht würde. Er scheint anzuerkennen, dass die übliche Kontextualisierung des Begriffs für den Gebrauch in biologischen oder genetischen Kontexten ein Hindernis darstellen kann, weil hier Kontinuität, Entwicklung und Prozessualität charakterisierende Merkmale darstellen.[12] Die Bedeutung des Integritätsbegriffs wird vielmehr um ein nicht-biologisches Element erweitert. Vorstenbosch schreibt:

> The genome can be influenced by all kind of outward factors. The concept of integrity, however, strongly suggests the meaning of *human action* for animals. Animal integrity and human respect for it are closely linked in arguments. By way of contrast: health and welfare can be affected for good or bad by all kinds of natural circumstance.[13]

Im Gegensatz zur Gesundheit und zum Wohlbefinden von Tieren ist die tierliche genetische Integrität also nicht als ein Zustand anzusehen, der durch alle mög-

---

[10] Sandøe und Holtug 1996, S. 118.

[11] Man könnte denken, dass es nicht auf den bestimmten Zustand der genetischen Ausstattung zu einem bestimmten Zeitpunkt ankommt, sondern dass es um ganz bestimmte Veränderungen geht, die eine Intaktheit des Genoms tangieren würden, die durch Menschen verursacht werden und die nicht zulässig sind. Aber auch dann ist es nicht klar, was eine Verletzung der Intaktheit des Genoms ausmacht. Ist es nur eine Veränderung des Genoms, die sich auch in der Translation bzw. Funktion von Proteinen auswirkt? Sind es schon cis-genetische Veränderungen oder nur trans-genetische, die die Intaktheit des Genoms betreffen? Sind es nur Insertionen oder auch Deletionen? Je nachdem, wie diese Fragen beantwortet werden, wären auch die gentechnischen Vorhaben dann entweder als die Integrität verletzend oder sie nicht verletzend zu qualifizieren. „In other words, the claim that genetic engineering by definition violates the genetic integrity of animals is far less obvious than it would seem." (deVries 2006, S. 482).

[12] Vorstenbosch 1993, S. 110.

[13] Vorstenbosch 1993, S. 110.

lichen natürlichen Gegebenheiten tangiert werden könnte. Vielmehr verweist Vorstenbosch hier auf die besondere Bedeutung von menschlichen Handlungen für Tiere und darauf, dass menschlicher Respekt und tierliche Integrität in enger Verbindung zueinander stehen. Wie ist dieser Passus zu verstehen?

Während Gesundheit und Wohlbefinden ohne einen Bezug zu menschlichen Handlungen konzeptualisiert werden können, kann das anscheinend unter dem Vorstenboschen Integritätsverständnis nicht erfolgen. Das legt nahe, dass allein schon auf der deskriptiven Ebene ein Bezug zu menschlichen Handlungen bzw. zur menschlichen Haltung gegenüber Tieren eine große Rolle spielt.[14] Nach Bovenkerk et al. gibt es sogar gar keinen empirischen Anker für die Beurteilung, ob eine Integritätsverletzung vorliegt oder nicht. „The concept [integrity] refers not to a state of affairs that can be assessed empirically, but rather to our own ideals for a human, animal, or an ecosystem."[15] Wenn ,genetische Integrität' nun nicht empirisch-biologisch zu verstehen ist, fragt man sich natürlich, was diesem Begriff genau seine Bedeutung verleiht. Hier ist also zu fragen, was eine Verletzung der genetischen Integrität bestimmt.

3.1.2   Die Verletzung der genetischen Integrität

Bei einer Verletzung der genetischen Integrität kommt es anscheinend auf die Intentionen an, mit denen Menschen Handlungen ausführen, die Tiere betreffen. Bei Vorstenbosch findet sich diese Überlegung in folgendem Beispiel:[16]

> It is unusual – at least – to say that the integrity of the animal is violated when human (veterinarian) action, for instance surgery, is taken that is intended to benefit the animal – and only the animal. In that case we may even say that the integrity of the animal is restored by human action, but it seems more to the point to say that the concept is not in place here.

---

[14] Eine andere Interpretation legt Kirsten Schmidt vor. Sie erwägt, dass Vorstenbosch ,genetische Integrität' direkt als ein moralisch normatives Konzept verstanden wissen will. „[N]ur solche Integritätsverletzungen, die eine Verbindung zum menschlichen Handeln haben, [sind] moralisch relevant […]." Schmidt 2008, S. 138 f. Während durch das Abbeißen eines Antilopenbeines durch einen Löwen die Antilope zwar in ihrer Ganzheit verletzt würde, läge in diesem Fall keine moralisch relevante Verletzung der Integrität vor. Erst in der Verbindung mit dem menschlichen Handeln ist eine mögliche Beeinträchtigung der tierlichen Integrität moralisch relevant. Sie weist aber zu Recht darauf hin, dass ein solches Verständnis keine Abgrenzung gegenüber den Begriffen der tierlichen Gesundheit oder des Wohlbefindens schaffen würde, wie es die Textpassage bei Vorstenbosch nahelegt.

[15] Bovenkerk et al. 2002, S. 20.

[16] Vgl. auch Bovenkerk 2020, S. 46, ähnlich auch Rutgers und Heeger: „Respect for animal integrity refers to human actions and people act with a specific goal or intention. This intentionality of human actions is taken into account in the concept of respect for integrity" (Rutgers und Heeger 1999, S. 46).

Diese Passage kann folgendermaßen interpretiert werden: Das Kupieren einer Hunderute aus medizinischen Gründen würde man nicht als einen Eingriff in die Intaktheit (die körperliche Integrität des Hundes) ansehen, und das, weil der Eingriff mit einer bestimmten Intention (oder der Haltung des Respekts) gegenüber dem Hund ausgeführt wurde. Die Qualifikation als eine Verletzung der Integrität ist daher nicht einschlägig. Würde man hingegen den Eingriff mit einer anderen Intention ausführen – z. B. aus rein ästhetischen Gründen – wäre der gleiche Eingriff sehr wohl als eine (körperliche) Integritätsverletzung zu betrachten.[17]

Hier fragt man sich, was genau eine Intention zu einer macht, die dazu führt, dass die Handlung als Integritätsverletzung zu betrachten ist. Man könnte unter Verweis auf das tierliche Wohl ein rein aus ästhetischen Gründen erfolgtes Kupieren verurteilen, weil damit Schmerzen für den Hund verbundenen sind und durch das Entfernen der Hunderute die canine Kommunikation beeinträchtigt wird. Ein medizinisch begründeter Eingriff könnte hingegen gutgeheißen werden, weil die Amputation insgesamt dem Tierwohl förderlich ist (z. B. zur Abwendung einer drohenden möglicherweise tödlichen Sepsis).

Diese Lesart ist freilich unter einem Integritätsverständnis, wie Vorstenbosch es vorlegt, nicht adäquat. Die Falschheit einer entsprechenden Handlung kann hier nicht in Zusammenhang mit einem Einfluss der menschlichen Handlung auf bestimmte mentale Zustände der Tiere bestimmt werden, deren Genom entsprechend verändert wurde. Die Verletzung der genetischen Integrität erhält ihre negative Konnotation ja nicht dadurch, dass das Wohlbefinden des Tieres beeinträchtigt wird. Anders als bei einem Fokus auf das tierliche Wohl kann man Diskussionsbeiträge, die Bezug auf die Verletzung der genetischen Integrität nehmen, auch nicht mit empirischer Forschung über die Auswirkungen von Eingriffen auf das Erleben der Tiere untermauern. Diese Einschätzung passt zur Äußerung Vorstenboschs, der davon ausgeht, dass die Untersuchung tierlicher Integrität nicht wie im Falle des tierlichen Wohlbefindens durch empirische Forschung über die Konsequenzen menschlicher Einflussnahme auf das Tier fundiert sein kann. Forschung in Hinsicht auf Intergritätsbelange würde vielmehr bedeuten: „It points us back to our own moral position, purposes and perspectives with regard to animals. Research on these questions will be more conceptual, historical and philosophical."[18] Das hieße aber, dass es eigentlich darum geht zu bestimmen, welcher Umgang mit Tieren der moralisch richtige ist bzw. welche Handlungsintentionen moralisch zu befürworten und welche abzulehnen sind. Es kommt anscheinend dann nur auf die Intentionen oder die Haltung an, mit der eine Handlung ausgeführt wird.

---

[17] Vgl. Vorstenbosch 1993, S. 111.
[18] Vorstenbosch 1993, S. 111.

3.1.3   Genetische Integrität und das moralisch Falsche

Wenn es allerdings nur auf die Intentionen oder die Haltung ankommt, mit denen Handlungen ausgeführt werden, dann ist es irreführend, von einer Integritätsverletzung zu sprechen, denn der Begriff der genetischen Integrität ist dann überflüssig. Man müsste eher genau kenntlich machen, was die menschliche Intervention zu einer moralisch falschen macht. Es wäre denkbar, dass ganz heterogene Intuitionen in Bezug auf gentechnische Interventionen eine Rolle spielen, wie Bedenken, die in der Diskussion um gentechnische Vorhaben genannt werden: z. B., dass ein zu technischer Umgang mit dem natürlich Gegebenen falsch wäre oder dass man den ästhetischen Wert des Unverfälschten respektieren sollte. Wenn das der Fall ist, dann sollte man aber besser die Diskussion in diesen Hinsichten führen und nicht unter dem eher irreführenden Begriff der Verletzung genetischer Integrität. Ich stimme daher Bovenkerk et al. nicht zu, die zwar darauf hinweisen, dass der Begriff der genetischen Integrität in der tierethischen Sphäre aus mehreren Gründen als problematisch anzusehen ist, die aber dennoch an diesem festhalten wollen, weil er bestimmte moralische Intuitionen einfangen kann. Dadurch kann er nach den Autoren einen Beitrag zur Diskussion leisten, nämlich:

> to clarify the moral debate and criticize existing practices. Integrity can give opponents of Rollin's thought experiment a way to voice their criticism of the creation of living egg machines without having to appeal to traditional moral concepts like welfare, interests, or rights, none of which seem to capture what is important in Rollin's scenario.[19]

Diese Einschätzung scheint mir aber schlicht falsch zu sein. Eine Debatte wird nicht geklärt, wenn unklare oder missverständliche Ausdrücke verwendet werden. Es mag vielleicht sinnvoll sein, dass man, um den ersten Eindruck zu artikulieren, auf unklare oder nicht präzise bestimmte Ausdrücke zurückgreift, aber ein Ziel einer philosophischen und auch einer gesellschaftlichen Debatte sollte es sein, mit diesen Unklarheiten aufzuräumen. Der weitere Rekurs auf genetische Integrität oder (genetische) Integritätsverletzung vernebelt eher die Diskussion. Wenn man argumentativ nicht kenntlich macht, worum es eigentlich geht, dann tragen Integritätsargumente im Diskurs nur zur Verwirrung bei. Mögliche Diskussionspunkte, die sich hinter dem Label des Schutzes der genetischen Integrität verbergen könnten, sind vielfältig denkbar. Es könnte sich z. B. um Hybris-Bedenken, Unnatürlichkeits- oder Instrumentalisierungsvorwürfe handeln.[20] Die Rede von einer genetischen Integrität könnte auch eine Abkürzung für Aspekte des tierlichen Wohls, die durch einen Eingriff in das Genom beeinträchtigt werden könnten, angesehen werden. Ob solche Bedenken oder Vorwürfe berechtigt sind,

---

[19]Bovenkerk et al. 2002, S. 21. Bovenkerk et al. beziehen sich hier auf ein Beispiel Bernard Rollins, der überlegt, ob es in Ordnung wäre, über gentechnischem Wege Hühner so zu verändern, dass sie empfindungslos sind und dadurch ohne Leid Eier produzieren werden könnte.

[20]Vgl. deVries 2006, S. 479. Vgl. auch Bovenkerk und Nijland 2017; vgl. Cohen 2016.

muss allerdings im jeweiligen Kontext und natürlich auch unter dem Aspekt, der wirklich zur Debatte steht, entschieden werden. Die Vermutung liegt nahe, dass bei einer entsprechenden Diskussion ein Rekurs auf die genetische Integrität lediglich einen Anfang der Diskussion ermöglichen, aber keine Rechtfertigungsfunktion mehr übernehmen. Der Vorwurf der Verletzung der genetischen Integrität ist eher als Ausdruck davon unabhängiger heterogener Bedenken anzusehen.[21] Das Urteil ‚x ist eine Verletzung der genetischen Integrität' kann man vielmehr als eine *unbestimmte Ablehnung von x* verstehen – ähnlich einem ‚Yuk-Faktor', der erst noch inhaltlich gefüllt werden muss.[22] Solange nicht deutlich gemacht wird, was sich genau hinter dem Vorwurf der Verletzung genetischer Integrität verbirgt, kann der Ansatz nicht greifen.

3.1.4 Beurteilung der Genom-Editierung unter dem Gesichtspunkt genetischer Intaktheit

Würde man trotz der Schwierigkeiten, die für den Ansatz der genetischen Intaktheit aufgezeigt wurden, genomeditorische Züchtungsvorhaben beurteilen wollen, ist auch das Ergebnis dieser Bewertung unbefriedigend. Weder auf der methodischen Ebene noch auf der Ebene der Beurteilung verschiedener Züchtungsvorhaben kann gesagt werden, ob eine Befürwortung oder eine Ablehnung erfolgen sollte. Da bei Vorstenbosch der Begriff der genetischen Integrität auf der deskriptiven Ebene unbestimmt bleibt und man nicht weiß, was genau unter einem intakten Genom verstanden werden soll, kann man nicht entscheiden, ob eine Verletzung des Genoms durch eine genomeditorische Manipulation vorliegt oder nicht. Diese deskriptive Ebene ist aber auch bei Vorstenbosch moralisch nicht primär relevant. Für ihn sind die Intentionen wichtig, mit denen Manipulationen durchgeführt werden. Diese lassen sich an der methodischen Ebene der Genom-Editierung gerade nicht festmachen. Ähnlich

---

[21] So auch Hauskeller, der die Rede von einer genetischen Integrität als eine Abkürzung dafür ansieht, dass es eigentlich um eine eventuell befürchtete Beeinträchtigung des Wohls in Folge einer gentechnischen Manipulation geht, vgl. Hauskeller 2007, S. 115.

[22] Mary Midgley hat darauf hingewiesen, dass man eine emotionale Ablehnung biotechnologischer Eingriffe nicht einfach als irrelevant abtun, sondern ernst nehmen sollte. Es ist aber nicht das bloße (Bauch-) Gefühl – ein bloßes ‚Yuk' oder ‚Igitt' –, dass für sich genommen ernst genommen werden sollte. Midgley verweist darauf, dass Gefühle mit bestimmten Gedanken verbunden sind, die es zu artikulieren gilt, vgl. Midgley 2000, S. 8. Anders geht allerdings Michael Hauskeller mit dem ‚Yuk-Faktor' um. Er meint, dass ein Gefühl des ‚moralischen Ekels' *(moral disgust)* als solches auch ohne eine entsprechende rechtfertigende Basis ernst genommen werden sollte. Das hängt stark mit einem auf Hume verweisenden sentimentalistischen Moralverständnis zusammen, das das moralische Richtige an unsere Gefühle bindet und moralische Urteile intuitionistisch begründet sieht, vgl. Hauskeller 2007a. Vgl. aber zur Kritik an einem solchen Moralverständnis Hare (1981), der darauf verweist, dass es beispielsweise zirkulär ist (S. 40), dass es nicht geeignet ist ernsthafte moralische Konflikte zu lösen (S. 50), und man damit moralische Urteile psychologisiert (S. 217).

wie man eine Hunderute mit unterschiedlichen Intentionen (z. B. ästhetisch oder therapeutisch geprägten Intentionen) amputieren kann, kann man die verschiedenen Methoden der Genom-Editierung – ob SDN1-3, ob cis- oder transgenetische Manipulation, ob Mikroinjektion oder somatischer Kerntransfer – mit den verschiedensten Intentionen ausführen. Diese normative Unbestimmtheit setzt sich auf der Ebene der Beurteilung verschiedener Züchtungsvorhaben fort. Für die in Kap. 1 aufgeführten Züchtungsziele ist ebenfalls nicht klar, wie unter einer Vorstenboschschen Position über sie zu urteilen wäre. Da nicht deutlich gemacht wird, welche menschlichen Intentionen genau ethisch zu befürworten oder abzulehnen sind, kann man keine Entscheidung treffen, ob die Vorhaben integritätsverletzend sind oder nicht. Es kann keine Beurteilung der genomeditorischen Vorhaben vorgenommen werden – es fehlt an der faktischen Basis sowie an der inhaltlichen Bestimmung von Beurteilungskriterien.

3.2 Integrität als Erhalt artspezifischer Wesenszüge

Mit dem zweiten Argument, das es im Kontext von Integritätsüberlegungen zu überprüfen gilt, wird behauptet, dass eine Achtung der tierlichen Integrität mit dem Schutz artspezifischer Wesenszüge verbunden ist. Gentechnische Eingriffe wären demnach moralisch zu verurteilen, insofern bei einem Tier Merkmale verändert werden, die für dieses als Mitglied seiner Art essentiell sind. Es ist also nicht der Eingriff in das Genom, der als solcher als problematisch angesehen wird, sondern die durch genomeditorische Manipulationen hervorgerufene Veränderung von Tiermerkmalen, die für eine Spezies wesentlich sind.

Als Vertreter eines solchen Arguments sind Michael Fox[23] und Henk Verhoog zu nennen. Bei beiden Autoren sind die wesensmäßigen Eigenschaften eng mit dem Begriff eines tierlichen Telos verbunden. Fox spricht vom tierlichen Telos als „the ‚birdness‘ and unique qualities of a canary or eagle, the ‚wolfness‘ of a wolf and the ‚pigness‘ of a pig."[24] Dieses Telos sieht er durch gentechnische Manipulationen verändert, und daher seien diese moralisch nicht akzeptierbar.[25] Er verweist darauf, dass eine Änderung dessen, was natürlich gegeben ist, eine Veränderung der Harmonie im Inneren der Tiere und in der Harmonie ihrer Beziehungen zur äußeren Umwelt bedeutet und dass genau das der Inbegriff eines Schadens ist: „This is the meaning of harm: to cause injury by disrupting the harmony of life."[26] Was Fox allerdings unter einer ‚Wolfheit‘ oder ‚Schweinheit‘

---

[23] Fox 1990; Fox 1992.

[24] Fox 1990, S. 31.

[25] Vgl. Fox 1990, S. 31 Fox betont zwar häufig in seinen Ausführungen, dass die Einführung von Genen *fremder* Spezies seiner Ansicht nach als ethisch verboten gelten sollte, allerdings müssten eigentlich auch cis-genetische Manipulationen als Eingriffe in das, was natürlich gegeben ist, angesehen werden und damit auch unter sein Verdikt fallen.

[26] Fox 1990, S. 33.

bzw. einer ‚Harmonie des Lebens' verstanden wissen will, bleibt in seinen Ausführungen unklar.

Henk Verhoog gibt dem von ihm verwendeten Begriff von Integrität im Sinne
eines Telos hingegen mehr Substanz. Die tierliche Integrität sieht Verhoog in
spezies-spezifischen Merkmalen begründet, die Tiere im *Wildzustand* aufweisen,
d. h. vor jeglicher Manipulation durch Menschen: „[T]he concept of ‚intrinsic
value' primarily refers to the animal in its natural state; that is, undisturbed by
human interference. Wild animals have their own natural history and really have
a ‚life of their own'."[27] Gentechnische Eingriffe drohen nun nach Verhoog, eine
solche Art tierlicher Integrität zu verletzen, und sind deshalb kritisch zu bewerten.
Verhoog empfiehlt eine ‚*No, unless…*'-Strategie in Bezug auf die Erzeugung
transgener Tiere[28]:

> [N]o genetic manipulation of animals, unless a basic or very serious human or animal
> interest (questions of life and death) is involved which cannot be met by any other
> means. The discussion should then first of all be about the necessity (the goals) of genetic
> manipulation and not about the risks.[29]

Bei beiden Argumenten ist zu überlegen, ob die Rede von artspezifischen Wesens-
merkmalen im Sinne eines Telos nicht metaphysische Kosten mit sich bringt, die
man nur ungern tragen möchte. Es ist darüber hinaus auch zu hinterfragen, ob es
plausibel ist, ein solches Telos als normativ leitend anzusehen.

3.2.1 Artspezifische Wesensmerkmale im Sinne eines Telos

Das ursprüngliche Verständnis von ‚Telos' geht auf Aristoteles zurück. Über das
Telos eines Lebewesens wird in der aristotelischen Metaphysik erklärt, welche
Merkmale für das Gedeihen eines Wesens charakteristisch sind, und gleichzeitig
auch, warum es diese Merkmale aufweist:

---

[27] Verhoog 1992a, S. 156.

[28] Eigentlich beschränkt sich Verhoog mit seinen Überlegungen auf transgene Tiere im folgenden
Sinne: „animals in which DNA-molecules of the same or of a different species are introduced
in a non-natural way." (Verhoog 1992a, S. 148). An anderer Stelle spricht er aber einfach von
genetischer Manipulation, und die Argumentation, die er liefert, kann mit dem entsprechenden
Verständnis tierlicher Integrität, auf alle Techniken (SDN1-3) übertragen werden.

[29] Verhoog 1992a, S. 160. Den naheliegenden Einwand, dass ja dann der Domestikationsprozess
auch schon mit konventionellen Mitteln (eigentlich schon ab dem Neolithikum) als moralisch
bedenklich anzusehen wäre, weist er zurück. Es mögen zwar einige Stufen in diesem Prozess als
moralisch akzeptabel zu bewerten sein, das spricht aber seiner Meinung nach nicht dagegen, dass
spätere Stadien des Domestikationsprozessen nicht moralisch bedenklich wären – insbesondere,
wenn diese nicht nur quantitativ verstärkt, sondern auch qualitativ anders in die tierliche Natur
eingreifen.

Telos, in Aristotelian science, is a substantial explanatory factor: it is with reference to the *telos* of a creature, the full flourishing stage of its existence (that for the sake of which it came to be') that one explains the nature and existence of all its major characteristics [...]. Furthermore, these so-called 'final causes' operate by virtue of their being the *best* way for things to be [...].[30]

Die Idee einer Zielursache, die bedingt, warum etwas auf eine bestimmte Art und Weise ausgestaltet ist, ist in der aristotelischen Philosophie eng mit einer essentialistischen Metaphysik verbunden. Unterstellt man einen solchen Erklärungsansatz für die Merkmale von Tieren, gerät man allerdings in Konflikt mit der modernen Evolutionstheorie. Würde man solche metaphysischen Überlegungen vertreten, müsste man ein teleologisches Weltbild verteidigen, das zu evolutionsbiologischen Überlegungen in Widerspruch steht. Es können mit evolutionstheoretischen Mitteln zwar Erklärungen dafür angegeben werden, wie es zur Ausprägung eines bestimmten Merkmals gekommen ist. Es ist aber unvereinbar mit evolutionsbiologischen Überlegungen, ein bestimmtes Design oder eine Zielursache unterstellen zu wollen. Ein Design setzt einen Designer voraus – jemanden, der ein Ziel setzt, woraufhin etwas dann designt wird – und das ist ein evolutionstheoretisches No-Go.[31] Sowohl das Verständnis der Spezieszugehörigkeit als auch das Verständnis des Genbegriffs, das unterstellt wird, setzen metaphysische Annahmen voraus, die sich mit einer evolutionären Entwicklung als einem kontingenten historischen Prozess nicht vereinbaren lassen.[32] Mitglieder einer Spezies weisen zwar Ähnlichkeiten untereinander auf, aber die Zugehörigkeit zur Spezies beruht nicht auf dieser Ähnlichkeit. Ein aristotelisches Telos zu vertreten, bedeutet also, in Konflikt mit der modernen Evolutionstheorie zu stehen. Das sind schwerwiegende Kosten einer solchen Position.

Gerade solch eine Art von Telos scheint aber zumindest Verhoog vorzuschweben. Bei Fox kann man dies nur vermuten, weil er nicht weiter ausbuchstabiert, was er mit ‚pigness of a pig‘ o. ä. meint. Um hier mit einer philosophischen Analyse, respektive Kritik ansetzen zu können, müsste Fox genauer darlegen, was genau er unter dem Telos eines Tieres und unter einer Harmonie des Lebens bzw. einer Verletzung derselben verstanden wissen will. Foxs Forderungen bleiben hier eher appellativ und argumentativ dunkel.[33] Verhoog hingegen verschreibt sich deutlich einer essentialistischen Auffassung, z. B. wenn er schreibt: „I hold that the characteristic nature itself, the species-specific characteristic way of being an animal (its ‚essence‘), matters morally.“[34] Oder: „The word ‚intrinsic‘ is closely related to the word ‚essence‘ or ‚essential‘, the characteristic nature of something.“[35]

---

[30] Holland 1995, S. 298.

[31] Vgl. Balzer et al. 1998, S. 53–54; vgl. auch Hiekel 2007.

[32] Vgl. Holland 1998.

[33] So auch die Einschätzung bei Kirsten Schmidt (2008, S. 289).

[34] Verhoog 1998, S. 3.

[35] Verhoog 1998, S. 15.

Die Position Verhoogs und Positionen, die solche essentialistischen Annahmen machen, sind also schon auf der wissenschaftstheoretischen Ebene als problematisch anzusehen. Diese Schwierigkeit versucht Verhoog auszuräumen, indem er u. a. darauf abhebt, dass die essentialistische Konzeption unter Einnahme eines biozentrischen moralischen Standpunkts sinnvoll ist. Dieser Rettungsversuch ist allerdings ebenfalls kritisch zu sehen, denn er ist mit werttheoretischen Schwierigkeiten behaftet. Bevor dieser Kritikpunkt entfaltet wird, wird die biozentrische Position Verhoogs kurz skizziert.

3.2.2 Artspezifische Wesensmerkmale in der biozentrischen Position Verhoogs

Nach dem Ethikverständnis, das Verhoog seinen Überlegungen unterstellt, sind moralische Akteure verpflichtet, die Konsequenzen ihrer Handlungen in Bezug auf diejenigen Entitäten zu berücksichtigen, die moralisch relevant sind. Ethisch relevant wiederum sind diejenigen Entitäten, die einen intrinsischen Wert haben. Diesem intrinsischen Wert korrespondiert ein moralischer Anspruch:

> Any obligation derived from the recognition of this intrinsic value may be formulated as a prima facie normative statement (a norm), saying what human agents ought to do (what is morally obligatory). [...] The nature of these specific obligations is determined by the species-specific characteristics which are essential for the living being concerned to be able to realize its good. Being alive always manifests itself in a specific, (species-) characteristic way.[36]

In unserem Erkennen des intrinsischen Wertes von Tieren (aber auch von Pflanzen) ist – unter Einnahme des biozentrischen Standpunktes – mitinbegriffen, dass uns bestimmte Normen auferlegt sind, die, wenn man moralisch richtig handeln möchte, zu berücksichtigen sind. Der intrinsische Wert ist ein moralischer normativ leitender Wert.[37] Was uns handelnd anleiten soll, ist also der intrinsische Wert von Tieren, und dieser ist mit der spezies-spezifischen Natur (dem Telos) eines Tieres bzw. dessen *good of its own* verbunden,[38] was nach Verhoog mit dem Wildtiertelos zu identifizieren ist.

Dass es das Wildtiertelos ist, auf das es hier ankommt, verdankt sich Verhoogs Verständnis von intrinsischen Werten: diese sind nämlich in erster Linie als nicht-instrumentelle Werte zu verstehen. Die Unabhängigkeit von menschlichen Wertsetzungen sieht Verhoog als wesentlichen Aspekt dessen an, was es heißt, dass

---

[36] Verhoog und Visser 1997, S. 8.

[37] So schätzt auch Attfield das Eigenwertverständnis Verhoogs ein, vgl. Attfield 1998, S. 174. Schmidt weist darauf hin, dass der normative Status des Eigenwertes durch die Einnahme des biozentrischen Ethikstandpunktes vermittelt ist. Für diesen führt Verhoog allerdings eher schwache Argumente an, vgl. Schmidt 2008, S. 108 f.

[38] Vgl. Verhoog 2007, S. 369.

etwas einen Wert an sich hat *(a value of its own):* „This is what is meant by „intrinsic value" [...] – that an animal has value or worth beyond its utility for humans."[39] Völlig unabhängig von menschlicher Wertsetzung hat sich das Tier aber nur vor der Domestizierung durch den Menschen entwickelt. Daher ist der intrinsische Wert an die wesentlichen Merkmale gebunden, die ein Tier des Wildtyps aufweist:

> When we want to indicate that animals have a value independent of their utility value for human beings [...] the point of reference is no longer the domesticated but the wild animal. The wild animal comes into existence without our interference and it functions 'autonomously' in its natural habitat. The wild animal really has 'a good of its own' which is independent of human beings.[40]

Abgesehen davon, dass es sich hier immer noch um eine essentialistische Position handelt, die sich dem Vorwurf ausgesetzt sieht, mit evolutionstheoretischen Überlegungen in scharfem Konflikt zu stehen, ist ebenfalls hoch fraglich, ob diese Wertsetzung plausibel ist. Konzediert man – *for the sake of the argument* –, dass es ein *good of its own* von Tieren gibt, das unabhängig von tierlich subjektiven Erfahrungen ist, dann ist trotzdem die Opposition von intrinsischen Werten und instrumentellen Werten, die Verhoog aufmacht, infrage zu stellen. Außerdem folgen aus dieser Position grob kontraintuitive evaluative und normative Konsequenzen für unseren Umgang mit domestizierten Tieren.

3.2.3 Die fragliche Opposition von intrinsischen und instrumentellen Werten

Die von Verhoog angesetzte Unabhängigkeit von instrumentellem und intrinsischem Wert ist nämlich nicht als zwingend anzusehen. Merkmale eines Lebewesens können für Menschen instrumentell wertvoll sein, ohne dass diese durch den Menschen züchterisch in die Welt gebracht werden müssten. Zum Beispiel kann das charakteristische Verhalten des Regenwurms, in dessen Folge es zur Auflockerung des Bodens kommt, als – wenn man so will – dem eigenen speziesspezifischen Telos zugehörig angesehen werden. Dennoch kann genau diese Eigenschaft durch den Gärtner als für ihn instrumentell wertvoll erachtet werden. Etwas kann also sowohl intrinsisch als auch instrumentell wertvoll sein. Aber vielleicht geht es Verhoog auch nur darum, dass man von jeglichem Nutzungsinteressen des Menschen abstrahieren sollte, um das natürliche Wesen der Lebewesen als das *good of their own* erkennen zu können. Dann bleibt nach Verhoog der Referenzpunkt der Beurteilung das, was sich unabhängig vom Menschen entwickelt hat und dadurch als wertvoll anzusehen ist.

---

[39] Verhoog 1992a, S. 149.

[40] Verhoog 1992a, S. 151–152.

Auch dies erscheint aber fragwürdig, denn die vom Menschen unabhängige Entwicklung von Tieren führt nicht immer dazu, dass die aus dem Prozess hervorgegangenen Merkmale gut für tierliche Individuen sind. So ist das Gefieder des Pfaus zwar für den reproduktiven Erfolg von Vorteil, für das individuelle Tier hingegen recht hinderlich und kann bei Fressfeindkontakten auch lebensbedrohlich sein, da der Pfau durch die Last der Federn im Fluchtverhalten ausgebremst wird. Ähnliches gilt für überschwere Geweihe oder Hörner, die manche Tiere aufweisen. Es stellt sich auch die Frage, ob es unabhängig von menschlichen Interessen schlecht wäre, Tiere so zu züchten, dass sie besser an Umweltbedingungen angepasst sind. Im Hinblick auf den Klimawandel würde dies vielleicht Tiere mancher Tierart retten können. Das müsste Verhoog eigentlich aber ablehnen, weil diese Tiere nur mit menschlicher Einmischung entstehen würden. Auch ist es manchen domestizierten Tieren, deren Merkmale weitgehend durch menschliche Zuchtbemühungen bestimmt sind, wie das z. B. bei vielen Hunde- oder Pferderassen der Fall ist, möglich, wieder unabhängig vom Menschen gut in der Natur zu leben. Sie können also auch mit den Merkmalen, die sich den Züchtungsbemühungen des Menschen verdanken, wieder zurück in die Unabhängigkeit gelangen.[41] Es scheint daher insgesamt vorschnell, wenn man auf der Suche nach dem, was für Tiere einen eigenen Wert darstellt, etwas ansetzt, dass völlig unabhängig von menschlicher Wertsetzung ist.

3.2.4 Kontraintuitive Konsequenzen für unseren Umgang mit domestizierten Tieren

Würde man Verhoog in Bezug auf die Werthaftigkeit des Wildtiertelos dennoch folgen, dann hätte das für die domestizierten Tiere[42] auch gegenintuitive Folgen. Eigentlich dürften domestizierte Tiere und vor allem gentechnisch veränderte Tiere nämlich keinen vollen intrinsischen Wert mehr haben, wenn nur die wildtierlichen Verwandten wirklich ein *good of its own* haben. Viele Merkmale und Fähigkeiten, die domestizierte Tiere haben, haben sie erst aufgrund der menschlichen Züchtungspraxis. Deren Telos ist nicht mehr völlig unabhängig von menschlichen Zwecksetzungen. Es müsste ihrem Telos also eigentlich etwas an Wert abgehen. Domestizierte Tiere wären intrinsisch weniger wertvoll als deren wildtierliche

---

[41] Vgl. Holland 1995, S. 300.

[42] Verhoog sieht den Domestikationsprozess als einen an, bei dem Tiere sukzessive reduziert bzw. objektifiziert werden. (Ähnlich auch Holdredge 2002). Das natürliche Tier *(naturalistic animal)* wird immer mehr zum analytischen Tier *(analytical animal),* zum Objekt wissenschaftlicher Untersuchung; man denkt nicht mehr über Tiere als Mitglieder einer Spezies nach, sondern nur noch als einen Gen-Pool (vgl. Verhoog 1992, S. 157; Verhoog bezieht sich mit dieser Einschätzung zum einen auf M. Lynch [1988] und zum anderen auf K. J. Shapiro [(1989)]). Mit gentechnischen Mitteln wird im Umgehen mit Tieren gepflegt, bei dem Tiere nicht mehr Teil einer Mensch-Tier-Gemeinschaft, sondern nur noch Mittel zum Zweck sind – ein moralisch indifferentes Objekt, vgl. Verhoog 1992a, S. 157, Verhoog 2003.

Vorfahren. Das müsste in der Konzeption Verhoogs bedeuten, dass die domestizierten Tiere auch einen geringeren moralischen Status besäßen.[43] Diese Konsequenz ist zumindest für sehr viele Menschen gegenintuitiv. Sie würde auch vielen tierethischen Überlegungen zuwiderlaufen, die einen gleichen moralischen Status von Tieren ansetzen (wie z. B. in den Konzeptionen Peter Singers oder Tom Regans) bzw. die besondere Rechte für domestizierte Tiere geltend machen wollen (wie z. B. Donaldson und Kymlicka oder Clare Palmer).

Unklar ist auch, welche normativen Konsequenzen zu ziehen sind, orientierte man sich im Umgang mit domestizierten Tieren daran, welche spezies-spezifischen Merkmale des Wildtyps beim domestizierten Typ noch vorhanden sind. In Auseinandersetzung mit der sentientistischen Teloskonzeption Rollins (siehe auch weiter unten), der liberal gegenüber gentechnischen Eingriffen ist, weist Verhoog darauf hin, dass man ohne einen Bezug auf ein reichhaltigeres Telosverständnis keinen Maßstab für die Bestimmung tierlichen Leids mehr an der Hand hätte.

> For domestic animals the species-specific needs are those needs, which the domestic animal still has in common with his wild relatives. When we allow unrestricted manipulation of animals, we might lose the only yardstick we have to determine whether the animal suffers or not. And animal suffering is at the very core of Rollin's zoocentric theory.[44]

Werden allerdings die Bedürfnisse der domestizierten Tiere darüber bestimmt, welche Bedürfnisse sie noch mit ihren Vorfahren teilen, dann weiß man zum einen nicht, welchen Status die Bedürfnisse haben, die die domestizierten Tiere qua Domestikation aufweisen. Völlig kontraintuitiv wäre es, wenn man diese Bedürfnisse bei Standards für die Leidempfindung domestizierter Tiere gar nicht zu berücksichtigen bräuchte. Man denke hier an bestimmte Hunderassen, die auf bestimmte ästhetische Vorlieben (z. B. Pekinesen) oder bestimmte vom Menschen verfolgte Zwecke (z. B. der Border Collie) hin gezüchtet wurden. Der Pekinese und auch der Border Collie haben andere Bedürfnisse als deren Vorfahr, der Wolf. Würde man bei diesen Tieren den Maßstab für das Urteil, ob Mitglieder dieser Rassen leiden oder nicht, beim Wolf festmachen, so würde man die Bedürfnisse dieser Tiere einfach falsch bestimmen. Pekinesen sind nun einmal nicht robust und brauchen vermutlich im Winter sogar zusätzlich zum eigenen Fell einen Kälteschutz. Border Collies brauchen als Hütehunde besonderer Art Beschäftigung in einem Ausmaß, das Wölfe vermutlich nie benötigen würden.[45]

---

[43] In Bezug auf die Position von Michal Fox denkt Robin Attfield, dass diese implizieren würde, dass, wenn transgene Tiere erst einmal in Existenz gebracht worden wären, diese gar nicht mehr geschädigt werden könnten, weil diesen Integrität im Sinne eines Telos gänzlich abgehen würde, vgl. Attfield 1995.

[44] Verhoog 1992a, S. 155.

[45] Hier könnte Verhoog allerdings einwenden, dass genau das zeigt, dass die Domestikation prinzipiell unter Verdacht steht, schädlich für Tiere zu sein. Der Pekinese oder der Border Collie wären dann Züchtungen, die nicht in Ordnung sind, weil sie eben zu weit vom Wildtyp entfernt sind. Bei Balzer et al. wird ein Ansatz, der den inhärenten Wert von Lebewesen mit der ursprünglichen Zweckbestimmung der Art in Verbindung bringt, mit dem Argument zurückgewiesen,

Spezies-spezifische Merkmale sind nicht evaluativ und auch nicht normativ zu verstehen. Mit ihnen geht nicht einher, dass das, was für ein Lebewesen seiner Art typisch ist, auch gut für das Wesen ist oder dass es gesollt ist. Anders als es die aristotelisch inspirierte Teloskonzeption vorsieht, sind tierliche (oder auch pflanzliche) Spezies vielmehr genealogisch relational, also als Verwandtschaftsbeziehungen, aufzufassen.[46] Was man vielleicht sagen kann ist, dass jedes Tier eine *individuelle Natur* aufweist: „namely the physical constitution, behavioural repertoire and psychosocial capacities which it has inherited from its parents",[47] die als Basis für eine individuelle Tierpersönlickeit dient. Eine solche Natur – im deskriptiven Sinne – haben aber sowohl Tiere vom Wildtyp als auch diejenigen, die domestiziert wurden. Dem Wildtiertypus einfach einen intrinsischen Wert zuzusprechen ist als ein naturalistischer Fehlschluss anzusehen, sofern diese Zusprechung auf einer Ableitung eines Werturteils aus deskriptiven Aussagen beruht. ‚Wildtier‘ (und auch ‚domestiziertes Tier‘) ist ein deskriptiver Ausdruck; ein evaluativer oder normativer Gehalt geht damit nicht einher.

Der Vorschlag Verhoogs dem Wildtiertelos über die Einnahme eines biozentrischen Standpunktes normativen Gehalt zu geben, ist also nicht plausibel. Erstens führt er keine Gründe an, warum man überhaupt einen solchen Standpunkt einnehmen sollte. Zweitens – so wurde hier argumentiert – weist die Position interne Probleme auf. Die Ansicht, dass das Wildtiertelos normativ leitend sein soll, ist als äußerst problematisch anzusehen.

Man kann an dieser Stelle noch überlegen, ob nicht das von Verhoog kritisierte Rollinsche Verständnis eines Telos für das Argument der artspezifischen Wesenszüge herangezogen werden könnte. Aber auch das kann – insbesondere im Integritätskontext – nicht überzeugen. Diese Einschätzung möchte ich kurz erläutern, da Rollins Position in der Debatte um eine gentechnische Veränderung von Tieren einen häufigen Bezugspunkt darstellt.

Rollins Konzeptualisierung von ‚Telos‘ ist unüblich: sie hat weder etwas mit einem aristotelisch-teleologischen Weltbild zu tun noch mit speziesspezifischen Merkmalen, die einen intrinsischen Wert darstellen.[48] Rollin spricht vom tierlichen Telos als der biologischen Natur von Tieren, und diese Rede von der Natur eines Lebewesens lässt unweigerlich an einen aristotelischen Essentialismus denken. Diesen lehnt Rollin aber dezidiert ab. Rollin geht davon aus, dass das Telos nicht

---

dass dann jegliche Zucht – egal ob konventionell oder mit gentechnischen Methoden – zurückgewiesen werden müsste, weil der inhärente Wert der Tiere verletzt würde. Sie denken, dass man, um zwischen einem konventionellen und einem gentechnischen Züchtungsvorhaben normativ zu unterscheiden, auf ein anderes Verständnis intrinsischen Werts festgelegt wäre, vgl. Balzer et al. 1998, S. 53. Da Verhoog aber keine genaue Grenze angibt und er vermutlich auch manch konventionelle Züchtung verurteilen würde, ist damit sein Ansatz nicht getroffen. Es bleibt aber die Frage offen, ab wann der Pfad des Erlaubten verlassen ist. Dafür gibt Verhoog keine Kriterien an.

[46]Vgl. Holland 1995, S. 298.

[47]Holland 1995, S. 298.

[48]Vgl. Hauskeller 2005, S. 63; Hauskeller 2007a, S. 50 f.; Verhoog 1992b, S. 272–274.

im Sinne von *natural kinds* bzw. essentialistisch aufgefasst werden sollte.[49] Er möchte mit der Theorie des Telos vielmehr der modernen Biologie Rechnung tragen, die die lebendige Welt in einem dynamischen Prozess des steten Wandels begriffen sieht.[50]

Obwohl die Dynamik der lebendigen Welt anerkannt werden muss, hält Rollin dennoch daran fest, dass eine Natur der Tiere erkennbar ist. Dafür benennt er zwei Eckpunkte: zum einen den genetischen Code einer gegebenen Spezies und zum anderen das tierliche Verhalten. Hier wird Rollins Konzeption allerdings ungereimt, denn seine Bestimmungen, wie genau das Telos und das Verhalten bzw. die Interessen von Tieren zusammenhängen, weisen in zwei Richtungen, die miteinander nicht kompatibel sind.[51]

Auf der einen Seite sieht Rollin Interessen nämlich als konstitutiv für das Telos an.[52] Das Telos ist als die Summe der Tätigkeiten und Interessen aufzufassen, die Tiere ausführen bzw. besitzen. Auf der anderen Seite aber schreibt Rollin, dass das Telos die Interessen eines Tieres bestimmt: „All forms of „mattering" to an animal are determined by its telos."[53] Diese Redeweise wird flankiert durch einen genetischen Determinismus, der an manchen Stellen von Rollins Ausführungen zum Telos anklingt. So sieht Rollin die tierliche Natur – das Telos – als genetisch basiert („genetically based, physically and psychologically expressed"[54]) oder das Telos als im tierlich genetischen Bauplan verschlüsselt.[55] Rollin versteht das Telos also sowohl als durch Interessen konstituiert als auch als Interessen determinierend. Das passt so nicht zusammen und wird auch innerhalb der Rollin'schen Konzeption nicht aufgelöst.[56] Erschwerend kommt hinzu, dass das interessen-determinierende Telos inhaltlich fast völlig unbestimmt bleibt. Man erfährt lediglich, dass es genetisch basiert ist. Was das aber genau heißen soll und was das determinierende Telos darüber hinaus ist, erfährt man nicht.

Diese konzeptionelle Verwirrung und Unklarheit hat allerdings keine Auswirkungen auf die normativen Vorgaben, die Rollin für die Beurteilung von gentechnischen Vorhaben an Tieren macht. Denn der Telosbegriff spielt im Grunde

---

[49] Vgl. Rollin 2016, S. 106.

[50] Vgl. Rollin 1981, S. 54.

[51] Heeger und Brom kritisieren diesen ambigen Gebrauch des Telosbegriffs, vgl. Heeger und Brom 2001, S. 245 f.

[52] Vgl. Rollin 1981, S. 52.

[53] Rollin 2016, S. 52.

[54] Rollin 1995, S. 159. Etwas anders formuliert: „[T]he *telos* of an animal means 'the set of needs and interests which are genetically based, and environmentally expressed, and which collectively constitute or define the ›form of life‹ or way of living exhibited by that animal, and whose fulfilment or thwarting matter to the animal'." (Rollin 1998, S. 162).

[55] Vgl. Rollin 1981, S. 41; vgl. zur Kritik an einen bei Rollin anklingenden genetischem Determinismus Haynes 2008, S. 83 f.

[56] So verurteilt Rollin (2001) z. B. einen genetischen Determinismus in Bezug auf Interessen als völlig unplausibel.

in den Handlungsanleitungen, die er letztlich für die gentechnische Veränderung von Tieren vorschlägt, so seltsam das auch sein mag, keine wichtige Rolle.[57] Das wird besonders deutlich, wenn er seine zentralen Prinzipien für die Regulierung der gentechnischen Veränderung von Tieren formuliert – das fundamentale Prinzip und das Prinzip der Wohlerhaltung.

1. Das fundamentale Prinzip *(the fundamental principle):*
   First and foremost, those who are engaged in genetically engineering animals should respect the social demand for controlling pain, suffering, frustration, anxiety, boredom, fear, and other **forms of unhappiness or suffering** in the animals they manipulate.[58]
2. Das Prinzip der Wohlerhaltung *(principle of conservation of welfare):*
   Any animals that are genetically engineered for human use or even for environmental benefit should be no worse off, in terms of **suffering,** after the new traits are introduced into the genome than the parent stock was prior to the insertion of the new genetic material.[59]

Es ist auffallend, dass in beiden Prinzipien das für die Rollinsche Position üblicherweise für wesentlich gehaltene tierliche Telos keine Rolle spielt. Als moralisch einschlägige Kategorien werden hier lediglich Formen von Leid angeführt. Hier geht es also um ein basales Interesse an Leidvermeidung, das geschützt werden soll oder in Hinsicht auf das Tiere nicht schlechter als ihre Elterngeneration gestellt werden sollen. Das Konzept des Telos übernimmt für Rollin eher eine heuristische Funktion: was Tiere einer Art üblicherweise tun, welche Wünsche und Interessen sie haben, dient lediglich dazu, mögliche Quellen von Leid identifizieren zu können.[60] Eine darüber hinausgehende normative Funktion hat das Teloskonzept nicht. Rollin sorgt für Konfusion, weil seine Ausführungen zur ethischen Bewertung unseres Umgangs mit Tieren immer in Zusammenhang mit dem Telosbegriff vorgebracht werden. Er verwendet den Telosbegriff zwar als Aufhänger oder Kernbegriff *(foundational concept),*[61] aber bei der Beurteilung der gentechnischen Veränderung von Tieren wird das Telos normativ nicht relevant. Rollin geht sogar davon aus, dass das Telos auch durch gentechnische Eingriffe verändert werden darf. Lediglich die von dem Eingriffe betroffenen Interessen sind zu berücksichtigen.[62] Das heißt, dass Rollin in Bezug

---

[57] Vgl. Hauskeller 2005.

[58] Rollin 1995, S. 169 (Hervorh. S.H.).

[59] Rollin 1995, S. 179 (Hervorh. S.H.). Dieses Prinzip wird z. B. auch von Adam Shriver (2020) als adäquat zur Regulierung gentechnischer Tierzüchtungsvorhaben ausgewiesen.

[60] Vgl. Hauskeller 2005, S. 64. Diese Diagnose von Hauskeller passt auch dazu, dass Rollin (2011) selbst nicht das Telos, sondern die Empfindungsfähigkeit von Tieren als Grund dafür angibt, dass man direkte moralische Verpflichtungen ihnen gegenüber hat.

[61] Vgl. Rollin 2015, S. 106.

[62] Vgl. Rollin 1995, S. 172.

auf die Bewertung von gentechnischen Manipulationen von Tieren – anders als viele ihn lesen – eher eine interessentheoretische gerahmte Theorie vertritt, wobei in normativer Hinsicht negative tierliche Empfindungen relevant werden.

Der Ausweg, das Argument der artspezifischen Wesenszüge über das Rollinsche Telosverständnis zu retten, ist also nicht gangbar. Die Teloskonzeption von Rollin markiert keine artspezifischen Wesenszüge, die zu schützen sind. Rollins Konzeption ist damit für einen solchen Integritätsansatz nicht einschlägig. Man kann seine normativen Überlegungen eher Positionen zuordnen, die auf tierliche Interessen bzw. das subjektive Wohl von Tieren abheben. Die Annahme, dass es für die Beurteilung genomeditorischer Züchtungsvorhaben gut wäre, Prinzipien an die Hand zu bekommen, die zum einen das Kriterium der Beurteilung festlegen und zum anderen eine Bewertungsrichtlinie für die Legitimität solcher Vorhaben formulieren, kann allerdings als aussichtsreicher Ausgangspunkt für weitere interessentheoretische Überlegungen angesehen werden. Dieser Punkt wird in Kap. 4 wieder aufgegriffen.

Nicht zu leugnen ist außerdem ein Aspekt, den Verhoog deutlich macht, dass nämlich die gentechnischen (und damit auch die genomeditorischen) Methoden dazu beitragen können, dass Tiere immer mehr als bloße Ware, als Ressource angesehen werden. Das hochtechnisierte Verfahren, sowie das Bild von tierlichen Genen, die wie in einem Baukasten kombinierbar sind, befördern ein Bild von Tieren, die wie Maschinen gebaut und dann aber auch wie diese als Dinge gebraucht werden könnten: das ist das Bild – wie Verhoog es nennt – eines *analytical animals*. Die Unzulässigkeit eines solchen Tierbildes und eines damit in Verbindung zu bringenden ungebührlichen Umgangs mit Tieren ist aber schwerlich über den Integritätsansatz Verhoogs zu begründen, da die unterstellte normative (Wildtier-)Telos-Konzeption kostspielige metaphysische Annahmen impliziert und werttheoretische Probleme aufweist. Es ist vielmehr anzunehmen, dass eine Verdinglichung von Tieren besser unter Annahme einer normativ leitenden Tierwohlkonzeption als problematisch ausgewiesen werden kann. Wenn man die subjektive Betroffenheit von Individuen im Umgang mit ihnen ausblendet, läuft etwas falsch. Auf eine subjektive Betroffenheit bezieht sich aber der Integritätsansatz Verhoogs in erster Linie eben nicht.

3.2.5 Beurteilung der Genom-Editierung unter dem Gesichtspunkt artspezifischer Wesenszüge

Blendet man einmal die Probleme aus, die für ein Integritätsverständnis ausgemacht wurden, das auf artspezifische Wesenszüge abhebt – wie würde die Genom-Editierung unter einem solchen Verständnis beurteilt werden? Auf der methodischen Ebene kann unter dem Ansatz Verhoogs keine eindeutige Ablehnung genomeditorischer Vorhaben ausgemacht werden. Zwar dürften alle genomeditorischen Veränderungen, die an Tieren vorgenommen werden, für Henk Verhoog prototypische Beispiele für die Sichtweise von Tieren als

analytical animals darstellen, aber Verhoog vertritt auch die ‚no, unless…'-
Strategie. Demnach sind gentechnische Veränderungen nicht erlaubt, es sei denn,
dass basale menschliche oder tierliche Interessen auf dem Spiel stehen, die nicht
über andere Methoden eingeholt werden können. Es kommt also auf das Ziel an,
das mit der Genom-Editierung verfolgt wird. Wären basale Interessen betroffen,
dann wäre eine genomeditorische Lösung erlaubt. Michael Fox hingegen lehnt
die Züchtung transgener Tiere generell ab,[63] bleibt aber eine begriffliche und
argumentative Unterfütterung dieser Ablehnung schuldig. Wenn man die verschiedenen Züchtungsvorhaben in den Blick nimmt, gibt es für Michael Fox
(fast) kein Argument, dem zufolge gentechnische Manipulationen in den Bereich
des ethisch erlaubten rücken würden. Er verweist in diesem Zusammenhang
allerdings zur Rechtfertigung dieser Einschätzung nicht auf den Telosgedanken,
sondern auf konsequentialistische empirische Überlegungen, die die Behauptung
in Zweifel ziehen, dass die Manipulationen dem Tierwohl dienlich wären. Er
führt an, dass gentechnische Manipulationen die Wahrscheinlichkeit von Tierleid
durch embryonale Entwicklungsanomalien, pleiotrope Effekte, Unterstützung
der industriellen Tierproduktionspraxis, die erhöhte Wahrscheinlichkeit von
produktionsbedingten Krankheiten und eine vermutete schädliche Auswirkung
auf Wildtiere erhöhen würde.[64] Eine Einführung von Krankheitsresilienzen oder
-resistenzen wäre für Fox nur in einem Fall zu befürworten, nämlich dann, wenn
eine gefährdete Spezies dadurch gerettet werden könnte.[65] Insgesamt hält er eine
Umstellung der Tierproduktion im Gegensatz zur gentechnischen Manipulation für
sicherer, weniger invasiv und praktischer, so dass auch von konsequentialistischer
Seite die biotechnologischen Vorhaben keine Berechtigung erfahren können.[66] Es
ist daher anzunehmen, dass Fox allen Vorhaben der gentechnischen Manipualtion
von Tieren eine Absage erteilt.[67]

---

[63] Wie das Adjektiv ‚transgen' bei Fox gebraucht wird, ist nicht klar. Im wörtlichen Sinne verweist es auf die Einführung von *trans*speziärem Genmaterial. Es gibt aber auch Verwendungsweisen, bei denen im Englischen ‚transgenic manipulation' allgemeiner aufgefasst wird und
man darunter die Manipulation der DNA von Organismen allgemein (also sowohl cis- als auch
transgenetisch) versteht, vgl. Holland 1995, S. 293. Ich habe hier unterstellt, dass Fox ‚transgen'
im weiten Sinne verwendet. Würde er das engere wörtliche Verständnis seiner Position unter-
legen, dann wäre auch bei diesem Integritätsverständnis eine normative Unbestimmtheit auf
methodischer Ebene zu diagnostizieren.

[64] Vgl. Fox 1990, S. 35–41.

[65] Vgl. Fox 1990, S. 38.

[66] Vgl. Fox 1990, S. 38.

[67] Holland schätzt die Position Fox als eine ein, die der Tier-Biotechnologie insgesamt eine
Absage erteilt, weil sie einen Respekt vor dem tierlichen Telos vermissen lässt. Vgl. Holland
1998, S. 227. Der Tenor in den Schriften von Fox geht sicherlich in diese Richtung. Da aber die
begriffliche und normative Unterfütterung bei Fox sehr schwach ist, habe ich eine vorsichtigere
Einschätzung vorgenommen, komme aber in Bezug auf die hier zu betrachtenden Fälle der
genomeditorischen Veränderung zum gleichen Ergebnis. Fox müsste allen eine Absage erteilen.

Auf der Anwendungsebene müsste Verhoog bei fast allen Vorhaben auch zum Ergebnis kommen, dass diese abzulehnen sind. Aus seiner Sicht müssten diese Vorhaben einen Tier-Reduktionismus befördern, und zur Folge haben, dass die Tiere sich in Bezug auf charakteristische Merkmale weiter weg vom Wildtyp entfernen. Lediglich die Beförderung der Krankheitsresistenz oder -resilienz, wenn als Frage um Leben und Tod der Tiere gedacht, könnte gemäß der ‚no, unless…'-Strategie erlaubt oder sogar geboten sein. Es ist allerdings nicht ganz klar, was Verhoog tatsächlich als basales tierliches Interesse gelten lassen würde. Es könnte sein, dass er z. B. die Mastitisresistenz von Milchkühen anders bewerten würde als eine tödliche Krankheit.

3.3   Integrität als Erhalt artspezifischer Funktionen

Das letzte hier zu diskutierende Integritätsargument ist das Argument der artspezifischen Funktionen. Hier wird argumentiert, dass eine tierliche Integrität im Sinne von Funktionen und Fähigkeiten, die Tiere als Angehörige ihrer Art in der Regel aufweisen, moralisch zu schützen ist.[68] Werden diese Funktionen oder Fähigkeiten durch einen gentechnischen Eingriff negativ beeinflusst, so ist er abzulehnen.

Dieses Argument wird z. B. vom Autorentrio Philipp Balzer, Klaus Peter Rippe und Peter Schaber zur Beurteilung von gentechnischen Manipulationen nicht-menschlicher Lebewesen vorgebracht. Diese Autoren denken, dass diese Integritätskonzeption am besten die in der Schweizer Verfassung vorfindliche Rede von der Würde der Kreatur einfangen kann. Nach Balzer, Rippe und Schaber liegt ein Verstoß gegen die kreatürliche Würde – und damit eine Integritätsverletzung – vor, „wenn das eigene Gut von Mikroorganismen, Pflanzen oder Tieren verletzt wird. Dies ist der Fall, wenn Lebewesen darin beeinträchtigt werden, jene Funktionen und Fähigkeiten auszuüben, die Wesen ihrer Art in der Regel haben."[69]

Als Vertreter einer Position, mit der ein solches Argument inhaltlich unterfüttert werden kann, nennen Balzer, Rippe und Schaber Robin Attfield[70]. Letzterer vertritt einen biozentrisch-konsequentialistischen Ansatz, in welchem für die Bewertung einer gentechnischen Veränderung von Tieren das Prinzip der Reduktion von

---

[68] Vgl. Balzer et al. 1998, S. 57.

[69] Balzer et al. 1998, S. 60.

[70] Attfield selbst verwendet den Ausdruck ‚Integrität' in seiner Konzeption nicht, sondern gebraucht stattdessen den Ausdruck ‚Wohl' oder ‚Gedeihen'. Die Zuordnung zu den Integritätskonzeptionen wurde von Balzer et al. übernommen, die darauf verweisen, dass ähnlich wie in Integritätskonzeptionen ‚Wohl' bzw. ‚Gedeihen' unabhängig von der individuellen subjektiven Bewertung der Entität, um die es geht, als wertvoll anzusehen ist. Ähnlich auch Gavrell Ortiz 2004. Sowohl bei Balzer et al. als auch bei Gavrell Ortiz firmiert allerdings ein solches Integritätsverständnis unter dem Begriff der Würde.

Fähigkeiten *(reduction of capacity principle)* wichtig ist.[71] Diesem Prinzip zufolge ist es falsch, Lebewesen in die Existenz zu bringen, deren Fähigkeiten gegenüber denen, die Wesen dieser Art normalerweise aufweisen, in reduzierter Form vorliegen oder eliminiert wurden. Das Prinzip lautet:

> It is wrong to generate creatures which lead lives more truncated than ones which *could* have been brought into existence instead.[72]

Gentechnische Vorhaben sind demnach abzulehnen, wenn sie dazu führen, dass Lebewesen in die Existenz gebracht werden, deren Fähigkeiten, die sie als Angehörige ihrer Art normalerweise aufweisen würden, beschnitten wären *(lives more truncated)* und wenn statt dieser beeinträchtigten Lebewesen, andere nicht beeinträchtigte Lebewesen hätten in die Existenz gebracht werden können. Im Unterschied zur Integritätskonzeption, die auf artspezifische Wesensmerkmale abhebt, wird hier kein Rekurs auf ein Telos genommen, sondern es wird ein Fähigkeiten- und Funktionen-bezogener Normalitätsstandard von Mitgliedern einer Art herangezogen.

Um zu beurteilen, ob eine solche Position plausibel ist, ist es zunächst notwendig, sich genauer anzuschauen, welche Voraussetzungen gemacht werden und was ein solcher Ansatz impliziert. Dazu werden nachfolgend Grundüberlegungen einer biozentrischen Position – Bezug nehmend auf jene von Attfield – skizziert und anschließend diskutiert. Vorwegnehmend kann schon hier gesagt werden, dass eine solche Position nicht überzeugt, weil ein investierter biozentrisch verstandener Schädigungsbegriff einige Probleme aufweist: Erstens besteht ein Abgrenzungsproblem. Zweitens ist eine nicht überbrückte Kluft zwischen evaluativer und normativer Ebene zu diagnostizieren. Drittens ist es fraglich, ob das Prinzip der Reduktion von Fähigkeiten überhaupt normative Tragkraft entfalten kann.

3.3.1 Biozentrisch verstandene Schädigung

Attfields ethische Position beruht auf dem Gedanken, dass das Gedeihen von Lebewesen bzw. das Wohl von Lebewesen moralisch relevant ist. Das ist der Grundgedanke biozentrischer Ethikansätze; er findet sich auch bei anderen Vertretern des Biozentrismus wie z. B. Hans Jonas oder Paul Taylor. Anders allerdings als Jonas oder Taylor beruft sich Attfield nicht auf ein teleologisches Verständnis von Lebewesen. Der Grundgedanke Attfields ist zwar auch aristotelisch durch eine Idee des guten Lebens von Lebewesen inspiriert, aber er verbindet das gute Leben nicht (wenigstens nicht offensichtlich) mit der Telosidee. Das gute Leben der Lebewesen und dessen normative Relevanz wird vielmehr über die Dis-

---

[71] Vgl. Attfield 1995, S. 207. Dieses Prinzip wird von Alan Holland (1990) in die Debatte um gentechnische Manipulationen von Tieren eingebracht.

[72] Attfield 1998, S. 187.

position ‚x kann geschädigt werden' bzw. ‚x kann wohlgetan werden' eingeführt. Das Schädigungsverständnis Attfields ist allerdings auf mehreren Ebenen als problematisch anzusehen.

Die dispositionellen Kriterien ‚x kann geschädigt werden'/‚x kann wohlgetan werden', die Attfield ansetzt, stehen zwar in enger Verbindung zu zentralen Forderungen, die sich in unterschiedlichen ethischen Positionen finden lassen, nämlich dem Prinzip der Schadensvermeidung oder dem Prinzip des Wohltuns. Aber das Verständnis von Schaden bzw. von Wohltun, das Attfield einspeist, ist viel weiter, als es üblicherweise bei der Explikation eines Schadensvermeidungs- oder Wohltuns-Prinzip der Fall ist.

Dieses Problem hat John O'Neill herausgearbeitet. Das Wohl als Gedeihen, das Attfield für Tiere wie auch Pflanzen, Pilze und Mikroorganismen ansetzt, kann man nach O'Neill im aristotelischen Sinne als ‚das Gut von' *(good of)* auffassen – es umfasst all diejenigen Fähigkeiten, die konstitutiv für das Gedeihen des Lebewesens sind.[73] O'Neill weist aber auch darauf hin, dass dieses Verständnis nicht notwendig auf biologische Entitäten begrenzt ist. Viele kollektive Entitäten z. B. aus dem Bereich der Biologie wie Ameisenhaufen oder Ökosysteme, aber auch aus dem gesellschaftlichen Bereich wie z. B. eine Arbeiterbewegung können gedeihen. Diese Entitäten können auch geschädigt oder befördert werden.[74] O'Neill kommt daher zu der Ansicht: „The question ‚What class of beings has a good?' is identical with the question ‚What class of being can be said to flourish in a non-metaphorical sense?'"[75] Es ist ein funktionales Gut-sein-für, das hier unterstellt wird. Mit einem solchen wäre aber der Skopus des Biozentrismus überschritten, denn Attfield wäre z. B. auch darauf festgelegt, dass Arbeiterbewegungen oder ähnliche kollektive Entitäten mit eigenem Gut – einem Gut, das sich nicht auf das Wohl der Mitglieder reduzieren lässt – moralisch zu berücksichtigen ist. Es fehlt Attfield ein Abgrenzungskriterium, dass ihm eine solche Unterscheidung ermöglicht. Ohne ein solches Abgrenzungskriterium ist der Skopus von Entitäten, deren Schädigung moralisch relevant wäre, zu weit.

Aber auch wenn Attfield ein Abgrenzungskriterium nennen könnte, würde das Schädigungsverständnis auch in anderer Hinsicht Probleme aufweisen. Es ist zwar nicht unüblich, von einem Wohl (einem Gedeihen) von Lebewesen zu sprechen, und davon, dass es Lebewesen besser oder schlechter gehen kann. Dieses Wohl, oder dieses besser oder schlechter gehen Können, hat aber nicht viel mit einem moralisch relevanten Schädigungsbegriff oder dem Begriff des Wohltuns zu tun. Diese Begriffe setzen nämlich üblicherweise voraus, dass das Wesen von dem die Rede ist, subjektiv von der schädigenden oder wohltuenden Maßnahme betroffen werden kann. Hier versucht Attfield zwar, über ein Analogieargument eine Brücke zu schlagen, aber diese trägt nicht.

---

[73] Vgl. O'Neill 1992, S. 129.

[74] Sumner und DeGrazia weisen darauf hin, dass die Rede von einem ‚gut sein für' auch auf Artefakte (Traktoren, Rasenmäher) oder Naturgegenstände (Flüsse, Berge, Tornados) Anwendung finden kann, vgl. Sumner 1996, S. 75; DeGrazia 1996, S. 229.

[75] O'Neill 1992, S. 131.

3.3.2 Das Analogieargument

Dass alle Lebewesen moralisch zu berücksichtigen sind, begründet Attfield über das Analogieargument wie folgt:

> [A]lthough Goodpaster's reminder that plants have a good of their own does not establish that they have moral standing, there is some analogy between them and items which are widely agreed to have such standing, consisting precisely in their having interests and in the qualities and capacities which make that true. Thus the capacities for growth, respiration, self-preservation and reproduction are common to plants and sentient organisms (as also many unicellular organisms). So there is an analogical argument for holding that all the organisms concerned not only can but also do have moral standing.[76]

Attfield rekurriert hier darauf, dass allen Lebewesen, die Interessen aufweisen, üblicherweise ein moralischer Status zugestanden wird. Das wären Menschen, aber auch andere empfindungsfähige Lebewesen.[77] Nach Attfield ist es aber nicht nur relevant, dass ein Wesen Interessen hat, sondern es sind auch die Fähigkeiten und Qualitäten relevant, die ihre Interessen bestimmen. Das sind Qualitäten wie z. B. Wachstum, Atmung, Selbsterhalt oder Reproduktion.[78] Auch Pflanzen haben solche essentiellen Fähigkeiten, deren Realisierung zum Gedeihen dieser Pflanzen führt. All die Fähigkeiten die Lebewesen benötigen, um als Lebewesen ihrer speziellen Art zu gelten, sind als Bedürfnisse des Lebewesens anzusehen.[79] Und diese Bedürfnisse sieht Attfield auch als Interessen von Lebewesen an.

Attfield vertritt ein Prinzip der gleichen Interessenberücksichtigung *(Equality of Interest Principle)*, das sich an Singers gleichnamiges Prinzip anlehnt, aber eben die Interessen nicht nur der leidensfähigen Tiere berücksichtigt, sondern die aller Lebewesen.[80] Interessen haben zu können, wird nicht an Merkmale wie

---

[76] Attfield 1983, S. 153.

[77] Dies begründet Attfield mit Verweis auf das Argument der sogenannten menschlichen Grenzfälle. Empfindungsfähigkeit sieht er als hinreichenden Grund für eine moralische Berücksichtigung an, vgl. Attfield 1983, S. 142.

[78] In *The Good of Trees* schreibt Attfield: „Trees, like humans and squirrels, have capacities for nutrition and growth, for respiration and for self-protection: and it is *capacities and propensities* such as these *which determine their interests.*" (Attfield 1981, S. 48; Kursivierung S.H.).

[79] Attfield schreibt: „[W]here needs are understood as whatever is necessary for a human to live well as a human, or for a member of another species to live well as a member of that species, then the connection between needs and value, though not always a direct one, is strong and crucial." (Attfield 1987, S. 62).

[80] Ein Interessenkonflikt zwischen Lebewesen zweier unterschiedlicher Spezies soll – in Spezifizierung des Prinzips der gleichen Interessenberücksichtigung – anhand von zwei Faktoren bestimmt werden: 1. der Rolle, die das betreffende Interesse im Leben des Lebewesens spielt und 2. der psychologischen Fähigkeiten des Lebewesens. Attfield bezieht sich damit auf Donald VanDeVeers *Two Factor Egalitarism* (vgl. VanDeVeer 1979a), spezifiziert aber dessen vorgelegtes Gewichtungsprinzip für Interessen (vgl. Attfield 1983, S. 172–174). Anders als VanDeVeer meint, ist nach Attfield zu beachten, dass der Besitz höherer psychologischer Fähigkeiten nur dann einen Vorrang generiert, wenn entsprechende psychologische Fähigkeiten durch die in Frage stehende Handlung wirklich betroffen würden.

Bewusstsein oder Leidensfähigkeit gebunden, sondern an das Gedeihen-Können entsprechend der Art. Tiere, aber auch Pflanzen, Pilze usw. weisen typischerweise bestimmte Funktionen und Fähigkeiten auf, und das wird als deren ‚Gut‘ aufgefasst. Das ‚Gut‘ ist hier nicht an eine (wie auch immer bestimmte) Subjektivität gebunden, und dies macht den Kerngedanken eines solch biozentristischen Integritätsansatzes aus. Auch Pflanzen und Mikroorganismen haben gemäß dieser Vorstellung ein Gut, das beeinträchtigt werden kann. Somit haben alle Lebewesen, die gedeihen können, Interessen und damit auch einen moralischen Status. Diese Überlegung Attfields sind allerdings zu hinterfragen.

Zu Recht hat Attfield selbst bemerkt, dass daraus, dass etwas ein Gut hat, noch kein *moral standing* (s. o.) folgt. Er ist daher auf das Analogieargument angewiesen, das in der Analogsetzung von Interessen von empfindungsfähigen Wesen mit Interessen von nichtempfindungsfähigen Wesen besteht. Eine Rekonstruktion dieses Analogie-Arguments wäre folgende:

1. Empfindungsfähige Wesen sind aufgrund ihrer Interessen moralisch zu berücksichtigen.
2. Die Interessen von empfindungsfähigen Wesen, aufgrund derer sie moralisch berücksichtigt werden, und die Interessen von Wesen ohne Empfindungsfähigkeit unterscheiden sich nicht wesentlich.
3. Also sind auch die Interessen der Wesen ohne Empfindungsfähigkeit moralisch zu berücksichtigen.

Als problematisch ist hier allerdings die Prämisse zwei anzusehen, denn es ist zu bezweifeln, dass die Interessen, aufgrund derer empfindungsfähige Wesen eine moralische Berücksichtigung erfahren, von gleicher Art sind wie die Interessen, die nach Attfield Wesen besitzen, die nicht empfindungsfähig sind.

Um sich das vor Augen zu führen, ist es hilfreich, zwischen folgenden Bedeutungen von ‚Interesse‘ zu unterscheiden:[81]

1. x hat ein Interesse an y *(preference interests)*
2. y ist im Interesse von x *(welfare interests)*

Versteht man Interessen gemäß der Konzeption der *preference interests,* dann sind Wesen ohne Empfindungsfähigkeit ausgeschlossen, denn hier wird für die Zuschreibung solcher Interessen eine Art von Subjektivität vorausgesetzt im Sinne der Fähigkeit eine Pro-Haltung – eine Haltung der Wertschätzung – gegenüber y einzunehmen oder der Fähigkeit zum Vorzug, einer Präferenz, eines Sachverhalts oder Zustands vor einem anderen.

Man könnte nun denken, dass man die zweite Bedeutung von ‚Interesse‘ in Bezug auf Wesen wie Pflanzen, Pilze und Mikroorganismen sinnvollerweise

---

[81]Vgl. Regan 2004, S. 87; vgl. Ach 2018.

gebrauchen könnte. Man kann durchaus sagen, dass etwas in ihrem Interesse ist, und meint damit, dass y gut für x ist. Hier kommt es nun ganz darauf an wie dieses ‚gut für‘ verstanden werden soll. Wird ‚gut für‘ so verstanden, dass die Entität das, was gut ist, als solches in irgendeiner Weise empfinden muss, dann wird auch hier Empfindungsfähigkeit vorausgesetzt.

Wird ‚gut für‘ allerdings so verstanden, dass y schlicht dem Wohl von x zuträglich ist, dann wäre das eine Interessenkonzeption, mit der Attfield die logische Lücke schließen könnte – ein vom subjektiven Erleben unabhängiges Interesse. Mit diesem objektivistisch verstandenen Interesse gibt es allerdings ein Problem. Es hat zwar eine gewisse Plausibilität, dass grundlegende Fähigkeiten wie Stoffwechsel- oder Reproduktionsfähigkeiten, die Voraussetzungen für andere Fähigkeiten darstellen, moralisch eine große Rolle spielen, aber „die Abdeckung von Grundbedürfnissen [scheint] nur deshalb relevant zu sein, weil sie das subjektive Wohlbefinden des Individuums berührt."[82] Wenn die letztgenannte Einschätzung richtig ist, dann ist aber das moralisch relevante ‚im Interesse von x sein‘ an die *preference interests* zurückgebunden. Dies impliziert, dass die grundlegenden Bedürfnisse nur deshalb moralisch relevant sind, weil sie in Verbindung zu *perference interests* stehen.[83] Was im Interesse von empfindungsfähigen Wesen ist und was im Interesse von Wesen ohne Empfindungsfähigkeit ist, ist nicht wesentlich gleich. Die zweite Prämisse des Analogie-Arguments ist nicht plausibel und der moralische Status der Pflanzen daher nicht ableitbar.

3.3.3 Das Prinzip der Reduktion von Fähigkeiten

Wenn aber das Analogieargument nicht überzeugt, dann stellt sich die Frage, wie es um die normative Kraft des Prinzips der Reduktion von Fähigkeiten bestellt ist. In der konsequentialistisch Position Attfields wird die moralische Richtigkeit (oder Falschheit) von Handlungen danach bestimmt, welche Auswirkung sie auf das

---

[82] Wawrzyniak 2019, S. 170. Anders sieht das allerdings Ach: Hier bedeutet die Wendung ‚X ist in Es Interesse‘, dass E ein Interesse an X hat. Dementsprechend hätten auch Pflanzen Interessen an etwas. Vgl. Ach 2015 S. 173 Es ist aber davon auszugehen, dass es eine Bedeutungsdifferenz zwischen den zwei Verwendungsweisen gibt, in denen der Ausdruck ‚Interesse‘ vorkommt. ‚E hat ein Interesse an X‘ beinhaltet, dass die Entität E eine pro- oder con-Einstellung gegenüber X einnimmt. Das setzt voraus, dass E empfindungsfähig ist. Bei ‚X ist in Es Interesse‘ wird dies hingegen nicht vorausgesetzt.

[83] Nach Joel Feinberg spricht man nur in einem uneigentlichen Sinn davon, dass Pflanzen geschädigt *(harmed)* werden würden. Man würde hier eher von einer beeinträchtigten Funktion sprechen. Interessen sind hingegen daran gebunden, dass Entitäten, denen Interessen zugesprochen werden können, Anteil an etwas nehmen können müssen *(to have a stake in x)*. Eine Schädigung ist Feinberg zufolge als ein Zurücksetzen eines solcherart subjektiv zurückgebundenen Interesses zu verstehen, vgl. Feinberg 1984. Was es heißen kann, dass etwas im Interesse einer Entität ist, wird im folgenden Kapitel, in dem ein wohlorientierter Ansatz vorgestellt wird, genauer entfaltet.

Verhältnis von guten bzw. schlechten Weltzuständen hat. Diese Sicht sollte man nach Attfield aufgrund des folgenden Argumentes einnehmen:

> If reasons for action are ultimately grounded in intrinsic value and disvalue, and it is states of the world that have such value and disvalue, then the reasons that make actions, policies and practices right and/or obligatory must be grounded in foreseeable differences that can be made to the value and disvalue of states of the world. Hence it must be differences such as these that makes actions, policies and practices right or obligatory, as consequentialists maintain.[84]

Weltzustände haben einen bestimmten positiven oder auch negativen Wert, und diese wertbesetzten Zustände geben uns Gründe zu handeln. Die Entscheidung darüber, was zu tun das moralisch Richtige ist, sieht Attfield in dem vorhersehbaren Unterschied begründet, den eine Handlung in diesem Werthaushalt macht. Biozentristisch betrachtet sind es die Fähigkeiten von Lebewesen durch die diese als Wesen ihrer Art gedeihen können, die den Wert von bestimmten Weltzuständen ausmachen. Je nach Auswirkung unserer Handlungen auf diese intrinsisch wertvollen Fähigkeiten ist daher zu bestimmten, was zu tun richtig ist. Wenn es aber – wie oben argumentiert wurde – in der Bestimmung dessen, was moralisch relevant ist, nicht um die Fähigkeiten geht, die Lebewesen ihrer Art nach haben, dann weiß man nicht, worauf die vermeintliche intrinsische Werthaftigkeit dieser Fähigkeiten beruhen sollte.

Es ist auch noch nicht einmal ausgemacht, dass die Fähigkeiten und Qualitäten, die Lebewesen als Mitglieder ihrer Art in der Regel haben, in evaluativer Hinsicht wirklich gut-für die Individuen sind. Ein Standard, der sich daran orientiert, wie Menschen, Tiere, Pflanzen, Pilze oder Mikroorganismen üblicherweise ausgestattet sind, setzt voraus, dass der Normzustand dieser Gruppen von Lebewesen als ein guter oder gesollter verstanden werden müsste. Das ist aber mit evolutionsbiologischen Überlegungen nicht vereinbar, da vermittels der natürlichen Selektion nicht das selektiert wird, was für ein Lebewesen gut ist, sondern das, was – gegeben eine bestimmte Umwelt – den reproduktiven Erfolg sichert. Dieser ‚Mechanismus' wirkt nicht in Richtung eines Wohls von Lebewesen. Es bleibt vielmehr anzumerken, dass man zwischen Artgerechtigkeit und Tiergerechtigkeit unterscheiden sollte. „Aus biologischer Sicht kann all das als >artgemäß< definiert werden, was durch das Wirken der natürlichen Selektion als Anpassung an den Lebensraum evolvierte und letztlich dazu beiträgt, den Lebensfortpflanzungserfolg des Individuums zu maximieren."[85] Was artgemäß ist, kann dem Wohl von Tieren zuträglich sein (Rothirsche, die ihr Geweih abstoßen), es kann aber auch dem Wohl abträglich sein (Rothirsche, die sich im Rivalenkampf verletzen). Worauf Attfield mit seinem Fokus auf artspezifische Fähigkeiten rekurriert, ist eher die Artgerechtigkeit, wobei hier die wesentliche Schwierigkeit darin besteht, dass

---

[84] Attfield 2014, S. 43.
[85] Sachser et al. 2018, S. 155.

Evolution nicht perfektionistisch zu denken ist. Das Wohl ist eher in Begriffen der Tiergerechtigkeit zu fassen. „>Tiergerecht</>tiergemäß< kann definiert werden als all dasjenige, was dazu beiträgt, das Wohlergehen des Individuums zu fördern."[86] Dieses Wohlergehen kann Attfield mit seinem biozentrischen Ansatz aber nicht in den Blick bekommen.

3.3.4　Beurteilung der Genom-Editierung unter dem Gesichtspunkt artspezifischer Funktionen

Auch hier soll kurz reflektiert werden, wie eine Genom-Editierung, die dem Tierwohl zuträglich sein soll, unter dem Gesichtspunkt der artspezifischen Funktionen beurteilt würde: Da es vor dem Hintergrund eines biozentrischen Konsequentialismus Attfieldscher Prägung darauf ankommt, welche Konsequenzen ein entsprechender Eingriff für artspezifische Fähigkeiten hat, dürfte die Wahl der Methode für Attfield keine Rolle spielen. Durch die Wahl einer bestimmten Methode wird nicht festgelegt, ob artspezifische Fähigkeiten betroffen sind oder nicht. Ob also eine SDN1 oder SDN3-Technik durchgeführt wird, ob somatischer Kerntransfer oder Mikroinjektion gewählt wird, dürfte unter einer Attfieldschen Konzeption irrelevant sein. Es kommt darauf an, was züchterisch verändert werden soll. Eine Beurteilung der Züchtungsvorhaben fällt unter diesem Integritätsverständnis hoch differenziert aus. Eine Steigerung der Krankheitsresistenz bzw. der Immunität von Tieren auf der Basis gentechnischer Eingriffe diskutiert Attfield selbst und erklärt, dass es – gesetzt den Fall, dass keine Beeinträchtigung anderer Fähigkeiten/Interessen des Tieres durch die genetische Manipulation vorliegt – gegen diese Vorhaben keine ethischen Bedenken gibt.[87] Das gleiche müsste auch für die Züchtungsprojekte gelten, die auf eine Hitze- oder Kältetoleranz oder ein Enhancement abzielen, da auch hier eher Fähigkeiten hinzugewonnen werden. Werden allerdings Fähigkeiten von Tieren vermindert, die für Mitglieder ihrer Art typisch sind, wären diese Vorhaben negativ zu bewerten.[88] Eine Welt mit Tieren, die über das normale Repertoire der Fähigkeiten ihrer Art verfügen, wäre wertvoller als eine Welt, in der diese Tiere mit reduzierten Fähigkeiten leben. Schwierig bleibt allerdings eine Beurteilung von genomeditorischen Veränderungen, bei denen die geschaffenen Wesen kaum mehr Ähnlichkeiten mit den Mitgliedern der Spezies, aus denen sie entstanden sind, haben. Wäre sozusagen eine ganz neue Lebensform – eine neue Spezies – in die Welt gebracht,

---

[86] Sachser et al. 2018, S. 155.

[87] Vgl. Attfield 1998, S. 184.

[88] So sehen es auch Balzer et al., die unter einem Integritätsverständnis der Ausübung artspezifischer Funktionen davon ausgehen, dass all jene züchterischen Vorhaben moralisch bedenklich seien, „bei denen die gezüchteten Lebewesen in der Ausübung ihrer normalen Fähigkeiten beeinträchtigt sind, sie körperliche Schäden haben oder Behinderungen haben" (Balzer et al. 1998, S. 57). Vgl. zur Programmierung auf einen frühen Tod Attfield 2012, S. 91.

mit einem eigenen typischen Set von Fähigkeiten, könnte die Frage, ob es sich hier um ein Enhancement oder ein Dis-Enhancement handelt, nicht beantwortet werden. Die AML-Tiere könnten einen solchen Fall darstellen, und Folgendes müsste dann eigentlich nach Schultz-Bergin für diese gelten: „[I]f chicken AMLs are blind, then sight is not a species-specific capacity of chicken AMLs; if chicken AMLs are insentient, then sentience is not a species-specific capacity of chicken AMLs; and so on."[89] Die speziesspezifischen Fähigkeiten dieser Wesen wären durch den Prozess, aus dem sie hervorgegangen sind, bestimmt.

3.4 Zusammenfassung

Es konnte in diesem Kapitel insgesamt gezeigt werden, dass die Intuition nicht berechtigt ist, dass man mit einem Rückgriff auf eine Integritätskonzeption gentechnischen oder auch spezifisch genomeditorischen Manipulationen prinzipiell eine Absage erteilen würde. Es folgt keine (argumentativ unterfütterte) kategorische Ablehnung aus den hier verhandelten Integritätsansätzen. Sowohl auf der methodischen Ebene – der Art und Weise, wie genomeditorische Manipulationen vorgenommen werden – als auch auf der Ebene der anvisierten Züchtungsziele ist ein Verbot nicht zwingend impliziert. Vielmehr ist teils eine normative Unbestimmtheit oder auch eine normative Varianz zwischen den verschiedenen Integritätsansätzen und auch innerhalb dieser Ansätze bezüglich der deontischen Modalitäten zu verzeichnen, was mit Tab. 3.1 noch einmal zusammengefasst verdeutlicht wird:[90]

In der Diskussion der drei Integritätsargumente entlang dafür einschlägiger Positionen zeigte sich auch, dass die Integritäts-Konzeptionen mit schwerwiegenden Problemen behaftet sind. Dies spricht dagegen, sich auf diese Integritätskonzeptionen bei der Beurteilung von gentechnischen Züchtungsvorhaben stützen zu wollen. Worauf sollte man sich aber stattdessen stützen? Mein Vorschlag ist, genomeditorische Züchtungsvorhaben auf einer tierwohltheoretischen Basis zu beurteilen. Um eine solche Beurteilung vornehmen zu können ist allerdings zuerst zu überlegen, auf welche Weise das Tierwohl verstanden werden soll und auf welche Weise es in einer ethischen Beurteilung zu berücksichtigen ist. Im Folgenden wird deshalb ein Ansatz entwickelt, mit dem eine Bewertung genomeditorischer Vorhaben auf der Basis eines interessentheoretisch verstandenen Tierwohls erfolgen kann.

---

[89] Schultz-Bergin 2017, S. 850.

[90] Die genomeditorischen Techniken und Methoden sowie die hier zu diskutierenden Züchtungsvorhaben werden von den Vertretern der Integritätsansätze meist nicht thematisiert, so dass die folgende Einschätzung als Ableitung aus der Rekonstruktion der Positionen zu verstehen ist.

Tab. 3.1 Beurteilung von genomeditorischen Züchtungsvorhaben, die dem Tierwohl zugute-kommen sollen unter dem Gesichtspunkt tierlicher Integrität (?: Beurteilung unklar; −: Ablehnung,+: Befürwortung, −/+: teils ablehnend, teils befürwortend)

Züchtungsvorhaben mit dem Ziel einer/ eines	Integrität als		
	Genetische Intaktheit (Vorstenbosch)	**Erhalt artspezifischer Wesenszüge** (Fox, Verhoog)	**Erhalt artspezifischer Funktionen** (Attfield)
Steigerung der Krankheitsresistenz/Krankheitsresilienz	?	−/+	+
Vermeidung leidverursachender Eingriffe	?	−	−/+
Höheren Toleranz gegenüber schädigenden Haltungsbedingungen und Umwelteinflüssen	?	−	−/+
Nutztier-Enhancement	?	−	+

Interessentheoretische Überlegungen

4

Als Zwischenfazit des bisher Erarbeiteten kann erstens festgehalten werden, dass durch eine Auflösung des Problems der Nicht-Identität züchterisch-genomeditorische Interventionen ein Gegenstand moralischer Bewertung darstellen und dass das Tierwohl in dieser Hinsicht eine relevante Größe darstellen kann. Zweitens weist die Analyse von Integritätsargumenten zum einen auf, dass diese keine kategorische Ablehnung genomeditorischer Vorhaben implizieren und zum anderen, dass Integritätskonzeptionen eine Reihe von internen Problemen aufweisen. Es ist nun zu fragen, über welchen Ansatz eine Beurteilung genomeditorischer Vorhaben erfolgen sollte und welche Interventionen sich dann rechtfertigen lassen. Diesen Fragen wird in den folgenden Kapiteln nachgegangen. Ausgangspunkt einer Beantwortung ist die Idee, das Tierwohl in das Zentrum der Überlegungen zu stellen. Mögliche Kandidaten für eine Konzeptionalisierung tierlichen Wohls stellen in Anlehnung an die klassische Einteilung Derek Parfits aus dem Humankontext hedonistische Theorien, Interessentheorien und Theorien einer objektiven Liste dar.[1] Rein hedonistische Theorien scheinen aber das, was gut für Tiere ist, viel zu eng aufzufassen. Es erscheint nicht adäquat, das tierliche Wohl auf Freud- und Leidzustände zu reduzieren. Objektive-Liste-Theorien hingegen veranschlagen, dass etwas wertvoll für Tiere ist, ohne dass es eine Auswirkung auf das subjektive Wohl haben muss. Das erscheint auch wenig plausibel. Ein Ansatz, der das tierliche Wohl interessentheoretisch ausbuchstabiert und auch normativ interessentheoretisch ansetzt, scheint hingegen ein guter Kandidat zu sein. Der letztgenannte Ansatz soll deshalb hier entfaltet werden, und seine positive Einschätzung soll plausibilisiert werden.

---

[1] Parfit unterscheidet zwischen *Hedonistic Theories, Desire-Fulfilment* Theories und *Objective List Theories,* vgl. Parfit 1984, Appendix „What Makes Someone's Life Go Best".

S. Hiekel, *Tierwohl durch Genom-Editierung?,* Techno:Phil
– Aktuelle Herausforderungen der Technikphilosophie 8,
https://doi.org/10.1007/978-3-662-66943-3_4

Dafür wird zuerst überlegt, welcher grundsätzliche Zusammenhang zwischen tierlichen Interessen und tierlichem Wohl besteht. Man könnte denken, dass hier nur die Empfindungsdimension eine Rolle spielt (interessentheoretisch hedonisches Wohlverständnis). Dementgegen wird hier darauf abgehoben, dass nicht nur der affektive Aspekt einer Interessenbefriedigung relevant ist, sondern dass auch der kognitive wie auch der voluntative Aspekt tierlicher Interessen als wohlrelevant anzusehen sind. Außerdem werden Überlegungen zu der Unterscheidung von *preference* und *welfare interests* wieder aufgegriffen: In der Frage, wie das Tierwohl interessentheoretisch bestimmt werden soll, wird dafür argumentiert, dass sich das Wohl nach dem Ausmaß bestimmt, in dem Tiere ihre Interessen verfolgen und befriedigen können *(preference interests)*, und dass die Interessen, die sie verfolgen, solche sind, deren Erfüllung in ihrem Interesse ist *(welfare interests)*. *Welfare interests* werden hier (anders als bei Attfield) als zurückgebunden an subjektive Erfahrungen verstanden.

Ausgehend von diesem Tierwohlverständnis werden dann für die Beurteilung genomeditorischer Vorhaben Prinzipien vorgeschlagen. Als aussichtsreicher Ausgangspunkt zur Formulierung dieser Prinzipien werden die zwei Prinzipien herangezogen, die sich in der Position von Bernard Rollin zur Beurteilung gentechnischer Manipulationen von Tieren finden lassen.[2] Aus den Überlegungen zum interessentheoretisch gerahmten Wohl und aus einer Kritik an den Rollinschen Prinzipien heraus wird zum einen ein allgemeines normatives Prinzip und zum anderen ein Prinzip, das notwendige Bedingungen für die Legitimität genomeditorischer Vorhaben nennt, formuliert: ein grundlegendes normative Prinzip, das als Beurteilungskriterium das umfassende interessentheoretisch gerahmte tierliche Wohl ausweist, und ein Prinzip der Wohlverbesserung, das als Minimalforderung eine Verbesserung des tierlichen Wohls gegenüber der Elterngeneration fordert.

4.1   Tierinteressen und das tierliche Wohl

In einer Interessentheorie des Wohls geht man davon aus, dass das Wohl eines Individuums wesentlich dadurch bestimmt wird, dass die Interessen dieses Individuums befriedigt werden. Was aber ist es, was eine Interessenbefriedigung als dem Wohl zuträglich erscheinen lässt? Hier gibt es drei Möglichkeiten dafür, was als wohlrelevant aufgefasst werden sollte: erstens, allein dass sich das erfüllt, worauf das Interesse gerichtet ist, d. h. dass sich ein Wunsch erfüllt *(desire model)*, zweitens die mit der Verfolgung des Interesses verbundenen Gefühle und Emotionen *(mental state model)*, drittens eine Kombination aus Wunscherfüllung und der mit der Verfolgung des Interesses verbundenen Gefühle und Emotionen *(hybrid model)*. Ich möchte im Folgenden für letztere Variante argumentieren.

---

[2] Siehe Abschn. 3.2.4.

Gegen das *desire model* spricht, dass es die Erfahrungsbedingung *(experience requirement*[3]*)* einer Wunscherfüllung für unwichtig erachtet. Nach einem *desire model* ist es bloß wichtig, dass sich ein Wunsch erfüllt, damit dies als wohlzuträglich angesehen wird. Ob diese Erfüllung vom Wunschsubjekt überhaupt wahrgenommen und wie sie wahrgenommen wird, ist irrelevant. Der Idee die Erfahrungsbedingung fallen zu lassen kann man vielleicht noch im Humankontext etwas abgewinnen, wenn z. B. Menschen Wünsche in Bezug darauf haben, was nach ihrem Tod geschehen soll und man eine diesbezügliche Wunscherfüllung für wohlzuträglich halten möchte. Aber das ist auch schon hier umstritten. Im Tierkontext die Erfahrungsbedingung fallen lassen zu wollen, ist eindeutig nicht sinnvoll. Es ist erstens nicht anzunehmen, dass Tiere solcher Art Wünsche haben. Zweitens ist eine bloße Erfüllung eines Wunsches zu wenig, als dass sie das Wohl bestimmen könnte. Wenn ein Pferd beispielsweise wünscht, den Inhalt eines bestimmten Eimers leer zu fressen, dieser Wunsch sich erfüllt und diese Wunscherfüllung unmittelbar eine Kolik nach sich zieht, dann hat sich der Wunsch zwar erfüllt, man würde aber nicht sagen, dass die Wunscherfüllung wohlzuträglich gewesen wäre. Das liegt daran, dass eine *ex ante* Erwartung, die man bei einem Wunsch hegt, sich mit der *ex post* Erfahrung bei Wunscherfüllung nicht decken muss.[4] Es erscheint unplausibel, dass das Wohl ohne Bezugnahme auf die subjektive Erfahrung einer Wunscherfüllung bestimmt wäre. Es ist vielmehr als notwendige Bedingung anzunehmen, dass eine Interessenbefriedigung Teil des subjektiven Erfahrungshaushaltes wird, damit man von einer Wohlzuträglichkeit sprechen kann.

Was wiederum aber ist es an der subjektiven Erfahrung der Interessenbefriedigung, die diese dem Wohl als zuträglich bzw. was an einer Interessenfrustration, dass diese dem Wohl als abträglich erscheinen lässt? Man könnte denken, dass allein die affektive Komponente hier eine Rolle spielt. Dadurch, dass eine Interessenfrustration negativ empfunden wird, ist diese Frustration als dem Wohl abträglich anzusehen. Die bei einer Interessenbefriedigung erfahrenen positiven Empfindungen bestimmten, dass diese dem Wohl zuträglich ist. Wenn nur diese Aspekte als wohlrelevant aufzufassen wären, dann wäre der interessentheoretische Ansatz hedonistisch fundiert. Eine solche Reduktion des tierlichen Wohls auf hedonische Zustände ist aber unplausibel, weil sie zum einen eine Verkürzung dessen darstellt, was es heißt, ein Interesse zu haben, und zum anderen die tierliche Erfahrung passiviert. Im Folgenden argumentiere ich daher dafür, dass eine solche Reduktion tierlicher Interessenerfüllung auf hedonische Zustände nicht adäquat erfasst, was eine Interessenerfüllung umfasst, sowie dafür, dass auch die tätige Art und Weise der Interessenerfüllung eine wichtige Rolle für das tierliche Wohl spielt.

---

[3]Vgl. Sumner 1996, S. 127.
[4]Vgl. Sumner 1996, S. 130.

Dass ein Wesen ein Interesse hat heißt, dass es diesem Wesen etwas ausmacht, was mit ihm und um es herum geschieht. Bei David DeGrazia wird Interesse *(preference)* als ein konatives Konzept ausgewiesen, das auf Phänomene verweist, die drei Aspekte vereint beinhalten: eine Überzeugung *(belief)*, eine affektive Komponente *(caring about it)* und eine Tendenz zum Handeln *(going for it)*.[5] Interessen haben demnach einen kognitiven, einen affektiven und einen voluntativen Aspekt.[6] Alle drei Aspekte sind als zusammenspielend zu denken. Nehmen wir an, dass ein Hund, vor einer verschlossenen Tür sitzend, an dieser kratzend zu verstehen gibt, dass er möchte, dass wir die Türe aufmachen, damit er hinauskann. Hier sind alle drei Aspekte im Interesse, nach draußen zu kommen, vereint. Aus dem Verhalten des Tieres kann man schließen, dass der Hund die Überzeugung hat, dass der Weg nach draußen durch die Türe führt und dass ein Kratzen uns dazu bewegen kann, die notwendigen Schritte zur Befriedigung des Interesses einzuleiten. Zudem kann man annehmen, dass das Verhalten dadurch motiviert ist, dass der Hund die Vorstellung hat, sich draußen zu befinden, und diese Vorstellung positiv besetzt ist. Dass er das Interesse verfolgen möchte, zeigt er auch durch eine Aktivität, nämlich durch das Kratzen an der Tür. Sind die hier neben der affektiven Komponente genannten Aspekte für das, was eine Interessenbefriedigung als für ein Tier als gut ausweist, tatsächlich irrelevant?

Das scheint mir nicht der Fall. Es mag vielleicht der Fall sein, dass die affektive Seite einen wichtigen Teil dessen darstellt, was das Wohl des Tieres betrifft, aber der kognitive und der voluntativ-aktive Aspekt spielen ebenfalls eine Rolle. Zunächst ist der Gegenstand des Interesses – das Nach-draußen-Kommen – zwar positiv besetzt, also mit einem positiven Gefühl verbunden, geht aber nicht darin auf. Es ist auch deskriptiv auf etwas Bestimmtes gerichtet (vielleicht der Garten mit bestimmten Gerüchen). Diesen intentionalen Bezug könnte man in Anlehnung an Bernard Williams als dicht-evaluativ bezeichnen. Der Garten mit seinen Gerüchen ist vermutlich evaluativ mit bestimmten Gefühlen verbunden, aber es ist auch gerade dieser Garten im deskriptiven Sinne, auf den das Tier Bezug nimmt. Ebenfalls ist das gesamte Set der für die Verfolgung eines Interesses involvierten Überzeugungen nicht notwendig mit Gefühlen verbunden. Auch ist das Wollen und die Aktivität des Tieres etwas, das vielleicht in Erwartung eines guten Gefühls initiiert ist, das aber nicht darin aufgeht.

Eine Beschränkung des Wohls auf die tierliche Gefühlsebene würde die phänomenale Erfahrung von Tieren ungebührlich reduzieren. Wir würden

---

[5] DeGrazia 1996, S. 129–131.

[6] DeGrazia 1996, S. 130. In der tierethischen Debatte wurden verschiedene skeptische Einwände vorgebracht, dass Tiere z. B. nicht dazu fähig sind Überzeugungen oder Gefühle zu haben oder dass sie nicht handeln können. Vgl. Frey 1980; Davidson 1985. Auf diese skeptischen Einwände kann ich hier nicht weiter eingehen, außer zu sagen, dass sie durch die Argumente verschiedener AutorInnen wie z. B. Mary Midgley (in *Animals and Why They Matter*), Tom Regan (in *The Case for Animal Rights*) oder David deGrazia (in *Taking Animals Seriously*) erfolgreich zurückgewiesen wurden.

üblicherweise das Leben, das ein Tier – und gemeint ist hier ein Mitglied gängiger Nutztierarten – unter dem Einfluss von bewusstseinsverändernden Mitteln in einem Zustand dauernder Freude in ständiger Passivität verbringt, nicht als ein gutes tierliches Leben bezeichnen. Man würde auch nicht sagen können, dass ein Tier mit diesem Leben besser gestellt wäre als eines, das durch Aktivität ausgezeichnet und zugleich mit weniger positiven Gefühlen ausgestattet wäre. Es wäre ein Leben ganz anderer Art. In diesem Fall fehlte gänzlich der intentionale Bezug des Tieres auf seine Umwelt und der aktive Umgang mit ihr. Dieses Merkmal, das man unter dem Begriff der Erlebensfähigkeit fassen kann, scheint mir konstitutiv für ein gutes tierliches Leben zu sein.

> Tiere, die nicht nur empfindungs- sondern in einem weiteren Sinne *erlebensfähig* sind, nehmen wahrnehmend auf ihre Umwelten Bezug und setzen sich tätig mit ihnen auseinander. Sie sind intentionale und auch aktive Lebewesen. Sie finden Freude an der Bewegung und der Betätigung selbst und nicht nur an den davon abtrennbaren Vorteilen wie Futter. Sie entscheiden sich situativ zu bestimmten Handlungen und empfinden deren Hemmung als frustrierend.[7]

Tierliche Interessen sind demnach nicht so zu verstehen, dass sie allein auf das Hervorbringen bestimmter Gefühle gerichtet sind, sondern sie sind jenseits davon auch auf bestimmte Tätigkeiten oder Objekte gerichtet sowie mit bestimmten Überzeugungen verbunden. Kennzeichnend für Interessen ist eben auch, dass sie einen intentionalen Bezug haben und dass das, worauf das Interesse gerichtet ist, etwas ist, was das Wesen, welches das Interesse hat, zu erreichen versucht. Tiere zeichnen sich durch Handlungsfähigkeit aus. Sie besitzen das, was Tom Regan Präferenz-Autonomie genannt hat:

> [I]ndividuals are autonomous if they have preferences and have the ability to initiate action with a view to satisfying them. It is not necessary, given this interpretation of autonomy (let us call this *preference autonomy*), that one be able to abstract from one's own desires, goals, and so on, as a preliminary to asking what any other similarly placed individual ought to do; it is enough that one have the ability to initiate action because one has those desires or goals one has and believes, rightly or wrongly, that one's desires or purposes will be satisfied or achieved by acting in a certain way.[8]

Eine Intention, Wünsche oder Ziele zu haben, impliziert, dass ein kognitiver Gehalt eine Rolle spielt. Würde man das, was das Wohl der Tiere bestimmt, auf den affektiven Aspekt der Interessen beschränken, würde man das, was diese Akteurschaft der Tiere auch noch ausmacht, so auffassen, als wäre das nicht wichtig für Tiere – als wäre das nicht auch Teil dessen, was gut-für ein Tier ist. Das erscheint wenig plausibel, weil damit unterstellt wird, dass das, warum und wozu ein Tier etwas tut, als austauschbar aufgefasst wird, solange die affektive Seite des Interesses nicht betroffen ist. Aber der Gegenstand eines tierlichen

---

[7] Ladwig 2020, S. 155.
[8] Regan 2004, S. 88–89.

Interesses ist nicht allein das Erleben von positiven oder das Vermeiden von negativen mentalen Zuständen, es sind auch Dinge in der Welt, die eine Rolle spielen. Der Gegenstand des Interesses kann z. B. auch rein instrumenteller Natur sein, wenn z. B. ein Pferd versucht einen Türhebel zu öffnen, um an das Gras auf der Weide heranzukommen. In der Erfüllung eines Interesses spielen diese Dinge in der Welt ebenfalls eine wichtige Rolle. Sie bestimmen die Qualität der *ex ante* Erwartung, die mit dem Verfolgen eines Interesses verbunden ist, sowie die der Erfüllung mit.

Empirische Studien weisen auch darauf hin, dass eine selbst initiierte Interessenbefriedigung eine Befriedigung ganz eigener Art darstellt. Špinka und Wemelsfelder sehen z. B. die Akteurschaft in mehreren Aspekten als dem Tierwohl zuträglich an.[9] Sie kann beispielsweise für die Tiere als bereichernd angesehen werden, weil Tiere es unabhängig von bestimmten Zielen schätzen, aktiv zu sein. Belege dafür sind Problemlösungsexperimente[10] sowie tierliches Spiel- und Explorationsverhalten. Ein weiterer Hinweis stellt das Phänomen der Langeweile dar, wenn Tiere keine ausreichende Möglichkeit haben, sich zu betätigen.[11]

Will man bestimmen, was ein gutes tierliches Leben bzw. das tierliche Wohl ausmacht, dann sollte man auch das Phänomen, dessen Güte bestimmt werden soll, insgesamt in den Blick nehmen. Der affektive Aspekt, das Tätig Sein, die Komponente des Strebens nach etwas, sowie auch der kognitive Aspekt sind als zusammengehörig zu betrachten. Es spricht also vieles dafür, dass nicht nur die affektive Komponente bei der Bestimmung des tierlichen Wohls berücksichtigt werden muss, sondern ebenfalls die voluntative sowie die kognitive Komponente tierlicher Interessen.

4.1.1 *Prefence* und *Welfare Interests*

Wie hängen nun die Interessen und das Tierwohl miteinander zusammen? Man könnte denken, dass ein gutes tierliches Leben darin besteht, dass sich alle Interessen erfüllen, die ein Tier faktisch hat. Hier ergeben sich aber folgende Probleme, die alle darauf verweisen, dass nicht nur das berücksichtigt werden muss, woran Tiere faktisch Interessen haben (*preference interests:* ‚A hat Interesse

---

[9]Vgl. Špinka und Wemelsfelder 2011. Zur tierlichen Akteurschaft vgl. Cochrane 2019; Delon 2018; Delon 2022.

[10]Dies sind Experimente bei denen zum einen Tiere bereit sind Probleme zu lösen, auch wenn sie das, was sie erreichen wollen (Futter z. B.) auch ohne die Problemlösung erlangen könnten und zum anderen solche, die nachweisen, dass Tiere auf Problemlösungen positiv reagieren. Vgl. auch Hagen und Broom 2004; Meagher et al. 2020.

[11]Vgl. Špinka 2019; vgl. Wemelsfelder 2005. Wemelsfelder fasst Langeweile als „experience of impaired voluntary attention, leading to listlessness, irritability, and other expressions of disrupted „intentional flow" auf, S. 82; vgl. auch O'Brien 2014.

an x'), sondern auch das, was im Interesse des Tieres ist (*welfare interests:* x ist im Interesse von A):

1. Nicht alles, was Tiere aktual anstreben, ist dem tierlichen Wohl zuträglich.
2. Der Gehalt tierlicher Interessen ist abhängig von Lebensbedingungen und -erfahrungen. Tierliche Interessen weisen eine gewisse Plastizität auf.
3. Manches ist wohlzuträglich, d. h. im Interesse von Tieren, ohne dass sie ein Interesse daran haben.

4.1.1.1 Interessengehalte, die dem tierlichen Wohl nicht zuträglich sind

Die Befriedigung eines episodisch aktualen Interesses führt – obschon zwar vielleicht kurzfristig mit einem positiven Gefühl verbunden – nicht notwendig dazu, dass das Wohl des Tieres tatsächlich befördert wird. Ein Rind kann z. B. ein Interesse daran haben, einen Zaun zu überwinden, um dann Artgenossen auf der gegenüberliegenden Weide zu besuchen. Liegt der Zaun allerdings an einer viel befahrenen Straße, ist es nicht im Interesse des Tieres, den Zaun zu durchqueren. Es droht Leid oder auch sogar der Tod.

Man könnte nun einwenden, dass dieses Interesse dem Wohl nicht zuträglich ist, weil die Lebensumwelt durch den Menschen nicht den Interessen des Rindes entsprechend geformt wurde. Wäre dort keine Straße, so würde das tierliche Wohl nicht gefährdet. Das stimmt zwar, ist aber der Sache nach irrelevant. Auch in einem natürlichen Habitat ist es dem Wohl nicht zuträglich, wenn bestimmte Interessen verfolgt werden, wie z. B. dass Kühe einfach alles fressen, was sie fressen wollen. Warum ist es dem Wohl abträglich, wenn Kühe so viel fressen, wie sie wollen und womöglich auch giftige Pflanzen fressen?

Im menschlichen Bereich würde man das Phänomen dadurch zu fassen suchen, dass keine vollständige Information darüber vorgelegen hat, was das Verfolgen eines solchen Interesses beinhaltet bzw. welche Konsequenzen es hätte. Wäre man vollinformiert[12] darüber, welche Konsequenzen das Verfolgen eines bestimmten Interesses beinhaltet, dann würde man vermutlich davon ablassen. Bekommt man ein Glas mit einer Flüssigkeit gefüllt entgegengehalten und hat Durst – also Interesse daran, das Glas zu leeren – dann sucht man dieses Interesse zu befriedigen. Wüsste man aber, dass in dem Glas eine giftige Substanz ist, dann würde man erkennen, dass das Leeren des Glases vielleicht den Durst stillen würde, dass aber andere Interessen – nämlich nicht sterben zu wollen – dem Interesse, das Glas leeren zu wollen, entgegenstehen. Die Person würde davon

---

[12] So beschränkt z. B. Hoerster moralrelevante Interessen auf aufgeklärte Interessen, d. h. solche, die jemand unter Rationalitätsbedingungen (Urteilsfähigkeit und Informiertheit) hat, vgl. Hoerster 2003, S. 37–38. Ähnlich auch Hare, der kluge Interessen (*prudent preferences*) für relevant hält, oder Brandt, der solche für wichtig erachtet, die einer sogenannten kognitiven Psychotherapie unterzogen wurden (vgl. Hare 1981, Kap. 5; Brandt 1979, S. 111–112).

ablassen, das Glas leertrinken zu wollen. Die Realisierung aufgeklärter Interessen ist dem Wohl zuträglich.

Die Erfüllung aufgeklärte Interessen ist als wohlzuträglich anzusehen, weil – und hier folge ich der Argumentation Peter Stemmers[13] – die Verfolgung von aufgeklärten Interessen mit höchster Wahrscheinlichkeit eine Befürwortung des Verfolgten auch *ex post* (nach Erreichung des Verfolgten) sichert. Ist man über Genese und auch Ziel eines Interesses vollumfänglich informiert, dann wird man durch die Befriedigung nicht enttäuscht werden. Man wird diese Interessenbefriedigung vielmehr auch nachträglich befürworten, was sich dann durch ein Gefühl der Zufriedenheit oder der Freude äußern wird. Es ist zwar möglich, dass auch das Befriedigen unaufgeklärter Interessen dazu führt, dass man dies *ex post* für gut befindet, aber dies ist dann eher zufallsbedingt der Fall. Bei der Verfolgung aufgeklärter Interessen verfügt man über die notwendigen Informationen, warum man etwas will und was man genau will. Dementsprechend ist davon auszugehen, dass nicht einfach die Befriedigung irgendwelcher Interessen dem Wohl zuträglich ist, sondern solcher, die man hat, wenn der intentionale Bezugspunkt, Konsequenzen und Implikationen der Verfolgung eines Interesses genau bekannt sind. Damit ist kein Rationalitätsstandard gemeint, der überindividuelle Geltung besäße. Die Bewertungshoheit darüber, was für sie gut ist, läge immer noch bei der betreffenden Person.

Wie ist das aber für den Bereich der Tiere zu sehen? Auch hier ist daran festzuhalten, dass eine Interessenbefriedigung, damit sie als wohlzuträglich anzusehen ist, eine sein sollte, die eine positive Auswirkung auf das tierliche Leben sichert. Sie sollte eine sein, die sich dadurch auszeichnet, dass das Tier zufrieden ist oder Freude dadurch empfindet. Allerdings fehlt Tieren die Fähigkeit auf das, was sie anstreben, zu reflektieren und zu überlegen, ob alle relevanten Informationen vorliegen. Anders als Menschen können sie sich nicht über die Dinge, die sie anstreben, umfassend informieren. Die vollständige Bewertungssouveränität in Bezug auf die Wohlzuträglichkeit kann aufgrund des fehlenden Vermögens zur Reflexion nicht beim tierlichen Individuum liegen, obschon der Bezugspunkt der Bewertung die Auswirkung der Interessenverfolgung auf die subjektive Erfahrungswelt des individuellen Tieres bleibt. Als wohlzuträglich ist eine Auswahl von Interessen anzusehen; manche der aktualen Interessen müssen sozusagen aussortiert werden. Nach welcher Maßgabe ist hier auszusortieren? Die im Humankontext häufig dafür angesetzte und von Richard Brandt vorgeschlagene kognitive Psychotherapie[14] scheint für Tiere nicht einschlägig zu sein. Die Bewertungssouveränität liegt bei der kognitiven Psychotherapie beim Subjekt und erfordert ein hohes Maß an Reflexions- und Vorstellungsvermögen. Für Tiere

---

[13] Stemmer 1998. Bei Stemmer wird deutlich, dass einer Aufklärung des Wollens Grenzen gesetzt sind, weil z. B. bestimmte kognitive Defizite nicht behoben werden können (z. B. zu wissen, wie es ist Vater zu sein, ohne vorher schon Vater gewesen zu sein) oder weil die Genese des Wollens nicht vollständig aufklärbar ist (vgl. Stemmer 1998, S. 65–67).

[14] Vgl. Brandt 1979, S. 113–114.

scheint es eher angemessen zu sein, eine Kohärenz im Set der tierlichen Gesamt-interessen anzusetzen. Eine solche Prüfung auf Kohärenz kann nur vom Menschen vorgenommen werden, und das auch nur dann, wenn dieser über die notwendigen Informationen darüber verfügt, welche Interessen ein Tier hat und was es für ein Tier heißt, bestimmte Interessen zu verfolgen oder zu befriedigen.

So ist es bei der Beurteilung, welche Interessen bei der Bestimmung des tier-lichen Wohls berücksichtigt werden müssen, wichtig, zukünftige faktische Interessen zu berücksichtigen.[15] Manche aktualen Interessen des Tieres können Interessen, die später erst geformt werden, durchkreuzen oder unterminieren. Hat ein Tier z. B. jetzt einen Tumor, der noch keine Beeinträchtigungen mit sich bringt, dann hat das Tier faktisch kein Interesse daran, dass sich sein Zustand ändern sollte. Es hat auch – so ist anzunehmen – kein Interesse an einer Operation, die zunächst mit Stress und Schmerzen verbunden sein wird. Dennoch ist es dem Wohl des Tieres zuträglich – es ist im Interesse des Tieres –, diesen Tumor los-zuwerden, noch bevor es zu ernsthaften Symptomen kommt, weil durch die Ent-fernung des Tumors die Erfüllung zukünftiger faktischer Interessen ermöglicht wird.

Welche Interessen sind hierfür als relevant anzusehen? Es sind solche, die ermöglichen, dass weitere Interessen überhaupt verfolgt werden können, oder solche, die Zufriedenheit und Freude sicher mit sich bringen. Angesichts der Unbestimmtheit der Zukunft muss man hier antizipieren, welche Interessen eines Tieres erwartbar sind und die aktual faktischen Interessen überwiegen würden, würden sie gleichzeitig vorliegen. Das wären die Interessen, die für das betroffene Tierindividuum als wichtig zu erachten sind.

Zugegebenermaßen ist es schwierig, genau zu bestimmen, was das Kriterium für die Wichtigkeit von Interessen darstellt, da uns Tiere nicht direkt Auskunft darüber geben können, was für sie wichtig ist. Aber verhaltensbiologische Kennt-nisse zur Rasse oder Art der jeweiligen Tiere bzw. Kenntnisse aus dem alltäglich praktischen Umgang mit ihnen und insbesondere mit dem Tierindividuum können hier als Heuristik dienen, um herauszufinden, welche Objekte oder Tätigkeiten für die Zufriedenheit oder sogar Lebenslust von Tieren wichtig sind.

Wenn hier die Zugehörigkeit zu einer Rasse oder Art für relevant erachtet wir, dann erinnert dies vielleicht an die Idee einer Speziesnorm, wie sie z. B. von Martha Nussbaum vertreten wird.[16] Nussbaum versteht allerdings die Zuge-hörigkeit zu einer Spezies und damit die mit dieser Zugehörigkeit verbundenen Fähigkeiten direkt als normativ, ohne dass entsprechende Präferenzen zur Aus-übung dieser Fähigkeiten in erster Linie eine Rolle spielen. Die Zugehörigkeit zur Spezies (oder auch zur Rasse) wird aber hier im Kontext der mit einer Zuge-hörigkeit verbundenen höchst wahrscheinlich zu erwartenden Interessen gedacht, die für diese Tiere wichtig sind. Es ist auch nicht unbedingt die Zugehörigkeit zu

---

[15] Vgl. Wawrzyniak 2019, S. 125.
[16] Vgl. Nussbaum 2007, Kap. 6.

einer Spezies, die als relevant erachtet werden muss. Insbesondere im Bereich der domestizierten Tiere gibt es hohe Varianzen im Präferenzspektrum von Tieren derselben Art, die unterschiedlichen Rassen angehören. Augenfällig ist das für die Varianzen im Bereich der Gefährtentiere (z. B. Hunde und Katzen), aber auch im Nutztierbereich können Unterschiede ausgemacht werden, so z. B. bei Rindern im Hinblick auf eine Hitze- oder Kältetoleranz. Auch sind die möglichen Präferenzen von Tieren qua tierlicher Persönlichkeit[17] als relevant anzusehen. Letzteres kann allerdings bei Züchtungsvorhaben nicht einbezogen werden, da *ex ante* keine Kenntnis über die Ausgestaltung höchst individueller Interessen besteht.

4.1.1.2 Die Plastizität von Interessen

Für die Bestimmung des tierlichen Wohls ist allerdings auch relevant, welche Interessen ein Tier haben könnte, würde es z. B. in einer besseren Umgebung aufwachsen oder gehalten werden. Wenn man das Wohl der Tiere nämlich allein darauf zurückführen will, welche Interessen Tiere faktisch aufweisen, dann lässt man außer Acht, dass die Interessenlandschaft eines Tieres eine gewisse Plastizität aufweist. Je nachdem, welchen Umwelteinflüssen es ausgesetzt ist, und je nach Sozialisations- und Aufwuchsbedingungen, wird ein Tier Interessen unterschiedlicher Art entwickeln.[18] Tierliche Interessen können sich an bestimmte Verhältnisse anpassen. Man spricht hier auch von adaptiven Präferenzen. Das sind Präferenzen oder Interessen, die Individuen aufgrund der Beschaffenheit ihrer Umgebung ausbilden. Das kann dazu führen, dass Tiere aufgrund einer für sie schlechten Umgebung Interessen ausbilden, die ihnen nicht zuträglich sind. Diese individuellen Präferenzen sind an die schlechte Umgebung adaptiert: „preferences that simply adapt to the low level of living one has come to expect."[19]

Hält man eine Milchkuh von klein auf nur in einem Stall, dann wird diese Kuh andere Interessen haben als eine Kuh, die ihr Leben auf einer Weide verbringt. Man ist sich recht sicher, dass das Weiderind ein besseres Leben hat, dass es um dessen Wohl besser bestellt ist, als das beim Stallrind der Fall ist. Ein solches Kuhleben würde ein größeres Ausmaß an Zufriedenheit aufweisen. Es scheint aber, dass dieses Urteil nicht allein auf faktisch vorliegenden Interessen beruht. Hat das Stallrind noch nie Gras geschmeckt, wird es auch kein Interesse daran haben, solches zu fressen. Tierliche Interessen sind adaptiv und richten sich nach dem, was für Möglichkeiten einem Tier geboten werden. Da die vorhandenen Möglichkeiten nicht notwendigerweise jene sein müssen, die einem Tier eine gute Lebensqualität gewährleisten, müssen demnach zur Bestimmung des tierlichen Wohls auch **kontrafaktische Interessen** einbezogen werden. Ein guter Ausgangspunkt, um das faktische Wohl einschätzen zu können, scheint hier zu sein, solche Interessen einzubeziehen, die ein Tier hätte, würde es dem derzeitigen Stand des

---

[17] Vgl. Sachser 2018, S. 169–201.

[18] Vgl. Wawrzyniak 2019, S. 81.

[19] Nussbaum 2007, S. 341.

Wissens gemäß gut aufgewachsen bzw. sozialisiert worden sein und in einer guten Umgebung gehalten worden sein. Dazu benötigt man – ähnlich wie bei der Diskussion des nicht-komparativen Schädigungsbegriffs im Falle des Problems der Nicht-Identität – einen Standard dafür, unter welchen Bedingungen sich ein Tier wohlfühlt.

Über den Einbezug der kontrafaktischen Interessen wird es möglich, den Grad des Wohls angesichts eines möglichen guten Zustands zu bestimmen. Aussagen über diesen guten Zustand zu machen, ist nicht unproblematisch, denn der Bereich des Kontrafaktischen ist notorisch schwierig in den Griff zu bekommen. Dennoch werden solche kontrafaktischen tierlichen Interessen aber in der Praxis des Umgangs mit Tieren schon unter dem Aspekt der Tiergerechtheit in Tierwohlbelangen berücksichtigt. Die Berücksichtigung solcher Interessen hat also bereits ein Fundament in der Praxis. Die Spezies- oder Rassenzugehörigkeit kann hier eine Heuristik sein, die zu bestimmen hilft, welche Interessen antizipierbar sind. Darüber hinaus ist jedoch auch das Wissen derjenigen wichtig, die einen täglichen Umgang mit bestimmten Tieren pflegen. Diese können benennen, welche Interessen bei unterschiedlichen Haltungs- und Aufzuchtbedingungen erwartbar sind. Die Ethologie wird die Aufgabe haben, solches Praxiswissen zu untermauern. Hier sind z. B. Experimente hilfreich, bei denen Tiere zwischen bestimmten Haltungsarten oder -umgebungen auswählen können. Aufgrund des Auswahlverhaltens des Tieres wird darauf geschlossen, welche Haltungsart oder-umgebung Tiere vorziehen.[20]

4.1.1.3   x ist im Interesse von A, ohne dass A ein Interesse an x hat

Die Tatsache, dass zukünftige und kontrafaktische Interessen als wohlrelevant ausgewiesen wurden, deutet schon auf den Gedanken hin, dass etwas im Interesse eines Tieres sein kann, ohne dass das Tier selbst aktual faktisch ein Interesse daran hat. Bei zukünftigen und kontrafaktischen Interessen unterstellt man allerdings, dass das Tier bestimmte Interessen hat: entweder in der Zukunft liegende oder unter kontrafaktischen Bedingungen bestehende Interessen. Es gibt aber auch Aspekte, die im Interesse eines Tieres sind, ohne dass das Tier weder aktual faktisch, zukünftig oder kontrafaktisch ein Interesse daran hätte. Hier handelt es sich um die Voraussetzungen für das Haben Können von Interessen. Dieser Gedanke, dass solche Voraussetzungen eine Rolle spielen, findet sich in folgender Textpassage bei Tom Regan, in der Regan bestimmt, welche Elemente im Sinne

---

[20] Hierbei ist allerdings zu bedenken, dass die Präferenz in Abhängigkeit von den zur Verfügung gestellten Auswahloptionen bestimmt wird und es bei solchen Auswahlversuchen bislang vielleicht gar nicht um die Ermittlung kontrafaktischer, sondern faktischer Interessen geht. Sumner kritisiert z. B. dass man durch die Wahl von etwas nicht unbedingt auf eine vorhandene Präferenz schließen kann, vgl. Sumner 1996, S. 120; vgl. auch Haynes 2008, S. 63. Außerdem müssen etwaige andere Motivationsquellen, die eine Wahl beeinflussen können (z. B. Angst vor einer ungewohnten Umgebung), berücksichtigt werden. Für das tierliche Wohl ist bei diesen Überlegungen relevant, unter welchen Bedingungen die Tiere Interessen in einem ausreichenden Maß ausbilden und befriedigen können.

der *welfare interests* dem tierlichen Wohl zuträglich bzw. von Nutzen *(benefit)* sind.[21]

> Benefits make possible, or increase opportunities for, individuals attaining the kind of good life within their capacities. To say that what makes an individual's (A's) welfare *possible* is a benefit to A means that, unless certain conditions are met, A's chance of living well, relative to the kind of good life A can have, will be impaired, diminished, limited, or nullified. In other words, certain conditions are necessary, certain basic requirements must be met, if an individual who *can* live well is to have a realistic chance of doing so.[22]

Dem tierlichen Wohl von Nutzen zu sein, bedeutet also, dass die Möglichkeit erhöht wird, eine Interessenbefriedigung zu erleben oder aber, dass eine Interessenbefriedigung als solche überhaupt erst möglich wird. Unter Einbezug von zukünftigen und kontrafaktischen Interessen kann bestimmt werden, was eine Erhöhung der Interessenbefriedigung *(increase opportunities)* bewirken kann. Es bleibt noch zu klären, was Voraussetzungen für eine Interessenbefriedigung *(make possible)* sind.

In diesem Zusammenhang kann man zwischen Eigenschaften und Fähigkeiten unterscheiden, die notwendig sind, um Interessenerfüllungen bestimmter Art zu ermöglichen, und solchen, die es einem Tier ermöglichen, überhaupt erst Interessen haben zu können. Als notwendige Bedingungen für die letztgenannten Eigenschaften und Fähigkeiten wären hier zu nennen, dass das Tier am Leben ist – zumindest in einem Zustand minimal vorliegender physischer und psychischer Gesundheit –, dass es über die Fähigkeit verfügt, intentional Bezug auf die Welt nehmen zu können, und dass es einen minimalen Spielraum der Betätigung zur Verfügung hat.[23] Das sind Eigenschaften oder Fähigkeiten der Tiere, die für Tiere in *unspezifisch instrumenteller* Art wertvoll sind. Das kann man an der Fähigkeit zur Präferenz-Autonomie *(preference autonomy)*[24] erläutern. Eine notwendige und hinreichende Voraussetzung dafür, dass Tiere über Interessen verfügen, ist, dass sie überhaupt über die Fähigkeit verfügen, Interessen haben zu können. Die von Tom Regan so benannte Fähigkeit der Präferenz-Autonomie beinhaltet, dass Tiere überhaupt Interessen haben und diese zu erfüllen suchen. Das ist allerdings keine

---

[21] Regan 2004, S. 87.

[22] Regan 2004, S. 88.

[23] Bernd Ladwig fasst diese Aspekte ähnlich unter dem Begriff der Existenz als eines der von ihm identifizierten wohlergehenserheblichen tierlichen Güter zusammen, vgl. Ladwig 2020, S. 147–149. Ähnlich formuliert Ursula Wolf Vorbedingungen, ohne die ein tierliches Wohl nicht möglich ist, wozu sie die Gesundheit und Funktionsfähigkeit des Organismus zählt, vgl. Wolf 2018, S. 92.

[24] Regan 2004, S. 84–86. Dieses Verständnis von Autonomie ist zu unterscheiden von einer Autonomie im Sinne einer kantischen Selbstgesetzgebungs-Autonomie, für die die Fähigkeit notwendig wäre, die eigenen Interessen (Maximen) zu reflektieren und auf Universalisierbarkeit zu überprüfen. Tiere sind nach Regan aber sehr wohl als präferenz-autonom anzusehen. Das heißt, sie haben Präferenzen und sie besitzen die Fähigkeit, Handlungen initiieren zu können mit der Aussicht, diese Präferenzen zu befriedigen.

Fähigkeit, die nur für bestimmte Interessen instrumentell wertvoll ist, sondern für jegliche Interessen, die Tiere (oder auch Menschen) überhaupt haben und ausbilden können. Ihr Wert – das, was gut für das Tier ist – geht also nicht in der Befriedigung bestimmter Interessen auf.

Was im Interesse von Tieren ist, ist aber nicht auf unspezifisch instrumentell wertvolle Merkmale und Fähigkeiten beschränkt. Es gibt auch solche Merkmale und Fähigkeiten, die für Tiere spezifisch instrumentell wertvoll sind – also für einzelne Interessen oder ein bestimmtes Set von Interessen. So ist z. B. die Fähigkeit, sehen zu können, als Mittel zur Befriedigung verschiedener bestimmter Interessen aufzufassen. Solch spezifisch und unspezifisch instrumentell wertvollen Merkmale und Fähigkeiten sind für das tierliche Wohl ebenfalls relevant.

4.1.2 Beurteilungsprinzipien

Ein interessentheoretisch gerahmtes Tierwohl umfasst also aufgeklärte und kontrafaktische Interessen sowie das, was für eine Interessenbefriedigung spezifisch und unspezifisch instrumentell wertvoll ist. Wie sind nun genomeditorische Züchtungsvorhaben mit Blick auf ein solches Tierwohl zu beurteilen? Die bei der Diskussion der Integritätsargumente in Abschn. 3.2.4 kurz vorgestellten Prinzipien von Bernard Rollin lohnt es als Ausgangspunkt zur Entwicklung von Beurteilungsprinzipien in den Blick zu nehmen. Die Idee Rollins, ein allgemeines Prinzip dafür zu haben, was überhaupt ethisch zu fokussieren ist, und auch dafür, welches Kriterium für eine Beurteilung von genomeditorischen Vorhaben wichtig ist, erscheint attraktiv. Allerdings weisen beide Prinzipien inhaltlich Schwierigkeiten auf, die im Folgenden entfaltet werden und die es zu beheben gilt. Zur Erinnerung: Rollins Prinzipien sind

Das fundamentale Prinzip *(the fundamental principle):*

First and foremost, those who are engaged in genetically engineering animals should respect the social demand for controlling pain, suffering, frustration, anxiety, boredom, fear, and other forms of unhappiness or suffering in the animals they manipulate.[25]

Das Prinzip der Wohlerhaltung *(principle of conservation of welfare):*

Any animals that are genetically engineered for human use or even for environmental benefit should be no worse off, in terms of suffering, after the new traits are introduced into the genome than the parent stock was prior to the insertion of the new genetic material.[26]

---

[25] Rollin 1995, S. 169 (Hervorh. S.H.).
[26] Rollin 1995, S. 179 (Hervorh. S.H.).

Aus beiden Prinzipien wird deutlich, dass das moralisch relevante tierliche Wohl von Rollin empfindungstheoretisch aufgefasst wird: es geht um negative Empfindungen unterschiedlicher Art, die zu vermeiden sind. Der Leidensbegriff Rollins ist dabei weit gefasst. Leiden ist nicht mit Schmerzen gleichzusetzen, sondern mit der Frustration von Interessen, die ganz unterschiedlich geartet sein können. Tiere, die gentechnisch verändert werden, dürfen in Bezug auf das empfundene Leid nicht schlechter gestellt werden als die Elterngeneration. Der Fokus liegt hier offensichtlich auf der Pflicht der Leidvermeidung.

Die Konsequenzen aus der Pflicht zur Leidvermeidung diskutiert Rollin an mehreren Beispielen. Unter der Maßgabe, dass im Versuchsstadium der gentechnischen Züchtung möglichst wenig Tiere gebraucht werden und dass, sobald bei diesen Tieren im experimentellen Stadium Leidenszustände zu erwarten sind, die Tiere frühzeitig getötet werden, hält er es für möglich, dass verschiedene Vorhaben der gentechnischen Veränderung zulässig sind.[27] Die gentechnische Veränderung kann nämlich dazu genutzt werden, das Wohl der Tiere zu befördern. Dazu zählt Rollin Vorhaben zur Implementierung von Krankheitsresistenzen sowie von Hitze-/Kältetoleranzen, zur Vermeidung von Leidzufügungen (das Enthornen) und zur Behandlung von genetischen Krankheiten der Tiere.[28] Gesetzt den Fall, dass eine Änderung der Haltung von Tieren in der gängigen Praxis der industriellen Tierhaltung keine Aussicht auf Erfolg hätte, hält er es für moralisch legitim, die Tiere an diese Verhältnisse anzupassen.[29] So wäre es in Ordnung, Hühner in die Existenz zu bringen, denen der Nisttrieb fehlt, so dass sie damit zufrieden wären, in der Käfighaltung Eier zu legen. Das wäre demnach in Ordnung, weil ihnen eine Quelle möglichen Leids (der Nisttrieb) genommen wurde. Diese Hühner sind nach Rollin gegenüber der Elterngeneration nicht schlechter gestellt – sogar besser.

Er hält es unter der oben genannten Einschränkung für das geringere von zwei Übeln, Hühner in die Existenz zu bringen, die in der Käfighaltung grundsätzlich glücklich sind. Das hieße, dass idealerweise nicht nur der Nisttrieb, sondern alle Interessen und Bedürfnisse dieser Hühner so verändert werden könnten, dass sie vollständig an die Haltungsform angepasst wären. In der Konsequenz sieht er ebenso die Schaffung von Tieren mit eliminierter Empfindungsfähigkeit – Tiere, die dann nur über ein vegetatives Leben wie das einer Pflanze verfügten – als legitim an. Insgesamt betrachtet Rollin eine Fall-zu-Fall-Analyse der Vorhaben unter der Richtschnur des Prinzips der Wohlerhaltung als die richtige Methode der Entscheidung. Wenn die gentechnische Veränderung von Tieren nach diesem Prinzip reguliert würde, würde der Entwicklung Einhalt geboten, dass Tiere

---

[27] Vgl. Rollin 1995, S. 189.

[28] Vgl. Rollin 1995, S. 170, 192.

[29] Vgl. Rollin 1995, S. 172.

für Profit leiden, und es würde erreicht, dass Mensch und Tier durch die gentechnische Veränderung beide gewinnen.[30]

Das fundamentale Prinzip und das Prinzip der Wohlerhaltung sind allerdings so, wie Rollin sie gefasst hat, nicht tragbar, denn aus interessentheoretischer Sicht sind noch etliche Dinge zu bedenken, die in der Rollinschen Formulierung der Prinzipien nicht berücksichtigt werden. Gegen die Rollinschen Prinzipien sprechen (mindestens) drei Einwände: erstens, dass in ihnen unberücksichtigt bleibt, dass das tierliche Wohl über eine gentechnische Manipulation womöglich auch verbessert werden kann; zweitens, dass ein und dieselbe Fähigkeit Quelle von Unlust aber auch von Lust sein kann, und drittens, dass ein bloßer Wohlerhalt – was einer Ausrichtung am *Status quo* gleichkommt – nicht ausreichend ist.

Das fundamentale Prinzip fordert von denjenigen, die Tiere gentechnisch manipulieren wollen, die Beachtung der Formen von Leid, die diese Tiere empfinden können. Gemäß dem Prinzip der Wohlerhaltung ist es erforderlich, dass die manipulierten Tiere in Bezug auf Leiderfahrungen gegenüber den nicht gentechnisch manipulierten Vorfahren nicht schlechter gestellt werden. Rollin erwähnt zwar auch in *The Frankenstein Syndrome,* dass eine Vergrößerung des positiven Wohls der Tiere relevant wäre, aber das spielt in seinen angesetzten Prinzipien zur Beurteilung von gentechnischen Veränderungsvorhaben keine Rolle mehr. Seine Prinzipien sind allein auf das Kriterium der Leidvermeidung ausgerichtet. Aus diesem Grund ist eine Veränderung von Tieren, dahingehend, dass ihnen bestimmte Interessen fehlen (wie z. B. bei Hühnern der Trieb Nester zu bauen) nach Rollin als moralisch legitim anzusehen, denn eine Quelle von Leid könnte damit eliminiert werden.

Dass Rollin nur negative tierliche Erfahrungen berücksichtigt, mag vorrangig pragmatisch motiviert sein,[31] interessentheoretisch ist aber zudem zu berücksichtigen, dass Interessen nicht nur Quellen von Leid, sondern auch Quellen der Freude bzw. der Lebenslust sein können. Es macht sowohl menschlichen wie auch nicht-menschlichen Tieren nicht nur etwas aus, wenn sie Leid erfahren. Ebenso wichtig ist es, wenn bestimmte Interessen befriedigt und dadurch Zufriedenheit oder Freude erfahren werden.[32] Wie DeGrazia bemerkt, bestimmen negative wie auch positive Erfahrungen die Lebensqualität: „[S]uffering seems the sort of thing which makes our lives go worse, enjoyment seems the sort of thing which makes them go better, just in itself and apart from any extrinsic connections."[33]

Wenn man eine Quelle von Leid ausschaltet, dann hat man damit u. U. auch eine Quelle von Freude ausgeschaltet. Eine Manipulation von Interessen kann nicht nur dazu führen, dass eine Interessenfrustration und dadurch Leid vermieden wird, sondern auch dazu, dass eine Interessenerfüllung und eine damit verbundene

---

[30] Vgl. Rollin 1995, S. 182.

[31] Rollin (1995) weist z. B. darauf hin, dass besonders die Leidvermeidung eine Angelegenheit des öffentlichen Interesses ist.

[32] Vgl. zur moralischen Relevanz des positiv-tierlichen Wohls Holtug 1996.

[33] Sumner 1992, S. 214.

Freude nicht erlebt werden können. Zudem ist auch zu berücksichtigen, dass Fähigkeiten und Interessen nicht atomistisch zu sehen sind, sondern eingebettet in ein Netz miteinander verbundener Fähigkeiten und Interessen. In der Debatte um die ethische Zulässigkeit eines Disenhancements von Tieren ist dies z. B. im Zusammenhang mit dem sogenannten ‚Blind-Chicken-Problem' vorgebracht worden. Worum handelt es sich bei diesem Problem? Es wurde beobachtet, dass Hühner, die aufgrund eines natürlich vorkommenden Gendefekts blind sind, in widrigen Haltungsformen andere Hühner nicht verletzen und keinen Kannibalismus betreiben. Die Blindheit selbst schien kein Leid hervorzurufen, vielmehr vermutet man, dass diese Hühner weniger gestresst sind.[34] Da diese Hühner auch kein schädigendes Verhalten gegenüber anderen aufwiesen, wurde geschlossen, dass es Hühnern zugutekommen könnte, wenn blind gezüchtete Hühner für die Eierproduktion eingesetzt würden. Allerdings war diese Beurteilung vorschnell. In weiteren Studien wurde deutlich, dass die blinden Hühner in Bezug auf die Parameter Sozialverhalten, Pickverhalten in der Umgebung, Gewicht, Verhaltensauffälligkeiten und Mortalitätsrate schlechter abschnitten als sehende Hühner. Sandøe et al. interpretieren die Ergebnisse der Studien so:

> While it is logically possible that being blind changes the social nature of chickens, this is very implausible. It is more likely that blindness acts as an ongoing obstacle to realising such engagement. If that is so, the blind chickens lack the positive states that sighted chickens would have, and may be undergoing negative states; if this is correct, being blind has substantial welfare implications for laying hens.
> Blind and sighted hens also differed in their time spent pecking the environment. [...] It seems reasonable to say that even though blind hens may not suffer because they peck less, they may forego opportunities for pleasure linked to environmental pecking. Abnormal behaviours were also observed in blind birds (circular walking, ‚star gazing' and air-pecking), and blind birds were frequently observed to walk into furniture or conspecifics.[35]

Es wird deutlich, dass die Fähigkeit, sehen zu können, mit einer Vielzahl von Interessen verbunden ist: Nimmt man Hühnern die Sehfähigkeit, wirkt sich das nicht nur auf das Interesse der Stressvermeidung aus, sondern es sind auch eine Vielzahl anderer Interessen betroffen, die für die Beurteilung relevant sind, ob ein Tier durch die gentechnische Veränderung besser oder schlechter dasteht. Daher ist sowohl die mögliche Vernetzung von Interessen als auch die Deprivation möglicher Freuden bei der Beurteilung von genomeditorischen Veränderungsvorhaben zu beachten.[36]

Der dritte kritische Punkt in Bezug auf das Prinzip der Wohlerhaltung ist, dass es eben nur auf eine Erhaltung des Wohls abzielt. Angesichts der Tatsache,

---

[34] Vgl. Ali und Cheng 1995.

[35] Sandøe et al. 2014.

[36] Gegen Rollins reduktionistisches Verständnis des tierlichen Wohlbefindens argumentiert auch Ferrari und plädiert ähnlich für eine systemische Betrachtung des tierlichen Wohlergehens, vgl. Ferrari 2008b; Ferrari 2008a, S. 187.

dass es Tieren in der industriellen Tierhaltung im Allgemeinen nicht gut geht, wäre ein bloßer Erhalt des Wohls eine zu geringe Forderung. Hier wäre vielmehr zu fordern, dass sich das Wohl der Tiere durch die gentechnische Manipulation zumindest verbessern sollte.

Für ein grundlegendes normatives Prinzip, wie es Rollin mit dem fundamentalen Prinzip formuliert hat, heißt das, dass nicht nur ein Erfordernis besteht, mögliche Leidenszustände zu kontrollieren, die voraussichtlich durch eine gentechnische Manipulation hervorgerufen werden, sondern das tierliche Wohl insgesamt einzubeziehen. Das heißt, dass *preference* und *welfare interests* zu beachten sind. Es sind faktische, zukünftige und kontrafaktische Interessen sowie notwendige Ermöglichungsbedingungen von Interessen unspezifischer und spezifischer Art relevant. Dementsprechend ist die Auswirkung der genomeditorischen Veränderung auf diese Aspekte hin zu untersuchen. Gegenstand der Bewertung ist dann, ob sich eine Veränderung auf mögliche Interessenbefriedigungen positiv oder negativ auswirkt. Als grundlegendes normatives Prinzip zur Beurteilung ist daher folgendes Prinzip anzunehmen:

Grundlegendes normatives Prinzip

Personen, die Tiere auf genomeditorischen Weg zu züchten suchen, haben das tierliche Wohl *umfassend* zu berücksichtigen. Dazu gehört ein möglicher Einfluss auf das, woran die betreffenden Tiere ein Interesse haben, sowie das, was im Interesse der Tiere ist.

Ebenso wie das fundamentale Prinzip Rollins fordert das Prinzip der Wohlerhaltung zu wenig. Will man die genomeditorischen Vorhaben vor dem Hintergrund der derzeitig schlechten Situation der Nutztiere in der industriellen Tierhaltung bestimmen, ist ein bloßer Erhalt des Wohls, wie Rollin ihn fordert, als unzureichend anzusehen. Die Rede davon, dass genomeditorische Vorhaben dem Tierwohl zuträglich sind, muss bedeuten, dass ein positiver Effekt in Bezug auf das Tierwohl zu verzeichnen ist. Erster Referenzpunkt ist hier der Zustand des Wohls der Elterngeneration der betroffenen Tiere. Die hinter der Beurteilung stehende Frage muss lauten: Wird das Wohl der Tiere durch die Genom-Editierung verbessert? Zur Beurteilung der Vorhaben ist daher als Minimalforderung ein Prinzip der Wohlverbesserung ansetzen.

Das Prinzip der Wohlverbesserung

Tiere, die über genomeditorische Verfahren gezüchtet werden, müssen in Bezug auf ihr Wohl gegenüber den genomeditorisch nicht manipulierten Tieren besser gestellt werden als deren Elterngeneration.

Was kann das in Hinsicht auf das oben skizzierte Wohlverständnis bedeuten? Zum einen, dass mehr aktuale Interessen befriedigt werden können, die nicht dem entgegenstehen, was im Interesse des Tieres ist. Zum anderen kann es aber auch bedeuten, dass die Ermöglichungsbedingungen dafür, Interessen haben zu können oder diese ausbilden zu können, in einem stärkeren Maß manifestiert sind.

Diese Manifestation könnte darin bestehen, dass Tiere einen Zustand besserer physischer oder psychischer Gesundheit aufweisen oder dass sich der Spielraum der Betätigung verbessert hat.

Wie würde unter einem solchen Prinzip der Wohlverbesserung der Fall der blinden Hühner beurteilt werden, deren Blindheit – so war die Überlegung – ihrem Wohl zuträglich sein soll, weil sie weniger unter Stress leiden würden? Hier kann die Beurteilung, die durch Sandøe et al. vorgenommen wurde, bestätigt werden. Durch die Blindheit werden den Tieren zwar einige Dinge nicht mehr bewusst, die das Wohlbefinden beeinträchtigen, wie vielleicht die Dunkelheit eines Stalls. Das Interesse an Helligkeit besteht dadurch vielleicht nicht mehr und ist dadurch nicht mehr zu beeinträchtigen. Nichtsdestoweniger werden ihnen die Freuden, die durch das Sehen möglich sind, vorenthalten. Außerdem werden durch die Blindheit aktuale Interessen der Hühner häufiger denen entgegenstehen, die sie zukünftig haben werden – hier ist vor allem das Interesse daran zu nennen, kein Leid durch Verletzungen zu erfahren. Zudem werden auch solche Interessen beeinträchtigt, die zu ihrem Wohl beitragen, wie z. B. das Interesse am Sozialverhalten. Das Vorhaben, Hühner blind zu züchten, ist also keines, das dem Wohl der Tiere zugutekommt. Das Wohl der blinden Hühner wird sich gegenüber dem der sehenden vielmehr verschlechtern.

4.2   Zusammenfassung

Eine alleinige Ausrichtung an einer Interessenfrustration, wie sie bei Rollin erfolgt, ist – so wurde hier argumentiert – nicht ausreichend. Wird das tierliche Wohl interessentheoretisch ausbuchstabiert, sind sowohl *preference* als auch *welfare interests* zu berücksichtigen. Gegenstand der Bewertung ist, ob sich eine Veränderung auf mögliche Interessenbefriedigungen positiv oder negativ auswirkt. Dazu ist erstens die Auswirkung der Veränderung auf mögliche faktische und zukünftige Interessen der Tiere und zweitens eine Beeinträchtigung oder auch Verbesserung der Ermöglichungsbedingungen von Interessenbefriedigungen zu beurteilen. Zur generellen Einschätzung, wie es um das Wohl sowohl der Ausgangsgeneration wie auch der Zuchtgeneration bestellt ist, kann der Abgleich mit einem Wohlzustand unter Erfüllung relevanter kontrafaktischer Interessen dienen. Aus den hier vorgelegten Überlegungen hat sich ergeben, dass in dieser Hinsicht folgende tierliche Interessen bei der Beurteilung des Tierwohls zu berücksichtigen sind:

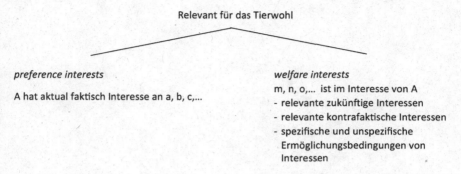

preference interests

A hat aktual faktisch Interesse an a, b, c,...

welfare interests

m, n, o,... ist im Interesse von A
- relevante zukünftige Interessen
- relevante kontrafaktische Interessen
- spezifische und unspezifische
  Ermöglichungsbedingungen von
  Interessen

Zusammenfassend kann gesagt werden, dass das Wohl eines Tieres als in folgender Weise als von Interessen abhängig gesehen werden kann:

Das Wohl eines Tieres bestimmt sich nach dem Ausmaß, in dem es
(1) seine Interessen *(preference interests)* verfolgen und befriedigen kann und
(2) die Erfüllung des Interesses, das es verfolgt, in seinem Interesse ist *(welfare interests)*.[37]

Sollen Handlungen beurteilt werden, die sich auf das Tierwohl auswirken, so ist das Tierwohl im umfassenden Sinne – d. h. unter Berücksichtigung von *preference* und *welfare interests* – zu beachten (grundlegendes normatives Prinzip). Damit man von einer Wohlzuträglichkeit sprechen kann, ist zu fordern, dass sich das Wohl (im umfassenden Sinne) gegenüber der Elterngeneration verbessert hat (Prinzip der Wohlverbesserung).

---

[37] Diese Idee orientiert sich an Tom Regans Wohlkonzeption: „[Animals] live well relative to the degree to which (1) they pursue and obtain what they prefer, (2) they take satisfaction in pursuing and getting what they prefer, and (3) what they pursue and obtain is in their interests." Regan 2004, S. 93.

Grundlinie der Bewertung: Eine nichtideale tierethische Theorie

Die wohltheoretischen Überlegungen sind allerdings noch nicht ausreichend, um eine ethische Beurteilung genomeditorischer Vorhaben vornehmen zu können. Denn auch wenn die Vorhaben eine Verbesserung des Tierwohls im umfassenden Sinne bewirken sollten, führen sie aller Wahrscheinlichkeit nach gleichfalls dazu, dass eine moralisch problematische Praxis perpetuiert wird. Sie bedeuten eine Verbesserung allenfalls gegenüber der Situation, in der sich landwirtschaftliche Nutztiere jetzt befinden. An den Verhältnissen wird sich aber dadurch grundsätzlich nichts ändern; sie werden eher zementiert. Es ist daher noch nicht ausreichend ausgearbeitet, auf welcher normativen Grundlage man die genomeditorischen Züchtungshandlungen bewerten soll. Es geht deshalb im Folgenden um die Frage, wie eben Handlungen beurteilt werden sollen, die einerseits zur Perpetuierung einer moralisch problematischen Praxis beitragen, andererseits aber in bestimmter Hinsicht gegenüber dieser moralisch problematischen Praxis eine Verbesserung bedeuten. Relativ zu welcher normativen Grundlinie soll der Wert der genomeditorischen Vorhaben bestimmt werden?

Es liegt m. E. auf der Hand, dass eine Bewertung nicht den *Status quo* des Umgangs mit Tieren in der industriellen Nutzung als Ausgangszustand wählen sollte. Würde man nämlich diesen als Ausgangspunkt wählen, dann würde sich für die Tiere zwar in einigen wenigen Aspekten, die tierwohlrelevant sind, durch genomeditorische Eingriffe etwas verbessern, aber im Allgemeinen wird das Leben für die Tiere in der industriellen Tierhaltung immer noch von minimaler Lebensqualität sein. Der relative Wert der Genom-Editierung gegenüber dem *Status quo* wäre positiv zu sehen, aber das nur in geringem Ausmaß. Die Sau im Kastenstand wäre dann vielleicht resistent gegen infektiöse Krankheiten, aber die desolaten Umstände des Lebens blieben die gleichen. Der entscheidende Punkt, warum man den *Status quo* nicht als Ausgangszustand wählen sollte, ist, dass der verbesserte *Status quo* – auch wenn die genomeditierten Tiere einen kleinen

S. Hiekel, *Tierwohl durch Genom-Editierung?*, Techno:Phil
– Aktuelle Herausforderungen der Technikphilosophie 8,
https://doi.org/10.1007/978-3-662-66943-3_5

Vorteil haben – berechtigterweise zu kritisieren ist und bleibt. Eine alleinige Ausrichtung am Prinzip der Wohlverbesserung ist als nicht ausreichend anzusehen.
Wir machen schlicht etwas falsch, wenn die industriellen Verhältnisse bestehen
bleiben. Eine industrielle Tierhaltung auch mit genomeditierten Tieren, denen es
ein bisschen besser geht, ist eine moralisch verfehlte Praxis.

Aber woran sollte man sich dann orientieren? Zunächst scheint es sich anzu-
bieten, sich an einer bestehenden tierethischen Theorie zu orientieren. Ich gehe
davon aus, dass tierethische Positionen, unter denen Tiere moralisch nicht zu
berücksichtigen sind, erfolgreich zurückgewiesen werden können und dass vielmehr Positionen, die erhebliche moralische Anforderungen an die Haltung und
Nutzung von Tieren stellen, gute Kandidaten für eine solche Theorie darstellen.
In einem interessentheoretischen Setting wäre hier eine Orientierung am Prinzip
der gleichen Interessenberücksichtigung plausibel und einschlägig. Orientiert
man sich allerdings an einem solchen Prinzip, so taucht das Problem auf, dass
die Kluft zwischen der derzeitigen Praxis und dem, was idealerweise sein soll,
fast unüberwindlich groß ist. Ist diese letztgenannte Diagnose richtig, dann kann
man zunächst nicht beurteilen, ob die Genom-Editierung eine Verbesserung oder
eine Verschlechterung darstellt. Das ethische Prinzip allein – das ethische Ideal –
reicht nicht aus, um eine Beurteilung vornehmen zu können. Die Prinzipien einer
ethischen Theorie sind für diesen Fall vermutlich zu abstrakt und werden auch
nicht handlungsleitend wirksam. Wenn sie nun aber nicht handlungsleitend wirksam werden, was ist dann zu tun? Dann liegt der Weg zwischen dem, was ist, und
dem was sein soll, nicht klar vor Augen. Es könnte sogar der Eindruck entstehen,
dass eine tierethische Theorie, die eine nichtideale Welt, so wie sie ist, mit allen
Hindernissen, die bei der Umsetzung des Ideals im Wege stehen, nicht in den
Blick nimmt, als normativ defizient anzusehen ist.[1]

Um dieses Problem zu beheben, soll im Folgenden die Idee verfolgt werden,
dass einer idealen tierethischen Theorie eine nichtideale Theorie zur Seite zu
stellen ist, die diese Kluft überwindet. Diese Idee geht auf John Rawls zurück,
der davon ausgeht, dass mit einer idealen Theorie das bestimmt wird, was unter
günstigsten Umständen sein soll und mit einer nichtidealen Theorie das, was man
– mit dem Ideal vor Augen – tun soll, wenn die Umstände nicht die günstigsten
sind. Unser derzeitiger Umgang mit Tieren kann als ein solcher Fall ungünstiger
Umstände angesehen werden, und damit wäre eine nichtideale tierethische Theorie
ein guter Ausgangspunkt, von dem aus genomeditorische Züchtungsvorhaben
zu beurteilen wären. Ziel dieses Kapitels ist es, eine solch nichtideale Theorie
(wenigstens im Umriss) vorzulegen.

Um dieses Ziel zu erreichen, wird im Folgenden zunächst genauer geklärt, was
es im Allgemeinen heißen soll, von einer idealen und einer nichtidealen ethischen
Theorie zu sprechen. Vor dieser Folie werden dann Vorschläge für eine nichtideale
Theorie, die bereits in Zusammenhang mit der Frage nach dem richtigen Umgang
mit Tieren vorliegen, diskutiert. Das ist die Position des Empfindungsvermögens

---

[1] Vgl. Garner 2020, S. 201.

(sentience position) von Robert Garner und die des radikalisierten Tierschutzes von Bernd Ladwig. Aus diesen Überlegungen lassen sich Kriterien für eine nichtideale Theorie entwickeln. Mit diesen wird ein eigener Vorschlag für eine nichtideale Theorie vorgelegt: Die Position der Angleichung der Interessenberücksichtigung.

Die Idee einer idealen ethischen Theorie

Die Idee einer idealen Theorie, eine nichtideale Theorie zur Seite zu stellen, entwickelt John Rawls im Kontext der politischen Theorie. Man kann sie aber auch für die ethische Sphäre fruchtbar machen. Eine ideale ethische Theorie kann man in Anlehnung an Rawls als realistische Utopie bezeichnen. Realistische Utopien entfernen sich mit ihren normativen Forderungen sehr weit von dem, was in der faktisch vorfindlichen Welt als umsetzbar erscheint – deshalb sind sie utopisch. Dennoch geht man davon aus, dass eine solche Utopie machbar, dass sie realisierbar ist. Sie verstößt nicht gegen das, was wir können. Die Utopie ist realisierbar „wenn auch vielleicht nicht sofort, so doch in einiger Zeit unter glücklicheren Umständen."[2]

Tierethische Forderungen können als in solcher Art utopisch aufgefasst werden.[3] Was normativ von uns gefordert wird, ist sehr weit von dem entfernt, was unseren täglichen Umgang mit Tieren bestimmt. Dennoch wird nichts Unmögliches verlangt. Realisierbarkeit ist hier nicht als eine Vereinbarkeit damit zu verstehen, was Menschen faktisch gerade wollen, sondern als eine Vereinbarkeit mit der menschlichen Psychologie, mit allgemein menschlichen Fähigkeiten, den Gesetzen der Natur und den für Menschen zur Verfügung stehenden Ressourcen.[4] Es geht um eine Vereinbarkeit mit dem, was zu wollen Menschen möglich ist. Man kann sich eine Welt vorstellen, in der die Umstände, was einen guten Umgang mit Tieren betrifft, vorteilhaft wären und tierethische Forderungen insgesamt umgesetzt würden.

Was kennzeichnet eine tierethische Theorie im Sinne einer idealen Theorie? Üblicherweise wird tierethischen Theorien die Funktion zugeschrieben, handlungsanleitend zu sein. Als realistische Utopie hat sie allerdings weitere Funktionen: eine allgemeine Beurteilungsfunktion, eine Zielfunktion, und eine

---

[2] Rawls 2002, S. 14.

[3] Diese Formulierung suggeriert eine Einheitlichkeit der tierethischen Diskussion, die so nicht gegeben ist. Ich denke aber, dass Positionen wie die z. B. von R.G. Frey oder Peter Carruthers, die ethische Entwürfe vorlegen, die mit derzeitigen Praktiken der Tiernutzung vereinbar sind, zurückgewiesen werden können.

[4] Hier beziehe ich mich auf das Kriterium für Machbarkeit *(feasibility)* bei Buchanan. Eine Theorie ist *feasible* „if and only if the effective implementation of its principles is compatible with human psychology, human capacities generally, the laws of nature, and the natural resources available to human beings", Buchanan 2004, S. 61. Bei Brian Carey werden solche Machbarkeitsmerkmale als *permanent or hard constraints* bezeichnet. Über diese werden unmögliche Sachverhalte/Prinzipien aus Gerechtigkeitsüberlegungen ausgeschlossen. Dementsprechend haben diese Machbarkeitsüberlegungen eine Ausschlussfunktion *(ruling out)*, vgl. Carey 2015, S. 148.

Dringlichkeitsfunktion.[5] Mit der idealen Theorie können die Verhältnisse, die faktisch bestehen, beurteilt werden. Anhand der Idealvorstellung kann beurteilt werden, was in dem jeweiligen Zustand der Welt bereits normativ greift. Es kann aber auch festgestellt werden, wo Abweichungen vom Idealzustand vorliegen.[6] Dort, wo Abweichungen vorliegen, übernimmt die ideale Theorie die Zielfunktion, indem sie für Reformbestrebungen richtungsweisend ist. Dabei sollten alle Normen der idealen Theorie eine Rolle spielen. Diese Orientierung am Gesamtideal soll verhindern, dass sich bloß lokal etwas zum Besseren verändert, man sich aber insgesamt vom Ideal weiter fortbewegt.[7] Neben der Zielfunktion hat die ideale Theorie noch eine weitere Rolle zu übernehmen: Durch sie soll es möglich sein, das größte Unrecht eines nichtidealen Weltzustandes zu identifizieren, das heißt die Aspekte zu identifizieren, die mit größter Dringlichkeit angegangen werden müssen.

Insgesamt kann man sagen, dass mit einer idealen normativen Tierethik-Theorie Begriffe und Prinzipien einer realistischen Utopie zur Verfügung stehen müssen. Sie muss in dem Sinne realistisch sein, dass sie den psychologischen Charakteristika von Menschen, deren Fähigkeiten, den Gesetzen der Natur und den verfügbaren Ressourcen nicht widerspricht. Unter der Annahme von für die Utopie günstigen Umständen kann man sich ein Bild einer Gesellschaft machen, die der idealen Tierethik-Theorie gemäß ist. Die ideale Theorie hat für eine bestehende Gesellschaft unter den faktisch bestehenden Bedingungen die Aufgabe, bestehende Verhältnisse beurteilen zu können und Reformbestrebungen ein Ziel zu geben. Außerdem spielt die ideale Theorie eine Rolle dabei, Verhältnisse identifizieren zu können, die am dringlichsten zu beseitigen sind. Sie ist also eine realistische Utopie mit Beurteilungs- und Zielfunktion sowie Indikator für Dringlichkeitsüberlegungen.

Die Idee einer nichtidealen ethischen Theorie

Durch eine ideale Theorie kann man aber, wie oben schon erwähnt, nicht gut für faktisch bestehende Verhältnisse Regeln ableiten, die anzeigen, wie man von der nichtidealen Welt zum Bereich des Ideals vorstoßen kann. Die Prinzipien der idealen Theorie sind meist zu allgemein und zu abstrakt, als dass sie für spezifische Fälle eine Anleitung bieten könnten. Zudem geht man in der idealen Theorie von ‚glücklicheren Umständen' als den faktisch bestehenden aus. In der nichtidealen Welt lebt man aber unter Bedingungen, die das, was prinzipiell möglich ist, fast unmöglich erscheinen lässt. Auf der Grundlage der Einschätzung, dass „normative theorizing should not run too far ahead of what is likely to be

---

[5] Diese Funktionen einer idealen Theorie im Rawlsschen Sinne finden sich bei Stemplowska und Swift 2012.

[6] Vgl. Stemplowska 2008, S. 339.

[7] Vgl. Stemplowska und Swift 2012, S. 379.

politically and socially acceptable"[8], wird einer idealen normativen Theorie daher eine nichtideale normative Theorie zur Seite gestellt. Bei Rawls heißt es in Bezug zu seinen Überlegungen zur Gerechtigkeit:

> Nonideal Theory [...] is worked out after an ideal conception of justice has been chosen; only then do the parties ask which principles to adopt under less happy conditions. This division of theory has [...] two rather different subparts. One consists of the principles for governing adjustments to natural limitations and historical contingencies, and the other of principles for meeting injustice.

Angesichts der faktischen, z. B. kognitiven, motivationalen und emotionalen Beschränkungen, in denen unter nichtidealen Bedingungen gehandelt wird, müssen – den ungünstigen Umständen geschuldet – angemessene andere normative Prinzipien erwogen werden, damit die realistische Utopie erreichbar wird. Dies sind Prinzipien, die sich auf natürliche Beschränkungen und historische Kontingenzen richten. Dabei kann es sich um Beschränkungen handeln, die z. B. physikalisch oder biologisch bedingt sind. Auch können gewachsene sozio-kulturelle Bedingungen andere als ideale Prinzipien erfordern. Bei der nicht-idealen Theorie werden daher Idealisierungen in Bezug auf die ‚günstigen Bedingungen‘ zurückgenommen. Sogenannte weiche Beschränkungen *(soft constraints),* die je nach historischem oder kulturellem Kontext verschieden sein können, müssen für entsprechende Normen berücksichtigt werden. Und auch das Ideal einer strikten Compliance wird in der nichtidealen Theorie ‚realistischer‘: Man muss sich überlegen, wie mit einer nur partiellen Normbefolgung (z. B. durch eine fehlende Bereitschaft zur Normbefolgung) umzugehen ist bzw. mit zu erwartenden Verstößen gegen normative Prinzipien.[9]

Für eine solche nichtideale Theorie sind in Anlehnung an Rawls drei Kriterien anzusetzen: *politische Möglichkeit, Wirksamkeit* und *moralische Erlaubtheit.* Die ersten beiden Kriterien sind als solche anzusehen, die sich auf die Funktion der nichtidealen Theorie beziehen, den Übergang vom nichtidealen zum idealen Zustand zu ermöglichen – also als einer Theorie des Übergangs.[10] Das letztgenannte

---

[8] Garner 2013, S. 166. In einem anderen Paper schreibt Garner: „Non-ideal theory recognises that an ideal theory may not be achievable, at least in the short term. For some philosophers, many instances of ideal theory are so far removed from reality that ideal theories of justice ought to be given a much-reduced status, if not dispensed with entirely." (Garner 2020, S. 201).

[9] Nach Stemplowska und Swift beinhaltet eine Rawlssche ideale Theorie zwei Idealisierungen: einmal in Bezug auf *die Umstände* und einmal in Bezug auf die *volle Compliance,* vgl. Stemplowska und Swift 2012, S. 375.

[10] Man kann nach Valentini den Diskurs um die Unterscheidung zwischen idealer und nicht-idealer Theorie auf drei verschiedene Weisen angehen: erstens unter Bezugnahme auf das Ausmaß der Regelbefolgung (vollständig und partielle Regelbefolgung), zweitens unter Bezug auf die Nähe zur Realität (utopische und realistische Theorie) und drittens prozessual (End-zustandstheorie und Theorie der Transition), vgl. Valentini 2012. Nach Ladwig ist die nichtideale Theorie wesentlich eine Theorie der Transition und dies der für Rawls maßgebliche Aspekt, vgl. Ladwig 2020, S. 367 In dieser Hinsicht erlaube ich mir kein Urteil, denke aber, dass die Aspekte der Transitions- und Endzustandstheorie für die Lösung des hier zu verhandelnden Problems besonders geeignet sind.

Kriterium schließt bestimmte Übergangstheorien aus, die zwar das Ideal erreichbar machen, aber das auf unzulässigem Weg. Im Folgenden möchte ich diese drei Kriterien weiter erläutern, da mit ihnen z. B. mögliche Kandidaten einer nichtidealen Tierethik überprüft werden können.

Um die Transitionsfunktion erfüllen zu können, müssen Prinzipien der nichtidealen Theorie in dem Sinne handlungsanleitend sein, dass deren Befolgung auch wahrscheinlich ist. Während die ideale Theorie ein Sollen ansetzt, das *unter idealen Bedingungen* in Handlung umgesetzt würde, setzt die nichtideale Theorie ein Sollen an, das unter *nicht idealen Bedingungen* mit hoher Wahrscheinlichkeit in Handlungen umgesetzt wird: „we will want [...] to offer recommendations about how people ought to act given they won't act as they really, or ‚ideally‘, ought to"[11] Ein Kriterium der nichtidealen Theorie ist es also, dass sie *politisch möglich* bzw. *politisch machbar* ist. Was soll das nun genau heißen?

Das bedeutet, dass eine nichtideale Theorie an den sogenannten weichen Beschränkungen ansetzen muss.[12] Das sind soziale, kulturelle und/oder ökonomische Bedingungen, die das menschliche Leben bestimmen und eine Umsetzung idealer Normen utopisch machen. Ist eine Gesellschaft z. B. traditionell mit einer intensiven Nutzung von Tierprodukten verwoben, so wird eine Veränderung zu einer geringeren oder anderen Nutzung weniger wahrscheinlich sein als dort, wo eine Tiernutzung z. B. durch weit verbreitete religiöse Vorstellungen verboten ist (wie z. B. im Jainismus). Solche weichen Beschränkungen sind als veränderbare aufzufassen – sie sind formbar. Dabei kann eine Veränderung direkt möglich sein, manchmal aber auch nur indirekt, wenn eine Veränderung erst nach bestimmten Zwischenschritten stattfinden kann. Diese indirekte Veränderbarkeit ist nach Gilabert und Lawford-Smith ein wichtiger zu bedenkender Faktor bei einer Beurteilung von Beschränkungen in nichtidealen Zuständen.

> [S]oft constraints are subject to dynamic variation: not everything that is less feasible now (in the comparative sense) need be as infeasible later. Although it is normally difficult to overpower them now, it is possible to transform or dissolve them so that they are no longer constraints at some future time.[13]

Durch eine dynamische Veränderbarkeit der weichen Beschränkungen ist also eine Transition in Richtung auf ein Ideal möglich, wobei auch berücksichtigt werden muss, welche Zwischenschritte auf dem Weg zum Ziel erforderlich sein werden. Was in gegebenen gesellschaftlichen Verhältnissen in Hinsicht auf ein Ideal wahrscheinlich handlungswirksam werden kann und damit politisch möglich ist, ist

---

[11] Vgl. Stemplowska und Swift 2012, S. 387.

[12] Vgl. Gilabert und Lawford-Smith 2012.

[13] Gilabert und Lawford-Smith 2012, S. 814.

also durch die vorliegenden Beschränkungen sowie deren Formbarkeit bestimmt.[14] Eine nichtideale Theorie ist politisch möglich, wenn Forderungen umsetzbar sind, die sie bereithält. Dafür müssen die Forderungen so bestimmt sein, dass sie die weichen Beschränkungen, die eine Befolgung der Forderungen der idealen Theorie unwahrscheinlich machen, als veränderbare Bedingungen in den Blick nimmt.

Damit hängt der Aspekt der politischen Möglichkeit eng mit dem zweiten Kriterium zusammen, das eine nichtideale Theorie erfüllen sollte: dem Kriterium der *Wirksamkeit* oder *Effektivität*. Während über das Kriterium der politischen Möglichkeit das, was machbar ist, in den Blick kommt, bekommt man mit dem Kriterium der Wirksamkeit sozusagen das Ziel – die ideale Theorie – und damit auch den Weg zum Ziel in den Blick. Mit einer nichtidealen Theorie sollen Normen formuliert werden, deren Befolgung wahrscheinlich ist und die darauf gerichtet sind, dass eine normative Annäherung an das Ideal stattfindet. Das kann zum einen heißen, dass sich Normen auf die Veränderung der weichen Beschränkungen richten müssten, die es verhindern, dass ideale Normen greifen. Und es kann zum anderen heißen, dass diese Normen das einfordern sollten, was idealerweise gefordert ist und schon politisch möglich ist bzw. dass sie das einfordern sollten, was die Befolgung von idealen Normen wahrscheinlicher macht.

Stehen in Hinblick auf das gleiche normative Ideal mehrere mögliche Kandidaten von nichtidealen Theorien zur Diskussion, bekommt man über das Kriterium der Wirksamkeit auch einen Gradmesser an die Hand. Je näher man mit einer nichtidealen Theorie dem Ideal kommen kann, desto effektiver ist sie.[15] Dadurch können mögliche Kandidaten für nichtideale Theorien in eine Rangordnung gebracht werden. Je effektiver die nichtideale Theorie ist, desto besser ist sie. Außerdem wird über das Kriterium der Effektivität gewährleistet, dass man sich nicht bloß mit dem zufrieden gibt, was gerade möglich erscheint, sondern dass die Forderungen des Ideals neben dem, was möglich ist auch entsprechendes Gewicht bekommen. Robert Garner reklamiert daher, dass „a viable nonideal theory […] should try […] at achieving a reasonable balance. That is, it should try

---

[14] Bei Ladwig wird die politische Möglichkeit schon inhaltlich für eine nichtideale Theorie der Tierrechte bestimmt: „Um politisch möglich zu sein, müsste sie [die nichtideale Theorie (S.H.)] erstens im öffentlichen Vernunftgebrauch von moralisch normal motivierten, also weder böswilligen noch extrem verzichtsbereiten Bürgern nachvollzogen werden können. Sie müsste sich wenigstens dazu eignen, eine solche Bürgerin in eine ernsthafte Diskussion zu verwickeln. Die nichtideale Theorie müsste zweitens auch die Zustimmung der wichtigsten Bewegungen und Organisationen finden können, die schon heute dafür eintreten, dass Tieren Gerechtigkeit widerfährt. Ihre Inhalte müssten für solche Akteure als Teilziele attraktiv sein. Andernfalls fände sie keinen Widerhall in der Wirklichkeit politischer Kämpfe und wäre darum als eine Theorie der Transition nicht geeignet." (Ladwig 2020, S. 370).

[15] So Garner: „[R]awls holds to the view that the effectiveness of a nonideal theory can be judged by the degree to which it moves society towards the ideal position." (Garner 2013, S. 13).

to combine the rigor and imagination of ideal theory with the realism of nonideal theory.“[16]

Schwierig bleibt es allerdings zu bestimmen, auf welche Weise Wirksamkeit bemessen werden sollte. Ein wichtiger Faktor scheint zu sein, mit welcher *Stabilität* ein Zustand, der dem Ideal nahekommt, erreicht werden kann.[17] Es wäre denkbar, dass man mit bestimmten Maßnahmen und Regeln einen Idealzustand fast verwirklicht, aber dies nur für kurze Zeit erreicht werden könnte – anschließend könnten wieder alte Zustände oder vielleicht Zustände, die noch weiter vom Ziel entfernt liegen, vorliegen. Eine Theorie, mit der man sehr sicher einen stabilen Zustand, der etwas weniger nahe am Ideal liegt, erreichen könnte, wäre sicherlich der erstgenannten Theorie vorzuziehen.

Ein weiterer Faktor neben dem der Stabilität wäre die Bestimmung der *Nähe* zum Ideal. Aber auch die Bestimmung dieses Faktors ist keineswegs trivial. Es könnte sein, dass man mit einer nichtidealen Theorie einem bestimmten Aspekt der idealen Theorie fast in perfekter Weise nahekommt, dass aber andere Aspekte der idealen Theorie nicht berührt werden. Mit einer anderen nichtidealen Theorie könnte man sich vielleicht vielen Aspekten gleichzeitig annähern. Es könnte aber sein, dass man weit weniger nahe an das Ideal herankommt als es die erstgenannte Theorie in Hinsicht auf den einen Aspekt schaffen würde. Wie man sich hier entscheiden sollte, hängt vermutlich von inhaltlichen und kontextuellen Überlegungen ab. Es käme z. B. darauf an, ob in der jeweils betrachteten idealen Theorie bestimmte Aspekte in ihrer Wichtigkeit priorisiert werden oder ob man unter dem Vorliegen bestimmter weicher Beschränkungen überhaupt viele Aspekte gleichzeitig angehen kann oder nicht.

Es könnte sogar sein, dass man in Kauf nehmen muss, dass man sich zunächst vom Ziel wegbewegt, um schließlich das Ideal erreichen zu können. Rawls erwägt hier z. B. eine Gesellschaft, die Kriegsgefangene immer exekutiert. In einem solchen Fall könnte es auf dem Weg hin zu einer gerechten Gesellschaft angezeigt sein, die Sklaverei in dieser Gesellschaft einzuführen.[18]

> If it is necessary to take one step backward in order to take two steps forward, Rawlsian nonideal theory will endorse that step 'away from' resemblance to the ideal. […] Nonideal theory might recommend […] that a nonslaveholding society institute legalized slavery, as part of the only feasible, transitionally just route to a condition in which the First Principle rights of persons can one day be fully institutionalized.[19]

Diese Überlegung, dass es unter Umständen angezeigt ist, zur Erreichung eines Ideals sozusagen erst einmal rückwärtszugehen, verweist auf das dritte Kriterium, das eine ideale Theorie erfüllen soll.

---

[16] Garner 2013, S. 90.

[17] Vgl. Gilabert und Lawford-Smith 2012, S. 811.

[18] Vgl. Rawls 1971, S. 248.

[19] Simmons 2010, S. 23.

Das dritte Kriterium ist das der *moralischen Erlaubtheit*. Dies ist nach Garner und Ladwig eng an die Dringlichkeitsrolle der idealen Theorie gekoppelt. Moralische Erlaubtheit liegt dann vor, wenn durch die nichtideale Theorie die schwerwiegendste oder dringlichste Ungerechtigkeit angegangen wird. Es ist allerdings zu überlegen, ob man hier wirklich von moralischer Erlaubnis sprechen sollte. Bleibt man bei dem oben angeführten Beispiel so ist fraglich, ob die Einführung der Sklaverei, auch wenn dadurch die Exekution von Kriegsgefangenen verhindert würde, als moralisch erlaubt zu bezeichnen wäre. Es ist zwar so, dass es dringlich geboten wäre, die Exekution der Kriegsgefangenen zu verhindern, das würde aber nicht bedeuten, dass aus dieser Dringlichkeit eine moralische Erlaubtheit der Sklaverei folgt.

Es bietet sich hier eher an, von *moralischer Tolerierbarkeit* zu sprechen. Der Begriff Toleranz beinhaltet sowohl eine ablehnende Komponente *(objection component)* als auch eine akzeptierende Komponente *(acceptance component)*,[20] womit das getroffen wird, was in Bezug auf die nichtideale Theorie hier anzusetzen ist. Toleranz wird üblicherweise für gerechtfertigt gehalten, wenn es ausreichend gute Gründe für die Akzeptanz einer fraglichen Handlung oder Praxis gibt und diese die Gründe für die Ablehnung überwiegen. In diesem Falle entsprechen zwar die Prinzipien der nichtidealen Theorie nicht dem, was ethisch geboten ist. Aber das, was ethisch geboten ist, ist auch unter den nichtidealen Umständen nicht umsetzbar. Der *Umsetzbarkeit bzw. Wirksamkeit* von Normen wird also ein starkes Gewicht eingeräumt. Etwas, das unter idealen Bedingungen als ethisch nicht richtig anzusehen ist, ist dennoch aus pragmatischen Gründen in der nichtidealen Welt für ethisch akzeptierbar zu halten.[21]

Zusammenfassend kann man sagen, dass eine nichtideale Theorie der Tierethik die Kriterien der politischen Möglichkeit, der Wirksamkeit und der ethischen Tolerierbarkeit erfüllen muss. Sie muss Normen enthalten, deren Befolgung angesichts von weichen Beschränkungen wahrscheinlich ist. Werden diese Normen befolgt, so kommt man dem näher, was die ideale Theorie vorgibt. Dadurch kann die nichtideale Theorie ihre Transitionsfunktion erfüllen. Von den möglichen nichtidealen Theorien, die diese Funktion erfüllen können, sind solche auszuschließen, die aus ethischer Sicht nicht tolerierbar sind. Die Charakteristika der idealen und der nichtidealen Theorie kann man folgender Tabelle entnehmen (Tab. 5.1):

---

[20]Vgl. Forst 2017

[21]Um den Begriff der Toleranz ranken sich mehrere Paradoxien, und hier ist die Paradoxie der moralischen Toleranz wohl einschlägig: „If both the reasons for objection and the reasons for acceptance are called ‚moral‘, the paradox arises that it seems to be morally right or even morally required to tolerate what is morally wrong. The solution of this paradox therefore requires a distinction between various kinds of ‚moral‘ reasons, some of which must be reasons of a higher order that ground and limit toleration." (Forst 2017, o. S.).

Tab. 5.1 Charakteristika von idealen und nichtidealen Theorien

Ideale Theorie	Nichtideale Theorie
Realistische Utopie	Theorie für den *Status quo* • politisch möglich • wirksam • ethisch tolerierbar
Prinzip: Der Mensch mit der Natur, die er hat, kann und soll x tun	Prinzip: Der Mensch mit der Natur, die er hat, könnte und sollte x tun. Die Wahrscheinlichkeit, dass er diese Norm befolgt, ist aber angesichts weicher Beschränkungen verschwindend gering. Er sollte daher y tun, um dem mit x Empfohlenem nahe zu kommen
Beurteilungsfunktion Zielfunktion Dringlichkeitsfunktion	Transitionsfunktion

5.1 Vorschlag für ein ideales tierethisches Prinzip

Wie einleitend dargelegt wurde, benötigt man zur Beurteilung der genomeditorischen Vorhaben eine nichtideale Theorie. Nachdem im vorherigen Kapitel erläutert wurde, dass eine nichtideale Theorie eine Transitionsfunktion zu übernehmen hat, ist es zunächst notwendig, sich zu überlegen, wohin denn eine hier vorzulegende nichtideale Theorie überleiten sollten. Es steht also die Frage nach einer idealen Theorie im Raum. Mein Vorschlag ist, dass eine ideale Theorie eine solche sein sollte, die über das Interessenkriterium den Zugang in die Sphäre des Moralischen sichert und als ideales Prinzip das Prinzip der gleichen Interessenberücksichtigung ansetzt. Ich kann zwar keine umfassende Begründung vorlegen, möchte aber im Folgenden zumindest plausibilisieren, warum eine solche Theorie interessentheoretisch ansetzen und das Prinzip der gleichen Interessenberücksichtigung enthalten sollte. Anschließend ist zu überlegen, was das für die für eine ideale Theorie ausgemachten Funktionen bedeutet, die ja auch für den Entwurf einer nichtidealen Theorie relevant sind.

Für das Interessenkriterium spricht, dass Interessen etwas sind, das Moral berücksichtigen muss, wenn sie ihre Funktion erfüllen soll. Es gibt natürlich auch in Bezug auf die Funktion der Moral unterschiedliche Vorstellungen, aber ich denke, dass man sich auf Folgendes gut einigen kann: Moral dient dazu, durch bestimmte Regeln oder Normen ein gutes Zusammenleben zu ermöglichen.[22] Wenn man nun Regeln für ein gutes Zusammenleben bestimmen will, dann ist es essenziell, dass die Interessen derjenigen, die zusammenleben, berücksichtigt

---

[22] Die Argumentation lehnt sich an Überlegungen von Ladwig an. Vgl. Ladwig 2020, S. 43 f. Ladwig selbst vertritt eine Interessentheorie der Tierrechte als ideale Theorie, deren Grundgedanken ich in vielen, aber nicht in allen Punkten teile.

werden, denn möglicherweise konkurrierende oder aber auch konfligierende Interessen stehen einem guten Zusammenleben entgegen. Wir leben aber nicht nur mit Menschen zusammen. Mary Midgley hat zu Recht darauf hingewiesen, dass wir in speziesgemischten Gemeinschaften *(mixed communities)* leben.[23] Midgley entwickelt diesen Gedanken der speziesgemischten Gemeinschaft zwar in einem anderen Zusammenhang und ist auch keinesfalls der sich hier in Entwicklung befindlichen universalistisch interessentheoretischen Position wohlgesonnen, aber der Grundgedanke ist treffend: Menschen und Tiere koexistieren nicht nur, sondern leben in vielfältigen Beziehungen vergesellschaftet zusammen. Man kann sich nun streiten, ob das auch für wildlebende Tiere gilt, aber offensichtlich gilt es für Menschen und domestizierte Tiere. Zusammen mit dem Grundgedanken, dass Moralität universalistisch ist, bedeutet das aber auch, dass die Interessen (wenigstens) dieser Tiere auch moralisch berücksichtigt werden müssen. Eine universalistische Moral bedingt, dass gleiche Fälle gleich behandelt werden.[24] Wenn im Fall der Menschen bestimmte Interessen moralisch zu berücksichtigen sind, dann müssen – weil sich Interessen von Menschen und Tieren nicht wesentlich unterscheiden – auch die Interessen der Tiere berücksichtigt werden.

Es gibt vielleicht unterschiedliche Bezugsobjekte, die für Menschen und für Tiere wichtig sind, aber im Grunde unterscheiden sich Interessen von Mensch und Tier formal nicht wesentlich voneinander.[25] Interessen sind – *pace* Robin Attfield – wertende oder vorschreibende Bezugnahmen eines Subjekts auf seine Welt. Legt man diese formale Bestimmung von Interessen zugrunde, liegt zwischen Mensch und Tier in Bezug auf ihre Interessen kein wesentlicher Unterschied vor.[26] Zudem gibt es auch substantiell gleich geartete Interessen, wie z. B. das Interesse, Leid zu vermeiden. Eine Bevorzugung oder Andersgewichtung der Interessen von bestimmten Wesen, weil diese einer bestimmten Gattung, wie z. B. der Gattung Mensch, angehören, sieht sich dem Vorwurf des Speziesismus ausgesetzt. Das Faktum, dass ein Wesen einer bestimmten Spezies angehört, hat als solches keine normative Kraft. Versuche, der Spezieszugehörigkeit oder bestimmten, für Menschen typischen Fähigkeiten eine besondere moralische Relevanz beizumessen, sind argumentativ als gescheitert anzusehen.[27] Ein Speziesismus konnte bislang nicht erfolgreich verteidigt werden, und werden neue Argumente dafür auf den ‚Markt' gebracht, dann liegt die Beweislast bei denjenigen, die eine

---

[23]Vgl. Midgley 1983, S. 112 ff. Zur weiteren Ausführung der Midgley'schen Überlegung vgl. McElwain 2016.

[24]Vgl. Hare 1981, S. 21, 157.

[25]Manchmal wird zur Unterscheidung der Interessen von Mensch und Tier die Fähigkeit des Menschen benannt, auf seine Interessen reflektierend Bezug nehmen zu können. Aber das ist kein Unterscheidungsmerkmal in Bezug auf die Interessen selbst, sondern eine Fähigkeit, die der Mensch darüber hinaus besitzt.

[26]DeGrazia 1996, S. 130.

[27]Vgl. Ach 1999, S. 106–158; vgl. Pluhar 2015.

Bevorzugung der Mitglieder der menschlichen Spezies auf der Basis der Spezieszugehörigkeit für gerechtfertigt halten.[28] Solange hier keine überzeugenden Argumente vorgelegt werden, gilt: Wenn man Interessen beim Menschen für eine direkte moralische Berücksichtigung für relevant hält, so muss man dies auch bei Tieren tun.

Dies gilt aus Konsistenzgründen. Ebenfalls aus Gründen der Konsistenz gilt: Wenn Interessen auf dem Spiel stehen, die sich in relevanter Hinsicht gleichen, so sollten diese *prima facie* in gleicher Weise, ungeachtet der Spezieszugehörigkeit, berücksichtigt werden. In der idealen Welt gilt also das Prinzip der gleichen Interessenberücksichtigung.[29] Das bedeutet:

> Wenn ein Interesse I eines Tieres dem Interesse I* eines Menschen in allen moralisch relevanten Hinsichten hinreichend ähnelt, so haben beide Interessen moralisch das gleiche Gewicht.[30]

Dieses Prinzip, das aus unterschiedlichsten Theorietraditionen Zustimmung findet, kann als eine plausible realistische ethische Utopie angesehen werden. Der Mensch mit der Natur, die er hat, kann und soll den Interessen, die sich in allen moralisch relevanten Hinsichten hinreichend ähneln, das gleiche Gewicht geben. Aber obwohl es Menschen zwar prinzipiell möglich ist, gemäß einem solchen Prinzip zu handeln, ist unser Umgang mit Tieren davon meilenweit entfernt, und eine Umsetzung scheint geradezu aussichtslos. Dennoch kann das Prinzip aber eine Zielfunktion übernehmen. Mit diesem Prinzip kann auch beurteilt werden, was in der nichtidealen Welt schon gemäß diesem Prinzip erfolgt (nicht viel) und wo Verbesserungsbedarf ist (fast überall). Kann aber auch festgestellt werden, was mit größter Dringlichkeit angegangen werden sollte?

Nicht jede Ungleichgewichtung von Interessen ist als eine solche anzusehen, die sofort zu beheben ist. Es gibt Formen der Ungleichberücksichtigung, die dringlicher, und solche, die weniger dringlich zu beseitigen sind. Um die ungleiche Berücksichtigung zu identifizieren, die mit Dringlichkeit behoben werden sollten, kann als Kriterium das moralische Gewicht, das man Interessen zuweist, herangezogen werden. Eine Ungleichgewichtung von Interessen, die besonders hohes moralisches Gewicht haben, sollte mit höchster Dringlichkeit angegangen werden. Welche Interessen sollten hier angesetzt werden? Im Folgenden orientiere ich mich an Überlegungen von Bernd Ladwig, der sich in der Bestimmung von zu berücksichtigenden tierlichen Interessen an menschlichen Interessen orientiert, die für

---

[28] Ähnlich argumentiert DeGrazia für eine Beweislast auf Seiten der Inegalitaristen: vgl. DeGrazia 2015, S. 136.

[29] Das Prinzip der gleichen Interessenberücksichtigung ist vielfach Grundpfeiler tierethischer Theorien unterschiedlicher Ausrichtung wie z. B. bei Peter Singer, David DeGrazia, James Rachels, Alasdair Cochrane. Dezidiert für eine ideale Theorie im Zusammenhang mit tierethischen Überlegungen setzen es sowohl Bernd Ladwig als auch Robert Garner an. Vgl. Ladwig 2020, S. 53; vgl. Garner 2013, S. 98.

[30] Ladwig 2020, S. 53.

Menschen einen so hohen Stellenwert besitzen, dass sie über besondere Rechte geschützt werden: das sind Interessen in den Dimensionen Existenz, Aktivität, Wohlbefinden, Selbstbestimmung, Autonomie und des eigenen moralischen Status.[31] Manche dieser Dimensionen sind zwar für Tiere nicht einschlägig (Autonomie, moralischer Status)[32], aber in anderen Dimensionen teilen Menschen und Tieren Interessen (Existenz, Aktivität, Wohlbefinden und Selbstbestimmung). Die Interessen, die Tiere mit Menschen teilen und denen von menschlicher Seite ein hohes Gewicht beigemessen wird, müssen entsprechend dem Prinzip der gleichen Interessenberücksichtigung ebenfalls ein sehr hohes moralisches Gewicht haben und müssten daher ebenfalls besonders geschützt werden.[33] Folgt man diesem Setting bei Ladwig – und ich denke, das sollte man tun –, dann hieße das, dass eine Ungleichgewichtung von geteilten Interessen in diesen Interessendimensionen mit hoher Dringlichkeit behoben werden sollte.

Zur Existenzdimension gehören bei Ladwig diejenigen Aspekte, die ein spezifisch gutes Leben von Tieren ermöglichen.[34] Das umfasst ein Interesse an physischer und psychischer Funktionsfähigkeit sowie am Weiterleben. Im Bereich der Aktivität wird für Tiere das Interesse an ausreichender Bewegung relevant, das insbesondere kenntlich wird, wenn Tiere pathologische Verhaltensmuster bei unzureichender Bewegungsmöglichkeit zeigen. Es ist aber nicht nur die Bewegung, die hier wichtig ist, sondern auch eine Möglichkeit zur Auseinandersetzung mit und in der Umwelt. Da Tiere erlebensfähig sind, ist es wichtig, dass eine bestimmte tätige Auseinandersetzung mit der Umwelt gewährleistet ist.[35] Das Wohlbefinden im Sinne von positivem Empfinden oder Erleben ist als intrinsisch gutes Element zu schützen, eine Schädigung in Form schwerer Schmerzen u. ä. abzuwehren. Wie bei den Menschen ist in allen diesen Aspekten die Dimension der Sozialität von Tieren mitgedacht, insofern sie gesellig veranlagt sind. Eine Nichtbeachtung dieser Interessen in einer Dimension ist gravierend. Besonders

---

[31] Vgl. Ladwig 2020, S. 135–137. Subjektive Rechte sind bei Ladwig als gradierbar aufzufassen, d. h sie sind abstufbar in Abhängigkeit von der Stärke des zu schützenden Interesses. Vgl. Ladwig 2020, S. 129.

[32] Es ist davon auszugehen, dass Tiere diese Interessen nicht haben, weil ihnen entsprechende Fähigkeiten fehlen. Das Interesse am eigenen moralischen Status setzt die Fähigkeit zur Selbstachtung voraus d. h. ein Verständnis vom eigen moralischen Status. Vgl. Ladwig 2020, S. 186. Autonomie wird hier in einem anspruchsvollen Sinne als personale Autonomie verstanden, die die Fähigkeit voraussetzt „den eigenen Willen durch eigene Überlegung zu bilden und zu lenken." (Ladwig 2020, S. 151).

[33] Das bedeutet bei Ladwig nicht, dass Rechte wie z. B. das Recht auf Leben bei Mensch und Tier notwendig als gleich stark aufzufassen sind. Ladwig lässt Abstufungen von Rechten in Abhängigkeit von dem Ausmaß zu, in dem der Gegenstand des Interesses für den Rechteinhaber wertvoll ist. Ladwig 2020, S. 377.

[34] In der von mir vertretenen Wohlkonzeption (s. Kap. 4) wären das Aspekte, an denen Tiere kein Interesse haben, die aber sehr wohl im Interesse von Tieren sind.

[35] Vgl. Ladwig 2020, S. 155.

schwer wiegt es aber, wenn Interessen in allen Dimensionen ungleich behandelt werden, wie das z. B. bei der industriellen Tiernutzung der Fall ist.

Es ist also idealerweise das Prinzip der gleichen Interessenberücksichtigung anzusetzen, das einer nichtidealen Theorie als Ziel von Reformbestrebungen dient. Besonders dringlich ist aus der Perspektive einer nichtidealen Theorie die Behebung einer ungleichen Berücksichtigung von moralisch erheblichen Interessen. Wie sollte nun eine solch nichtideale Theorie beschaffen sein?

5.2   Welche nichtideale Theorie führt gut zum Ziel?

Als Vorschläge für eine nichtideale Theorie, deren ideales Pendant eine Theorie ist, die im Wesentlichen auf dem Prinzip der gleichen Interessenberücksichtigung beruht, sind folgende zu nennen: die Position des Empfindungsvermögens (*sentience position*) von Robert Garner und die Theorie des radikalisierten Tierschutzes von Bernd Ladwig. Beide möchte ich im Folgenden kurz vorstellen und deren Probleme diskutieren. Im Anschluss wird eine Idee einer nichtidealen Theorie im Umriss vorgelegt, die die identifizierten Probleme zu meiden sucht.

5.2.1   Die Position des Empfindungsvermögens

In *A Theory of Justice for Animals* plädiert Garner für eine nichtideale Tierrechtstheorie, die er *sentience position* (Position des Empfindungsvermögens) nennt. Diese besagt, dass das tierliche Interesse daran, Leid nicht zu empfinden, zu schützen ist. Sie besteht im Kern aus dem kategorischen Verbot, Tieren Leid zuzufügen. Robert Garner geht davon aus, dass nur das Tierinteresse an der Leidvermeidung in gleicher Stärke ausgeprägt vorliegt wie das der Menschen. Dieses tierliche Interesse ist qua Prinzip der gleichen Interessenberücksichtigung über ein moralisches Recht zu schützen, weil es auch im menschlichen Fall über ein Recht geschützt wird. Dieses Recht wird auf einen Schutz vor der Zufügung nicht trivialen Leids beschränkt, das nicht im Interesse des Tieres ist, da nicht jedes Leid notwendig wohlvermindernd ist. Der Schutz eines solchen Interesses durch ein moralisches Recht wiederum bedeutet bei Garner einen Ausschluss von Kosten-Nutzen-Bilanzierungen: „*Whatever* the benefit that might accrue to humans, or other animals for that matter, practices that inflict suffering on animals are prohibited."[36]

Andere tierliche Interessen sind nach Garner weniger stark ausgeprägt als beim Menschen; Garner nennt hier das Interesse am Weiterleben oder an Freiheit. Weil diese tierlichen Interessen nicht in gleiche Weise ausgeprägt sind wie beim Menschen, müssen sie nicht durch ein moralisches Recht geschützt werden. Tiere haben daher kein Recht auf Leben und auch kein Recht auf Freiheit. Lediglich

---

[36]Garner 2013, S. 124; Garner 2020, S. 202.

in der idealen Welt – unter der idealen Theorie, der *enhanced sentience position* (Position des erweiterten Empfindungsvermögens) – ist das Interesse, das Tiere in diesen Dimensionen haben, moralisch zu berücksichtigen. Liegt also ein Interesse daran vor, weiter leben zu wollen, oder daran, nicht eingesperrt zu sein, dann ist das in der idealen Welt zu berücksichtigen. In der nichtidealen Welt sind diese Interessen nicht geschützt, und eine Einschränkung der Freiheit und/oder eine leidfreie Tötung ist durchaus erlaubt.

Garner fasst seine Überlegungen zur *sentience position* wie folgt zusammen:

> [T]he *sentience position* reflects most accurately the urgent need to eliminate animal suffering at the hands of humans. This position [...] does clearly prohibit morally the infliction of suffering on animals for human benefits, but at the same time accepts that humans can still, under certain circumstances, use them. Because it does not engage at all with the question of the value of animal lives, sacrificing animal lives for human benefit is not regarded as problematic ethically.[37]

Erfüllt diese Theorie des Empfindungsvermögens die Kriterien einer nichtidealen Theorie? Als Kriterien sind die der ethischen Tolerierbarkeit, die politische Möglichkeit und die Wirksamkeit vorgestellt worden. Bei allen diesen Kriterien sind jedoch Zweifel anzumelden. Das Kriterium der ethischen Tolerierbarkeit (bei Garner heißt es *morally permissible*) meint Garner erfüllt zu haben, weil mit der Position der Empfindungsfähigkeit das seiner Meinung nach größte Unrecht angegangen wird: eine Zufügung von Leid durch den Menschen. Er sieht diese als als das größte Unrecht an, weil hierbei ein moralisches Recht verletzt wird. Obwohl andere Interessen der Tiere auch als moralisch erheblich ausgewiesen werden, geht Garner davon aus, dass die Verletzung eines moralischen Rechts immer das größte Unrecht darstellt.

Hier hat Ladwig aber zu Recht eingewandt, dass es nicht in allen Kontexten das größte Unrecht darstellt, Leid zuzufügen.[38] Es scheint ein mindestens ebenso großes Unrecht darzustellen, wenn zur Realisierung eines geringfügigen menschlichen Interesses – z. B. des Genussinteresses – ein schwerwiegendes Interesse, z. B. das Interesse am Weiterleben, eines Tieres verletzt wird. Würde man hier zwischen einem menschlichen Interesse am Genuss und einem menschlichen Interesse am Weiterleben abwägen müssen, dann würde man dem Interesse am Weiterleben ein größeres Gewicht beimessen. Setzt man das Prinzip der gleichen Interessenberücksichtigung an, sollte auch das tierliche Interesse am Weiterleben als höherrangig angesehen werden. Garner übersieht also, dass großes Unrecht nicht nur dadurch entsteht, dass Interessen durchkreuzt werden, die einen hohen Stellenwert für das jeweilige Individuum haben, sondern auch dadurch, dass eine Ungleichgewichtung stattfindet. Das kann mit der Position des Empfindungsvermögens nicht eingefangen werden und spricht daher gegen eine ethische Tolerierbarkeit.

---

[37] Garner 2013, S. 18.
[38] Ladwig 2020, S. 376–377.

Das zweite Kriterium nichtidealer Theorie – die politische Möglichkeit – sieht Garner selbst zwar als erfüllt an, aber auch das ist zu bezweifeln. Er erwägt selbst den Einwand, dass die Position des Empfindungsvermögens viel zu weitreichende Forderungen stellt und politisch unrealistisch wäre, weist diesen Einwand aber mit mehreren Argumenten zurück.[39] Er weist z. B. darauf hin, dass es unter dieser nichtidealen Theorie – im Gegensatz zu abolitionistischen Positionen – immerhin erlaubt sei, Tiere unter Einhaltung des Rechts auf Leidvermeidung zu halten. Die Haltung von Tieren als Haustieren, zu Nahrungszwecken oder zur experimentellen Forschung, wäre nicht prinzipiell ausgeschlossen. Die Form der Haltung und Nutzung würde sich allerdings unter Einbezug des Rechts auf Leidvermeidung stark verändern müssen. Das spricht aber nach Garner nicht gegen die *sentience position*. Garner hält dem nämlich entgegen: „[E]ven if there is a substantial gap between the current moral orthodoxy and the sentience position, it can still be claimed that the latter does represent a reasonable balance between competing perspectives […].“[40] Die Perspektiven, die Garner allerdings meint mit der *sentience position* in eine vernünftige Balance bringen zu können sind eher akademischer Natur: Vertreter von Tierrechtspositionen, die einen Abolitionismus fordern, und öffentliche Entscheidungsträger, die lediglich gewillt sind, einen moderaten Welfarismus zu vertreten.

Hier sind jedoch Zweifel anzumelden, denn die Meinung der Öffentlichkeit, die ebenfalls in dieser Balance berücksichtigt werden sollte, wird von Garner sehr optimistisch eingeschätzt. Er denkt, dass dadurch, dass die *sentience position* z. B. die Haustierhaltung erlaubt, sie gegenüber der abolitionistischen *Animal Rights* Bewegung im Vorteil ist und dass es z. B. in Großbritannien nicht unwahrscheinlich wäre, die öffentliche Meinung für die *sentience position* zu gewinnen. Als Beispiel für die Nähe zur öffentlichen Meinung führt er die allgemeine Befürwortung der sogenannten *Five Freedoms*[41] durch viele öffentliche Organe und die Hervorhebung des Tierleids in vielen Antivivisektionismus-Kampagnen an, die die breite Öffentlichkeit für die Sache der Tiere eingenommen hat. Obschon Garner damit Recht hat, dass das Tierwohl und Leidvermeidung in der breiteren Öffentlichkeit ein Ohr gefunden haben, ist er hier m. E. allerdings zu optimistisch. Die Befürwortung der *Five Freedoms* beeinhaltet nicht eine Befürwortung des Prinzips, dass jegliche Praktik, bei der Tieren mehr als nur

---

[39] Vgl. Garner 2013, S. 137–139.

[40] Garner 2013, S. 137.

[41] Die *Five Freedoms* (Freiheit von Hunger, Durst, Mangelernährung; Freiheit von Angst und Stress; Freiheit von physischem Unwohlsein; Freiheit von Schmerz, Verletzung und Krankheit; Freiheit ein normales Verhalten auszuleben) wurden in einer Pressemitteilung des britischen *Farm Animal Welfare Councils* (FAWC) in 1979 unter Rückgriff auf den Brambell Report von 1965 zum ersten Mal formuliert.

minimales Leid zugefügt würde, zu verbieten ist.[42] Ebenso gilt das für die
öffentliche Ablehnung von tierquälerischen Experimenten.

Nicht berücksichtigt werden in diesem Kanon der in Balance zu bringenden
Positionen die Menschen, für die der Konsum von Tierprodukten zum alltäg-
lichen Leben gehört und die das auch für einen Teil ihrer Lebensqualität halten.
Das übliche Konsumverhalten und der weitgehend übliche Umgang mit Tieren,
welcher immer auch leidvolle tierliche Erfahrungen beinhalten (in der Nahrungs-
produktion, Wollproduktion u. ä), ist als Indikator dafür zu nehmen, dass die
sentience position zu fordernd für die nichtideale Welt ist. Ebenso werden die
Personen, die im Bereich der Tiernutzung ihr Geld verdienen und dadurch einen
Nutzen daraus ziehen unberücksichtigt gelassen. Das dürften nicht wenige
Menschen sein. Auch gibt es Anzeichen dafür, dass egalitaristische Aussagen,
die das Leid von Mensch und Tier auf eine Stufe stellen, und damit verbundene
Forderungen Befremden oder Empörung auslösen kann.[43] Ganz sicher ist mit
öffentlicher Ablehnung zu rechnen, wenn egalitaristische Annahmen mit einer
Rechtetheorie im Garnerschen Verständnis verbunden sind. Denn „das von
Garner vertretene Recht der Tiere auf Leidvermeidung schließt […] eine gezielte
Schmerzzufügung aus, *was auch immer* dabei für andere auf dem Spiel stehen
mag."[44] Das ist sehr weit von dem entfernt, was politisch und sozial umsetzbar erscheint. Die Forderungen der *sentience position* würden vermutlich von
einer großen Anzahl von Menschen nicht geteilt und würde daher angefochten
werden. Es steht zu vermuten, dass die Position der Empfindungsfähigkeit keine
Balance zwischen widerstreitenden Perspektiven darstellt. Diejenigen, die von
der gängigen Tiernutzung Vorteile erlangen, werden nicht berücksichtigt und es
wird auch keine Perspektive angeboten, wie es möglich wäre, dass die Normen
der Position tatsächlich gesellschaftlich etabliert werden könnten. Damit steht in
Frage, ob die nichtideale Theorie Garners das Kriterium der politischen Möglichkeit erfüllen kann.

Nicht nur deswegen ist auch die Effektivität der *sentience position* anzu-
zweifeln. Wenn das Kriterium der politischen Möglichkeit nicht erfüllt werden
kann, geht damit auch direkt die Infragestellung der Wirksamkeit einher. Aber
auch wenn dem nicht so wäre, ist es unklar, ob man sich durch die *sentience
position* wirklich dem Ideal der *enhanced sentience position* annähern kann. Zum
Kriterium der Effektivität schreibt Garner selbst: „The sentience position is […]
effective in the sense that it does not hinder progress toward the ideal theory."[45]

---

[42] Daniel Wawrzyniak weist darauf hin, dass der Ansatz des FAWC auf eine relative Verbesserung
des Tierwohls beschränkt ist und dass damit kein Idealzustand angestrebt wird, vgl. Wawrzyniak
2019, S. 56.

[43] Das ist ein Aspekt, den Bernd Ladwig in Kritik an Garner anführt. Ladwig verweist auf die
Holocaust-Vergleiche und Ausdrücke wie ,Hühner-KZ', die für Empörung gesorgt haben, vgl.
Ladwig 2020, S. 378.

[44] Ladwig 2020, S. 380; vgl. Garner 2020, S. 202.

[45] Garner 2013, S. 135.

Hier ist allerdings einzuwenden, dass ein bloßes Nicht Verhindern eines Ziels etwas anderes ist, als einem Ziel nahe zu kommen. Über die *sentience position* wird jedenfalls nicht das Ideal als Ganzes in den Blick genommen, denn das hieße, dass auch schon in der nichtidealen Welt das Interesse am Weiterleben und ein gegebenenfalls vorhandenes Interesse an Freiheit gemäß dem Prinzip der gleichen Interessenberücksichtigung eine Rolle spielen müsste. Außerdem werden weiche Beschränkungen, die die Befolgung von Normen einer idealen Welt verhindern, nicht direkt in den Blick genommen. Dadurch, dass mit der Position der Empfindungsfähigkeit das ideale Ziel nicht vollständig in den Blick kommt, ist die Transitionsfunktion dieser nichtidealen Theorie nur eingeschränkt erfüllt. Es könnte sogar sein, dass diese Funktion verloren geht. Wäre beispielsweise irgendwann eine (fast) leidfreie Zucht, Haltung und Tötung von Tieren und dadurch auch das Essen von Fleisch mit gutem Gewissen möglich, so könnte es sein, dass dies mit einiger Stabilität etabliert wird – vielleicht sogar zu stabil, als dass die *enhanced sentience position,* der gemäß auch das tierliche Interesse am Weiterleben und an der Freiheit zu berücksichtigen wäre, eine Chance hätte, verwirklicht zu werden. Insgesamt scheint die Position des Empfindungsvermögens daher kein aussichtsreicher Kandidat für eine nichtideale Theorie zu sein.

5.2.2 Die Position des radikalisierten Tierschutzes

Der Ansatzpunkt Ladwigs für eine nichtideale Theorie ist die Klausel des ‚vernünftigen Grundes‘ im bestehenden deutschen Tierschutzgesetz. Dieser so vage und oft zugunsten der kommerziellen Interessen von Tierhaltern und -nutzern ausgelegte Begriff des Tierschutzgesetzes soll mit Blick auf die nichtideale Theorie fruchtbar gemacht werden: nur wesentlich vergleichbare Güter – egal ob Güter für den Menschen oder für Tiere – dürfen Gegenstand einer interindividuellen Abwägung werden.[46] Zu diesen Gütern gehören jene, auf die sich die moralisch erheblichen Interessen der Tiere in den Dimensionen Existenz, Aktivität, Wohlergehen und Selbstbestimmung beziehen.

Wie eine solche Abwägung zu erfolgen hat, wird über ein grundlegendes Prinzip, das in negativer Formulierung in zwei Arten auslegbar ist, geregelt. Ladwig denkt damit ein Prinzip vorzulegen, das sowohl von Anhängern absoluter Tierrechte als auch von Tierwohlethikern (also solchen, die eine Nutzung von Tieren unter bestimmten Maßgaben befürworten und die Interessen der Menschen prinzipiell als höherrangig gegenüber denen der Tiere einstufen) akzeptiert werden kann. Das Prinzip charakterisiert er folgendermaßen:

> Wir können die Position des radikalisierten Tierschutzes auf zwei verschiedene Weisen verstehen. Möglich ist zunächst eine ›positive‹ Lesart: Die Verletzung eines moralisch erheblichen tierlichen Interesses ist demnach dann und nur dann *erlaubt* [die deontische Möglichkeit einschließend, dass es geboten sein könnte], wenn sie notwendig und

---

[46]Vgl. Ladwig 2020, S. 381.

geeignet ist, um ein fremdes Interesse zu befriedigen, welches selbst moralisch erheblich ist und das verletzte Interesse insgesamt überwiegt. [...] Wir können die Tierschutzposition aber auch ›negativ‹ deuten. Die Verletzung eines moralisch erheblichen tierlichen Interesses ist *jedenfalls so lange nicht erlaubt*, wie sie wenigstens eine der eben formulierten Anforderungen nicht erfüllt. Diese zweite Lesart lässt offen, ob wir wichtige tierliche Interessen, abgesehen von Notwehrszenarien, jemals für so wichtige Fremdzwecke opfern dürften. Auch eine Anhängerin von Tierrechten könnte sie folglich akzeptieren. Schließlich ist das kategorische Verbot, für das sie kämpft, mit dem »jedenfalls so lange nicht« der Formel logisch vereinbar.[47]

Tierwohlethiker, die die Interessen von Tieren den Interessen von Menschen unterordnen würden, würden wohl eher die positive Formulierung wählen. Diese ist aber für Tierrechtsethiker, die manche Interessen kategorisch schützen wollen, nicht zustimmungsfähig. Deshalb plädiert Ladwig in der nichtidealen Welt für die negative Lesart. Diese soll sowohl mit der positiven Lesart als auch mit einem kategorischen Verbot der Opferung von bestimmten Tierinteressen vereinbar sein, so dass beide – Tierwohlethiker und Tierrechtsethiker – mit dem Prinzip in der nichtidealen Welt leben könnten. Wie ist das zu verstehen?

Eine mögliche Deutung könnte folgende sein: Die Tierwohlethiker könnten schließen, dass eine Erlaubnis oder vielleicht sogar ein Gebot vorliegen könnte, tierliche Interessen zu verletzen, sobald die Forderungen 1. und 2. erfüllt sind:

1. Die Verletzung eines tierlich moralisch erheblichen Interesses I ist notwendig und geeignet, ein fremdes, ebenfalls moralisch erhebliches Interesse I* zu befriedigen und
2. I wird von I* überwogen

Der Tierwohlethiker könnte ebenfalls davon ausgehen, dass ein menschlich erhebliches Interesse immer ein entsprechendes tierliches Interesse überwiegen würde. Das heißt, dass die nichtideale Theorie mit einem milden Speziesismus[48] vereinbar ist. Die Tierrechtsethiker hingegen könnten präsupponieren, dass Interessen von gleich erheblicher Art immer gleichberechtigt zu behandeln sind. Die nichtideale Theorie ist also auch mit einer anti-speziesistischen Position vereinbar. Ein Verbot der Opferung von Tierinteressen könnte über das ‚jedenfalls so lange nicht' gewährleistet sein, da durch die Erfüllung der beiden Forderungen noch nicht impliziert ist, dass die Verletzung des infrage stehenden Tierrechts erlaubt ist. Die Schwelle für eine Verletzung könnte noch höher liegen als durch die beiden Forderungen vorgegeben. Durch diese negative Formulierung ist der ‚vernünftige Grund' des Tierschutzgesetzes – wenn auch mehrdeutig – interessentheoretisch spezifiziert.

---

[47] Ladwig 2020, S. 383–384 f.

[48] Ladwig versteht unter einem milden Speziesismus eine Position, bei der die automatische Bevorzugung auf wesentlich vergleichbare Güter begrenzt wird, vgl. Ladwig 2020, S. 382.

Was bedeutet das nun für ein Agieren unter dieser nichtidealen Theorie? Nach der Theorie des radikalisierten Tierschutzes sind alle moralisch erheblichen tierlichen Interessen zu beachten. Es muss überprüft werden, ob die menschlichen Interessen die entsprechenden tierlichen Interessen überwiegen. Wenn man die Variante des milden Speziesismus wählt, dann würden die menschlichen Interessen gleichartige tierliche Interessen immer überwiegen. Dies würde aber schon weitreichende Forderungen beinhalten. In der moderatesten Lesart des radikalisierten Tierschutzes genügt sie schon,

> um die industrielle Tierhaltung auszuschließen, die Tieren aus Rentabilitätsgründen besonders schwere Qualen bereitet. [...] Aber auch die sogenannte ökologische Tierhaltung ist nicht bereits dadurch gerechtfertigt, dass sie die Tiere normalerweise etwas weniger belastet und einschränkt als ihr industrielles Pendant. Die Belastungen und Einschränkungen, die auch sie noch bedeutet, müssten durch Gründe von größerem Gewicht gedeckt sein. Das setzt voraus, dass die verfolgten Zwecke moralisch erheblich sind. Tiere einzusperren und schließlich umzubringen, nur damit Menschen ihr Fleisch verzehren können, bleibt verkehrt, solange wir akzeptable und bezahlbare fleischfreie Alternativen haben.[49]

Weil solche Forderungen gesamtgesellschaftlich zum größten Teil vermutlich revisionären Charakter haben, soll der radikalisierte Tierschutz durch gewaltlosen zivilen Ungehorsam zugunsten von Tieren unterstützt werden. Unter zivilem Ungehorsam versteht Ladwig „ein[en] mit moralischen Gründen gerechtfertigter Bruch geltenden Rechts zu dem Zweck, eine Öffentlichkeit für politische Veränderungen zu gewinnen."[50] Durch diesen verspricht sich Ladwig ein Umdenken bei den Bürgerinnen und Bürgern – eine „Kulturrevolution in unserem Verständnis des Mensch-Tier-Verhältnisses."[51]

Ladwig selbst sieht durch diese Merkmale der Position des radikalisierten Tierschutzes die Kriterien für eine nichtideale Theorie als erfüllt an. Die ethische Tolerierbarkeit (bei ihm heißt es: ‚moralisch zulässig') sieht er als gegeben an, weil der radikalisierte Tierschutz das größte Unrecht angeht: die Opferung von moralisch erheblichen Interessen zugunsten von vergleichsweise trivialen menschlichen Zwecken. Sie ist darüber hinaus auch mit der idealen Theorie logisch kompatibel, weil das grundlegende Prinzip, das Ladwig ansetzt, sowohl tierrechtlich wie auch welfaristisch interpretierbar ist. Das erscheint auch unter dem Aspekt der ethischen Tolerierbarkeit überzeugend. Die moralische Ablehnungskomponente könnte hier sein, dass im Bereich der moralisch erheblichen Güter den menschlichen Interessen immer ein Vorrang eingeräumt werden kann. Diese Ablehnung kann aber dadurch aufgewogen werden, dass es sehr zu begrüßen ist, dass wenigstens im Bereich der Befriedigung bloß trivialer menschlicher Interessen tierliche erhebliche Interessen geschützt sind.

---

[49] Ladwig 2020. S. 384–385.

[50] Ladwig 2020, S. 389.

[51] Vgl. Ladwig 2020, S. 296.

Das Kriterium der politischen Möglichkeit sieht Ladwig als erfüllt an, weil durch die tierwohlethische Lesart in Bezug auf das negativ formulierte Prinzip der Verletzungserlaubnis tierlicher moralisch erheblicher Interessen all jene Menschen argumentativ mitgenommen werden können, die mild speziesistisch eingestellt sind. Weil in der moderatesten Lesart eine direkte Konfrontation mit tiefen und weit verbreiteten Überzeugungen und Empfindungen vermieden wird, findet der Aspekt der moralischen Zulässigkeit pragmatische Unterstützung: dadurch ist es möglich, dass tierwohlethisch und tierrechtsethisch eingestellte Personen gemeinsam das größte Unrecht angehen können.[52]

Ladwig macht sich selbst allerdings in Bezug auf die politische Möglichkeit einen Einwand, den er wiederum m. E. aber auch nicht ausräumen kann: die nichtideale Theorie scheint zu viel zu verlangen. Die meisten Menschen sind nicht nur mild, sondern wohl in der Tendenz eher stark speziesistisch eingestellt. Das, was unter dem radikalisierten Tierschutz gefordert ist (z. B. ein Verbot der Tiertötung für den Fleischgenuss), ist tatsächlich sehr weit von dem entfernt, was unseren üblichen Umgang mit Tieren ausmacht. Es steht zu befürchten, dass mit dieser Position nur diejenigen erreicht werden, die ihr bereits weitgehend zustimmen. So wird lediglich verlangt, dass die Position von „moralisch normal motivierten, also weder böswilligen noch grenzenlos verzichtsbereiten Bürgern nachvollzogen"[53] werden kann. Ein bloßer Nachvollzug scheint aber zu wenig dafür zu sein, dass die Theorie politisch möglich wird, denn ein Nachvollzug bedeutet noch nicht, dass Forderungen wirksam und Änderungen in Richtung des Ideals erfolgen werden. Dafür benötigt man eher Akzeptanz oder Zustimmung. Es scheint erst einer kulturellen Revolution zu bedürfen, damit die Forderungen des radikalisierten Tierschutzes bzw. des moralisch qualifizierten vernünftigen Grundes umsetzbar werden. Hier wäre zu überlegen, ob es nicht ratsam wäre, die nichtideale Theorie mehrschrittig anzulegen. Man müsste die Forderungen des radikalisierten Tierschutzes erst durch Maßnahmen, die der kulturellen Revolution dienlich sind, vorbereiten. Als Mittel einer kulturellen Revolution, was den Umgang mit Tieren anbelangt, wird bei Ladwig hauptsächlich der gewaltlose zivile Ungehorsam diskutiert. Es ist aber fraglich, ob der gewaltlose Rechtsbruch diesen Zweck, auch wenn er aus moralischen Gründen geschieht, erreichen kann. Anders als es bei den gewaltlosen Aufständen unter Mahatma Gandhi der Fall war oder es in manchen anderen vergangenen oder auch derzeitigen Gleichberechtigungskämpfen der Fall ist, sind die Tiere immer auf Vertreter angewiesen, die für ihre Belange kämpfen. Anders als bei vielen unterdrückten Gruppen im Humankontext können sich unterdrückte Tiere niemals selbst ermächtigen und für ihre Sache einstehen. Das scheint die Wirkung, die mit dem zivilen Ungehorsam erzielt werden soll, erheblich zu mindern. Andere Wege, ein Umdenken zu erzeugen, werden von Ladwig zwar erwähnt, erhalten aber in der Darstellung

---

[52]Vgl. Ladwig 2020, S. 383.
[53]Ladwig 2021, S. 155.

ungleich weniger Gewicht. So erwähnt Ladwig an einigen Stellen den Einfluss, den Tierschutz- und Tierrechtsorganisationen ausüben können und sollten.[54] Weitere Möglichkeiten eine kulturelle Revolution in Gang zu bringen, wären hier sicherlich noch zu erwägen.

Bleibt noch die Wirksamkeit als letztes Kriterium nichtidealer Theorien zu diskutieren. Führt die nichtideale Theorie des radikalisierten Tierschutzes hin zur idealen Theorie? Ich würde sagen: im Prinzip ja, praktisch nein. Dass sie einen Übergang schafft, wird vor allem durch die mehrdeutige Lesart des negativen Prinzips der Verletzbarkeitserlaubnis tierlicher Interessen sowie durch öffentlichkeitswirksame Maßnahmen, die ein Umdenken bewirken sollen, ermöglicht. Die nichtideale Theorie Ladwigs ist auch in der moderaten Version schon sehr nah an dem, was für ideale Zustände gefordert würde. Der milde Speziesismus könnte mit Maßnahmen, die eine weitergehende kulturelle Revolution bewirken würden, mit aller Wahrscheinlichkeit gut in eine nicht-speziesistische Position transformiert werden. Man sollte aber hier im Hinterkopf behalten, dass die nichtideale Theorie in der von Ladwig vorgeschlagenen Version nicht wirklich in der nichtidealen Welt ansetzt. Würde diese nichtideale Theorie vorgebracht und die Einhaltung des grundlegenden Prinzips eingefordert, steht zu befürchten, dass kaum jemand dem Prinzip zustimmen, geschweige denn sich daran halten würde. Die Transitionsfunktion dieser nichtidealen Theorie steht damit in Frage.

5.2.3 Die Position der Angleichung der Interessenberücksichtigung

Was kann man aus der Diskussion der bislang vorliegenden Vorschläge für eine nichtideale Theorie lernen? Hinsichtlich der politischen Möglichkeit sollte berücksichtigt werden, dass gesellschaftliche *soft constraints* einer Veränderung bedürfen. Das hatte Garner nicht berücksichtigt, bei Ladwig wird es über die Forderung nach einer kulturellen Revolution thematisiert und mittels des gewaltlosen zivilen Ungehorsams konkretisiert. Weitere Maßnahmen, die eine Reform auf motivationaler, ökonomischer und kultureller Ebene befördern könnten, sollten hier erwogen werden.

Auf kultureller Ebene ist ein Umdenken in Bezug auf die Normalität der Nutzung tierlicher Produkte sowie in Bezug auf den Fleischkonsum notwendig. Ein solches Umdenken könnte über verschiedene Maßnahmen im Bereich von Bildung und Erziehung geschehen. Diese hätten zum einen die Aufgabe die kognitive und affektive Distanz, die durch die industrielle De-Domestikation der Nutztiere geschaffen wurde,[55] zu verringern, sowie über die Tiernutzungs-

---

[54]Vgl. z. B. Ladwig 2020, S. 296.

[55]Die De-Domestikation beschreibt die Ausgrenzung der landwirtschaftlichen Nutztiere aus dem Bereich der öffentlichen Wahrnehmung und die Entindividualisierung der Tiere in der industriellen Tierhaltung, vgl. Nuffield Council of Bioethics: Genome editing and farmed animal breeding: social and ethical issues. S. xv et passim.

und Schlachtpraktiken aufzuklären. Zum anderen könnten durch praktische Ernährungstipps und -angebote eine Umgewöhnung initiiert werden.[56] In kulturell-politischer Hinsicht bestünde eine Idee darin, Tierinteressen politisch ein Gehör zu verschaffen, z. B. durch das Animal-Mainstreaming[57] oder Überlegungen zu Reformen von Demokratie.[58] Ähnlich wie beim Gender-Mainstreaming angestrebt wird, die Belange unterschiedlicher menschlicher Geschlechter in politische Entscheidungen gleichberechtigt Eingang finden zu lassen, soll beim Animal-Mainstreaming angezielt werden, tierliche Interessen innerhalb der politischen Praxis gleichberechtigt Berücksichtigung finden zu lassen. Als mögliche Reformen der Demokratie ist die repräsentative Vertretung tierlicher Interessen in politischen Entscheidungsverfahren oder eine Erweiterung deliberativer Demokratieideen zu erwägen.[59] In ökonomischer Hinsicht findet sich bei Corine Pelluchon z. B. der Gedanke, dass ein Umdenken in Sachen der Tierhaltung und -nutzung dadurch bewirkt werden könnte, dass man möglichen Widerstände auf Seiten der Tierindustrie zuvorkommen würde.[60] Man könnte Widerständen entgegenkommen, indem monetäre Anreize geschaffen würden oder andere Hilfen zur Verfügung gestellt werden, damit beispielsweise eine Umstellung der Produktion ermöglicht wird. Alle diese Maßnahmen dienen dazu, dass auch in motivationaler Hinsicht eine größere Bereitschaft entstehen wird, das Verhalten zugunsten der Tierinteressen zu verändern. Diese vorbereitenden Schritte würden allerdings zulasten der moralisch erheblichen Tierinteressen gehen, die in der Zeit vor dem Vollzug einer kulturellen Revolution noch keine Berücksichtigung erfahren würden. Dies könnte aber moralisch tolerierbar sein, wenn ansonsten keine Aussicht auf Besserung der Lage der Tiere besteht. Weitere Maßnahmen wären hier denkbar, müssten aber in Abhängigkeit vom jeweiligen Kontext genauer spezifiziert werden.

Allgemein kann man davon ausgehen, dass sich ein angesetztes nichtideales Prinzip nicht an einer philosophischen Debatte orientieren sollte, deren Extrempositionen ein radikaler Abolitionismus und ein humaner mild-speziesistischer Welfarismus sind. Sowohl das Prinzip des Leidverbots Garners wie auch das Prinzip des radikalen Tierschutzes setzen nicht in der nichtidealen Welt an. Dies wird auch darin deutlich, dass Prinzipien für ein Verbot bzw. einer Erlaubnis

---

[56] Die Psychologin Melanie Joy geht davon aus, dass wir es für normal halten, bestimmte Tiere zu essen (Karnismus), bloß ein „Glaubenssystem [ist], das uns darauf konditioniert, bestimmte Tiere zu essen". Joy 2021, S. 32.

[57] Vgl. Wild 2019. Bei Ladwig wird das unter dem Begriff Spezies-Mainstreaming verhandelt, vgl. Ladwig 2020, S. 296–304.

[58] Vgl. Garner 2016; Parry 2016.

[59] Einem Einwand Peter Niesens folgend gibt auch Ladwig zu, dass seine Theorie des radikalisierten Tierschutzes um einen institutionellen Teil zu ergänzen ist. Er schlägt menschliche Proxy-Repräsentanten zur Vertretung tierlicher Interessen vor. Zudem hält er die Initiative zur Verankerung der Kategorie der tierlichen Person für große Menschenaffen im Recht für zielführend. Außerdem befürwortet er den Vorschlag Philipp von Galls (vgl. von Gall 2019), das Amt eines Tierschutzbeauftragten auf Bundesebene einzuführen (vgl. Ladwig 2021, S. 168–170).

[60] Vgl. Pelluchon 2020, S. 97–99.

einer Interessenverletzung von Tieren formuliert werden, deren Befolgung in der nichtidealen Welt höchst unwahrscheinlich ist. Als eher dem akademischen Diskurs verhaftete Positionen des interindividuellen Moralischen würden sie vermutlich kaum Wirkung entfalten, weil sie, ohne mögliche Übergänge zu schaffen, zu fordernd auftreten.[61] Es wäre daher gut, ein Prinzip zu wählen, das Übergänge schafft, ohne das Ideal (das Prinzips der gleichen Interessenberücksichtigung) aus den Augen zu verlieren.

Im Allgemeinen sollte in Bezug auf eine ethische Tolerierbarkeit und auch Wirksamkeit einer nichtidealen Theorie der Gesamtbereich dessen, was mit der idealen Theorie angestrebt wird, in den Blick genommen werden. Aus der Kritik der Position des Empfindungsvermögens wurde deutlich, dass es verfehlt wäre, nur eine Dimension tierlicher Interessen herauszugreifen und zu schützen. Unbestritten hat Garner mit dem Interesse an der Leidvermeidung ein für Tiere sehr wichtiges Interesse in den Blick genommen, aber allein dass ein wichtiges Interesse verletzt wird, scheint nicht ausreichend dafür zu sein, die Dringlichkeit zu bestimmen.[62] Ladwig konnte aufzeigen, dass es auch auf den Grund ankommt, aus dem heraus ein tierliches Interesse verletzt wird. Wird ein moralisch erhebliches tierliches Interesse zugunsten eines moralisch unerheblichen Interesses des Menschen frustriert, dann liegt eine eklatante Ungleichgewichtung von Interessen und ein moralisches Unrecht vor.

Gesucht ist also ein Prinzip, das eine ungleiche Interessenberücksichtigung in allen Dimensionen, die für Tiere relevant sind (Existenz, Aktivität, Wohlergehen und Selbstbestimmung) womöglich abzuschaffen und wenn das nicht geht, zumindest anzugleichen sucht. Als Prinzip, das diese Aspekte versucht zu berücksichtigen, schlage ich daher Folgendes vor:

Das Prinzip der Angleichung der Interessenberücksichtigung

1. Prinzipiell ist eine gleiche Interessenberücksichtigung (in den Dimensionen Existenz, Aktivität, Wohlergehen und Selbstbestimmung) tierlicher und menschlicher Interessen gefordert.
2. Ist eine Umsetzung dieses Prinzips der gleichen Interessenberücksichtigung politisch nicht möglich, dann sollen die Hindernisse einer gleichen Berücksichtigung identifiziert und zu beseitigen gesucht werden. Eine stetige Angleichung einer ungleichen Interessenberücksichtigung ist anzustreben.
3. In der Zeit der bestehenden Ungleichgewichtung von Interessen gilt es, die ungleiche Berücksichtigung von Interessen so gering wie möglich ausfallen zu lassen.

---

[61] Zur Problematik von Institutionen vgl. Wykoff 2014; Schmitz 2016.

[62] Bei der Notwehr sehen wir es in der menschlichen Sphäre z. B. für gerechtfertigt an, einen Angreifer auf Leib und Leben zurückzuschlagen, u. U. sogar zu töten.

Der letzte Punkt könnte z. B. Folgendes bedeuten: Wird durch die Verletzung eines tierlichen Interesses I das menschliche Interesse I* befriedigt und stellt dies eine Ungleichgewichtung tierlicher und menschlicher Interessen dar, dann sollten weitere Verletzungen tierlicher Interessen F, G, H,…, die ebenfalls verletzt werden und derer Verletzung vermeidbar ist, da dies politisch möglich ist, verhindert werden.

Mit Hilfe dieses Prinzips können konkrete genomeditorische Züchtungsvorhaben beurteilt werden, ohne dass das Ziel (das Ideal) aus dem Blick gerät, denn es ist Teil dieses Prinzips. Der nichtidealen Welt wird über den Aspekt der politischen Möglichkeit Rechnung getragen. Die *soft constraints,* die einer Umsetzung der idealen Norm im Wege stehen, sollen in ihrer Veränderbarkeit wahrgenommen werden, auf eine Veränderbarkeit überprüft und auch angegangen werden. Die Maßnahmen, die hier ergriffen werden sollten, sind kontextabhängig zu bestimmen. Wichtig ist dabei allerdings zu beachten, dass die Maßnahmen so gewählt werden, dass eine Veränderung in der Art erfolgt, dass eine Verbesserung mit Blick auf das Ideal stattfindet oder zumindest sehr wahrscheinlich wird. Das gewährleistet die Wirksamkeit des nichtidealen Prinzips. Dadurch kann das nichtideale Prinzip die Transitionsfunktion erfüllen.

Die ethische Tolerierbarkeit ergibt sich hier daraus, dass man das Beste aus einer Situation zu machen versucht, die eigentlich zu kritisieren ist *(objection component).* Da sich das, was gerechtfertigterweise zu kritisieren ist, manchmal nicht ändern lässt, ist anzustreben, das dem, was eigentlich gefordert ist, möglichst in Gänze nahegekommen wird. Wenn die Hindernisse, die einer Umsetzung des idealen Prinzips im Wege stehen, nicht – oder in nicht ausreichender Form – beseitigt werden können, dann soll wenigstens das angestrebt werden, das möglichst nahe an das Ziel heranreicht. Dadurch werden Handlungen akzeptierbar *(acceptance component).*

5.3 Zusammenfassung

Eine besondere Schwierigkeit bei der Beurteilung der genomeditorischen Vorhaben, die dem Tierwohl dienlich sein sollen, stellt es dar, dass es hier um Handlungen geht, die in bestimmter Hinsicht gegenüber einer moralisch problematischen Praxis eine Verbesserung bedeuten, die aber auch zur Perpetuierung dieser moralisch problematischen Praxis beitragen. In diesem Kapitel wurde der Idee nachgegangen, dass zur Beantwortung der Frage, wie solche Handlungen beurteilt werden sollen, die Rawlssche Unterscheidung von idealer und nichtidealer Theorie fruchtbar gemacht werden sollte. Denn weder der *Status quo* noch eine ideale tierethische Theorie erscheinen als Grundlinien einer Bewertung plausibel. Eine nichtideale Theorie schafft einen Übergang zu Umständen, unter denen das, was idealerweise zu fordern ist, umsetzbar wird. Der Gedanke ist, dass der Wert der genomeditorischen Züchtungsvorhaben relativ zu einer solchen nichtidealen Theorie bestimmt werden sollte.

In Auseinandersetzung mit Ansätzen zu nichtidealen Theorien, die es in Bezug auf unseren Umgang mit Tieren bereits gibt, wurde die Position der Angleichung der Interessenberücksichtigung entwickelt. Es wurde dafür argumentiert, dass sie als eine gute nichtideale Theorie anzusehen ist, weil sie die Kriterien, die für nichtideale Theorien identifiziert wurden (politische Möglichkeit, Wirksamkeit und ethischer Tolerierbarkeit), gut erfüllt. Mit Hilfe des formulierten Prinzips der Angleichung der Interessenberücksichtigung sollen die genomeditorischen Vorhaben beurteilt werden.

Damit wird eine Position vertreten, die man in Anlehnung an Richard Haynes als ,pragmatischen Reformismus' bezeichnen kann. Haynes unterscheidet zwischen ,humanistischen Reformisten' einerseits und ,pragmatischen Reformisten' andererseits. Humanistische Reformisten „find that suitably reformed practices, though they compromise the welfare of the animals involved in them, are nevertheless ethically acceptable."[63] Problematisch ist der humanistische Reformismus, folgt man Haynes, deshalb, weil die ProponentInnen dieses Ansatzes „either [...] embrace an ethical position that warrants oppressive use of animals or [...] conceptualize animal welfare in a way that legitimizes what I consider to be oppressive uses."[64] Pragmatische Reformisten dagegen „want to liberate animals from uses that compromise their welfare"[65], akzeptieren aber, dass sie an der Verbesserung der gegebenen Bedingungen arbeiten müssen, „even if the improvements fall short of this ideal."[66]

---

[63] Haynes 2008, S. xi.
[64] Haynes 2008, S. xi.
[65] Haynes 2008, S. xi.
[66] Haynes 2008, S. xi.

Beurteilung der genomeditorischen Züchtungsvorhaben

Die notwendigen Elemente für eine ethische Beurteilung der genomeditorischen Züchtungsvorhaben, welche dem Tierwohl dienlich sein sollen, liegen nun vor. Ein Überblick über den derzeitigen Stand von bereits durchgeführten oder auch anvisierten Vorhaben wurde im ersten Kapitel der Untersuchung gegeben. Sowohl Methode und Technik der Genom-Editierung wie auch verschiedene Züchtungsprojekte, die dem Tierwohl dienlich sein sollen, wurden erläutert. Aus der Darstellung geht hervor, dass etliche negative Effekte für Tiere in Anwendung und Entwicklung zu befürchten sind. Bei der Betrachtung der in Kap. 1 zusammengestellten Forschungsvorhaben kann man sich auch des Eindrucks nicht erwehren, dass es nicht ungewöhnlich ist, dass Tiere, an denen eine genomeditorische Manipulation vorgenommen wurde, teils aus Forschungsgründen getötet wurden, teils Fehlbildungen aufweisen oder nicht lebensfähig sind.[1] Wie diese negativen Effekte genau zu beurteilen sind, ist erstens aufgrund mangelnder Daten hierzu und zweitens aufgrund der fortlaufenden Optimierung der Technik der Genom-Editierung nicht zuverlässig zu sagen.[2] Eine mögliche Zulässigkeit von konkreten Züchtungsvorhaben ist im Weiteren deshalb unter der Maßgabe zweier Voraussetzungen zu lesen:

1. Die Entwicklung von genomeditorischen Verfahren kann auf ethisch tolerierbare Weise erfolgen.
2. Die Anwendung der Verfahren ist hinreichend sicher.

---

[1] Siehe Abschn. 1.3.2 in Bezug auf die Verankerung der Hornlosigkeit von Rindern: „Insgesamt wurden 26 Embryonen erzeugt, von denen am 40. Trächtigkeitstag noch 14 und am 90. noch 5 lebten. Diese fünf wurden lebend geboren, allerdings waren drei nicht überlebensfähig und wurden getötet. Es verblieben Spotigy und Bluri.".

[2] Als Optimierungsbemühungen sind z. B. das Base-Editing zu nennen oder Modifikationen, die z. B. am Cas-Protein ansetzen und die Off-Target-Effekte reduzieren sollen. Vgl. Bravo 2022.

S. Hiekel, *Tierwohl durch Genom-Editierung?*, Techno:Phil – Aktuelle Herausforderungen der Technikphilosophie 8, https://doi.org/10.1007/978-3-662-66943-3_6

Wären genomeditorischen Züchtungsvorhaben unter diesen Voraussetzungen vertretbar? Die Beantwortung dieser Frage wurde in mehreren Schritten vorbereitet. Mit der Diskussion des Problems der Nicht-Identität konnte gezeigt werden, dass eine Tierwohlbeeinträchtigung oder -förderung für eine ethische Beurteilung genomeditorischer Vorhaben in direkter Weise relevant sein kann. Die sich anschließende Diskussion von tierethischen Argumenten unter Rückgriff auf den Begriff der Integrität zeigte auf, dass erstens in der Debatte verschiedene Verständnisse von Integrität verhandelt werden und dass zweitens mit ihnen keineswegs eine kategorische Verurteilung genomeditorischer Projekte einhergeht. In der Beurteilung kommen diese zu recht unterschiedlichen Ergebnissen. Drittens wurde dafür argumentiert, dass sich eine Beurteilung entlang der diskutierten Positionen nicht empfiehlt, da die Integritätsansätze erhebliche Schwierigkeiten aufweisen: der Begriff der Integrität bleibt teils deskriptiv unbestimmt, teils werden Wertsetzungen nicht ausreichend argumentativ unterfüttert, teils sind normative Vorgaben nicht plausibel (genetische Intaktheit, Wildtier-Telos, Gedeihen).

Es wurden dann Überlegungen zur Konzeption eines interessentheoretisch gerahmten Tierwohls sowie zu den damit in Verbindung stehenden normativen Prinzipien angestellt. Herausgearbeitet wurde, dass tierwohltheoretisch sowohl das relevant ist, woran Tiere ein Interesse haben als auch das, was im Interesse von Tieren ist. Es wurden zwei Prinzipien formuliert, die diese tierwohltheoretischen Überlegungen aufgreifen: das grundlegende normative Prinzip, nach welchem bei gentechnischen Manipulationen das (interessentheoretisch gerahmte) tierliche Wohl umfassend zu berücksichtigen ist, und das Prinzip der Wohlverbesserung, nach dem genmanipulierte Tiere in Bezug auf ihr Wohl (in umfassendem Sinne) besser als deren Elterngeneration gestellt werden sollen. Darüber hinaus wurde überlegt, auf welcher allgemeinen normativen Grundlage eine ethische Beurteilung von Handlungen erfolgen sollte, die zwar eine Verbesserung gegenüber dem *Status quo* darstellen, die aber gleichzeitig drohen, höchst kritikwürdige Verhältnisse zu untermauern. Hier wurde der Gedanke entwickelt, dass eine nichtideale Theorie zur Beurteilung herangezogen werden sollte. Als aussichtsreicher Kandidat für eine nichtideale Theorie wurde das Prinzip der Angleichung der Interessenberücksichtigung vorgeschlagen.

Um nun schließlich eine Beurteilung der genomeditorischen Züchtungsvorhaben vornehmen zu können, ist es noch notwendig sich zu überlegen, wie die entwickelten Prinzipien (das grundlegende normative Prinzip, das Prinzip der Wohlverbesserung und das Prinzip der Angleichung der Interessenberücksichtigung) miteinander in Beziehung zu setzen sind. Hier scheint eine lexikalische Ordnung sinnvoll zu sein. Zunächst wird mit dem Prinzip der Wohlverbesserung überprüft, ob mit dem Vorhaben überhaupt eine Verbesserung des tierlichen Wohls gegenüber der Elterngeneration erreicht wird. Eine Beschränkung auf dieses Prinzip scheint auszureichen, weil als Wohlverbesserung nur das gilt, was das Wohl im umfänglichen Sinne verbessert. Das grundlegende normative Prinzip ist in dieser Betrachtung als inkludiert zu sehen. Wenn diese Überprüfung negativ beschieden wird, scheiden etwaige Züchtungsvorhaben aus der Betrachtung als legitime Vorhaben aus. Denn es handelt sich dann nicht um

Vorhaben, die das Tierwohl verbessern. Handelt es sich hingegen um Vorhaben, die als wohlverbessernd anzusehen sind, dann ist nach Maßgabe des Prinzips der Angleichung der Interessenberücksichtigung zu entscheiden, ob die Züchtungshandlung zu befürworten oder abzulehnen ist. Der Entscheidungsweg ist in folgendem Schema dargestellt:

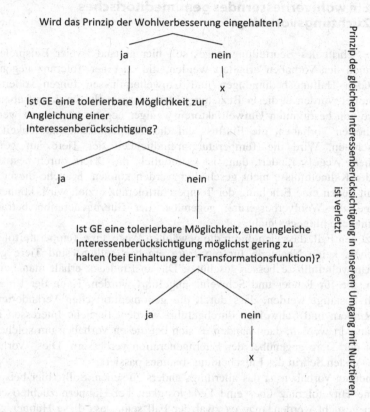

Ist also eine Wohlverbesserung anzunehmen, so ist nachfolgend zu überlegen, ob das Züchtungsvorhaben auf direktem Weg zu einer Angleichung einer ungleichen Interessenberücksichtigung führen wird. Weiterhin ist zu überlegen, ob etwaige Nachteile, die durch die genomeditorische Manipulation dennoch drohen zu entstehen, auf ein tolerierbares Maß beschränkt werden können. Wenn das bejaht werden kann, so ist das genomeditorische Vorhaben als zulässig anzusehen. Ist das nicht der Fall, ist zu analysieren, ob die Maßnahme wenigstens eine Möglichkeit darstellt, eine bestehende Ungleichgewichtung von Interessen möglichst gering zu halten. Hier wird es zum einen darauf ankommen, Alternativen zu einer gentechnischen Herangehensweise in den Blick zu nehmen, die ebenfalls dazu führen können, dass eine Ungleichgewichtung minimiert wird. Zum anderen ist zu bewerten, ob durch etwaige Maßnahmen eine Transition in Richtung des

Ideals einer gleichen Interessenberücksichtigung zu erkennen ist. Im Folgenden werden abschließend zur Illustration Beispiele für die jeweiligen Stufen des Entscheidungsbaumes angeführt.

6.1   Ein wohlverbesserndes genomeditorisches Züchtungsvorhaben

Der erste Schritt des Beurteilungsweges soll hier anhand zweier Beispiele aus dem Bereich der Vorhaben erläutert werden, die zu einer Toleranz gegenüber schädigenden Haltungsbedingungen und Umwelteinflüssen führen sollen. Im ersten Kapitel wurden in dieser Beziehung Ideen vorgestellt, die darauf abzielen, dass Tiere von bestimmten Umweltfaktoren weniger negativ beeinflusst werden. Dazu gehörten Vorhaben, die Einfluss auf die Temperaturempfindlichkeit von Tieren nehmen. Wird die Temperaturempfindlichkeit der Tiere auf genomeditorischem Wege verändert, dann ist es möglich, dass Tiere durch bestimmte Hitze- oder Kälteeinflüsse nicht geschädigt werden können. Manche dieser Vorhaben, mit denen eine Erhöhung der Temperaturtoleranz erzielt wird, können als Maßnahme zur Wohlverbesserung gegenüber der Elterngeneration betrachtet werden, manche hingegen nicht.

Gesetzt den Fall, dass sich durch die gewählten Wege, eine Temperaturtoleranz zu erreichen, keine Nachteile für die Tiere ergeben sollten, sind Tiere gegen widrige Umwelteinflüsse besser geschützt. Diesen Eindruck erhält man bei den Vorhaben, die für Rinder und Schweine angeführt wurden. Kann der Eindruck empirisch bestätigt werden, dass durch die genomeditorischen Veränderungen, die bei Rindern und Schweinen durchgeführt wurden, tierliche Interessen nicht negativ tangiert werden, dann handelt es sich bei diesen Vorhaben um solche, die das Wohl der Tiere gegenüber der Elterngeneration verbessern. Diese Vorhaben hätten den ersten Schritt des Entscheidungsbaumes passiert.

Bei anderen Vorhaben ist das allerdings anders zu sehen. Sollte hier beispielsweise eine Hitzetoleranz über eine Federlosigkeit bei Hühnern züchterisch zu verankern gesucht werden, mag es zwar der Fall sein, dass diese Hühner gegen Hitze toleranter sind, aber sie werden gegenüber Kälte, Regen wie auch Sonneneinstrahlung äußerst intolerant sein. Weiterhin wird die Gefahr gesteigert sein, dass sich die Tiere schneller Verletzungen zuziehen. Das Federkleid der Hühner ist in Hinsicht auf Hitzezustände vielleicht moderat dysfunktional, weist aber Funktionen auf, die dem Tierwohl auch zugutekommen. Macht man Hühner zu federlosen Tieren, so durchkreuzt man damit Interessen, die Hühner haben (z. B. nicht zu frieren, keine Schmerzen zu haben), und es ist auch nicht im Interesse der Tiere, da ihr Leben als Voraussetzungen für das Haben von Interessen z. B. durch die höhere Wahrscheinlichkeit, sich Verletzungen zuzuziehen, beeinträchtigt ist. Das Prinzip der Wohlverbesserung ist bei einer genomeditorischen Züchtung auf Federlosigkeit bei Hühnern als nicht erfüllt zu betrachten.

6.2   Genom-Editierung als tolerierbare Möglichkeit zur Angleichung einer Interessenberücksichtigung

Die Züchtung auf Federlosigkeit bei Hühnern ist auf der ersten Stufe des Entscheidungsweges ausgeschieden und ist daher nicht zu befürworten. Die Züchtung auf Kältetoleranz bei Schweinen und Rindern hat – unter der oben genannten Voraussetzung – diese Stufe passiert. Das wäre auch bei einer genomeditorischen Verankerung krankheitspräventiv wirkender Merkmale der Fall. Damit ist aber noch nicht gesagt, ob eine solche Maßnahme zu befürworten ist. Es ist noch weiter zu überlegen, wie solche Vorhaben, die die erste Stufe passiert haben, im Lichte des Prinzips der Angleichung der Interessenberücksichtigung zu sehen sind. Dazu ist zunächst zu überlegen, ob ein Vorhaben als eine tolerierbare Angleichung einer Interessenberücksichtigung angesehen werden kann. Ist dies zu bejahen, dann wäre das Vorhaben insgesamt zu befürworten.

Ein auf dieser Ebene zu befürwortendes Vorhaben scheint die Steigerung der Krankheitsresistenz von Nutztieren darzustellen. Krankheiten sind aus der Perspektive der betroffenen Tiere als etwas zu sehen, dem vorgebeugt werden sollte oder was es zu bekämpfen gilt – sind doch diese Krankheiten mit erheblichem Leid oder dem Tod verbunden. Das Leben der Tiere der Elterngeneration ist durch infektiöse Krankheiten in seiner Qualität und auch an sich bedroht. Auf konventionellem Weg der Tierzüchtung ist das Krankheitsproblem nur schlecht anzugehen und eine Änderung der Tierhaltung, in deren Folge die Gefahr infektiöser Krankheiten gebannt werden könnte, ist (zumindest global gesehen) nicht erwartbar. Die Genom-Editierung hingegen verspricht nun ein Mittel zu sein, mit dem man Krankheitsresistenzen oder auch -resilienzen züchterisch verankern kann. So gibt es bei den Projekten, die genomeditorisch vorangetrieben werden, eine Vielzahl, die die Implementierung von Krankheitsresistenzen in verschiedenen Tierarten angehen. Vorgestellt wurden im ersten Kapitel Züchtungsvorhaben bei Rindern, Schweinen, Geflügel und Fischen. Einer Gefahr zu erkranken oder auch indirekt durch Erkrankungen betroffen zu sein – z. B. durch eine drohende Keulung – kann durch die Genom-Editierung entgegengetreten werden. Die genomeditierten Filialgenerationen wären zudem auch auf Dauer besser gestellt als die Parentalgeneration, da infektiöse Krankheiten auch unabhängig von der menschlichen Tiernutzung eine Gefahr für die Tiere darstellen. Auch dann, wenn sich unser Umgang mit Tieren gebessert hätte, würde die Verankerung von Krankheitsresistenzen immer noch eine positive Auswirkung auf das tierliche Wohl haben.

Als Angleichung einer Interessenberücksichtigung können diese Maßnahmen angesehen werden, weil eine Krankheitsprävention als ernst zu nehmender Faktor betrachtet wird, der eine Genom-Editierung auch im Humankontext in den Bereich des Denkbaren rückt.[3] Hier wird zwar selten auf Infektionskrankheiten rekurriert, aber eine mögliche Verhinderung von vererbbaren Krankheiten

---

[3]Vgl. Gyngell 2017.

wie z. B. der Mukoviszidose wird durchaus diskutiert. Für eine etwaige Bejahung der Genom-Editierung in diesen Fällen wird für eine Begründung u. a. ein Rekurs auf Freiheit, Wohltätigkeit und Schädigungsvermeidung für sinnvoll erachtet.[4] Ähnlich kann man im Kontext der Tiere davon ausgehen, dass eine Krankheitsresistenz dem Wohl der Tiere zugutekommt, dass Schaden vermieden wird und dass dadurch Voraussetzungen für tierliche Selbstbestimmung erhalten werden. Mit diesem Begründungsstrang würde eine Befürwortung sogar auf einem speziesneutralen Fundament aufruhen. Es handelt sich aber nur um eine Angleichung, da die Interessen der Nutztiere in anderen Bereichen nicht in gleicher Weise berücksichtigt werden. Die Lage der Tiere ist – insbesondere in der industriellen Tierhaltung – immer noch miserabel.

Man könnte nun einwenden, dass sich durch die Krankheitsresistenz die Lage der Tiere verschlechtern könnte. Es wird zwar bei den entsprechenden Vorhaben als Motivation diese Projekte voranzutreiben, Tiergesundheit und eine Tierwohlbeförderung benannt. Aber es steht zu befürchten, dass es wohl doch eher produktionsorientierte Motive sind, die diesen Projekten Wind in die Segel gibt. Einen negativen Effekt auf das Tierwohl, der sich aufgrund dieser motivationalen Gemengelage ergibt – wie z. B. der, dass man es bei erfolgreicher Verankerung von Krankheitsresistenzen für möglich halten könnte, Tiere noch enger zu halten – gilt es deshalb abzufedern. Man könnte nämlich denken, dass die Tiere durch die Resistenz besser an beengte oder weniger hygienische Verhältnisse angepasst wären. Die Lage der Filialgeneration wäre zwar im Bereich der Abwehr bestimmter Krankheiten verbessert, aber im Bereich der Haltung könnte sie sich verschlechtern. Dem muss man über entsprechende Regelungen entgegentreten.

Das scheint auch politisch möglich zu sein, weil entsprechende Regelungen nicht nur im Interesse der Tiere, sondern darüber hinaus sowohl im Interesse der Landwirte wie auch im gesamtgesellschaftlichen Interesse sind. Die bisherigen Vorhaben setzen nämlich überwiegend an einer erregerspezifischen Resistenz an, so dass Tiere gegen einen bestimmten Erregertyp zwar über eine Resistenz verfügen, aber dadurch nicht allgemein gegen infektiöse Krankheiten gefeit sind. Andere Krankheiten können sich also bei hoher Bestandsdichte trotzdem schnell und vielleicht auch verheerend ausbreiten. Es scheint daher auch im langfristigen Interesse der Landwirte zu liegen, die Bestandsdichte nicht weiter anwachsen zu lassen. Gesamtgesellschaftlich ist eine Erhöhung der Bestandsdichte ebenfalls nicht wünschenswert, da ein Zusammenhang zwischen hohen Populationsdichten und dem Auftreten von Zoonosen gesehen wird.[5] Entsprechende rechtliche Vorgaben zur Tierhaltung wie auch Kampagnen zur Förderung der Tierwohls in der landwirtschaftlichen Nutzung müssen diese prudentiellen Überlegungen allerdings unterstützen, da evtl. kurzfristige Gewinnaussichten Überlegungen, die präventiv und eher langfristig orientiert sind, unterminieren können. Eine Anwendung

---

[4]Vgl. Deutscher Ethikrat 2019, S. 249.
[5]Vgl. Jones et al. 2013.

der Genom-Editierung zur Krankheitsprävention wäre also durchaus – mit entsprechenden flankierenden Regelungen zu den Haltungsbedingungen von Nutztieren – positiv zu beurteilen.

6.3 Genom-Editierung als tolerierbare Möglichkeit, eine ungleiche Interessenberücksichtigung möglichst gering zu halten

Es gibt aber einige Züchtungsvorhaben, die nicht wie oben geschildert als direkter Schritt in Richtung einer Angleichung einer Interessenberücksichtigung zu sehen sind. Das ist z. B. der Fall bei den Vorhaben, die dazu dienen sollen, leidverursachende Eingriffe zu vermeiden. Man kann bei einigen dieser Vorhaben davon ausgehen, dass sie das Prinzip der Wohlverbesserung erfüllen, wie z. B. bei der genomeditorischen Züchtung auf Hornlosigkeit bei Rindern. Es sind hier wenigstens m. W. keine negativen Auswirkungen auf den Interessenhaushalt der Tiere beschrieben. Das genomeditorisch hornlose Rind steht gegenüber der Elterngeneration, deren Mitglieder überwiegend leidvoll enthornt werden, besser da.

Dennoch würde man in diesem Fall nicht von einer Angleichung einer Interesseberücksichtigung sprechen wollen. Das von Mensch und Tier geteilte Interesse an Leidvermeidung würde bei menschlichen Wesen ausreichen, diese Praktiken, die mit einer Leidzufügung verbunden sind, als unzulässig zurückzuweisen. Man würde es im Humankontext für ethisch falsch halten, an einer Veränderung der Menschen anzusetzen, und würde vielmehr auf eine Änderung der Umstände drängen, die dazu führen, dass leidverursachende Eingriffe als nötig angesehen werden. Von einer Angleichung einer Interessenberücksichtigung kann keineswegs gesprochen werden – hier klaffen Human- und Tierkontext weit auseinander.

Eine genomeditorische Manipulation kann lediglich als Möglichkeit gesehen werden, eine ungleiche Interessenberücksichtigung möglichst gering zu halten. Ob dies tatsächlich der Fall ist, muss im Vergleich zu anderen Optionen, die dafür zur Verfügung stehen, entschieden werden. Eine andere Möglichkeit, eine Enthornung vermeiden zu können, wäre z. B. eine Verringerung der Bestandsdichte. Diese ist als nicht invasive Option der Genom-Editierung sicherlich vorzuziehen. Zudem würde das dem Umgang mit dem Problem im Humankontext auch näher kommen. Man könnte damit eher einen Übergang – eine Transition – zum Ideal erreichen. Gesetzt aber den Fall, dass zum einen die Enthornung wirklich eine notwendige Maßnahme darstellt und dass zum anderen nicht invasive Möglichkeiten wie z. B. eine Verringerung der Bestandsdichte politisch unmöglich wären, dann stünden diese Alternativen nicht mehr im Raum des Umsetzbaren. Damit wäre die Genom-Editierung auf Hornlosigkeit die Maßnahme, die eine Ungleichgewichtung von Interessen möglichst gering hält. Zudem wäre sie mit einem Übergang – einer Transition – zum Ideal zumindest vereinbar. Würde sich in Zukunft unser Umgang mit Tieren generell verbessern (etwa, weil die Bestandsdichte erheblich verringert wäre, so dass eine Enthornung nicht mehr notwendig wäre), würden die so gezüchtete Tiere zwar keine Vorteile aus der genomeditorischen Hornlosigkeit beziehen, aber sie hätten auch keine Nachteile dadurch. Eine genomeditorisch verankerte Hornlosigkeit wird das tierliche Wohl vermutlich nicht weiter beeinträchtigen.[6] Den Hörnern wird zwar eine Funktion bei der Temperaturregulation und der Kommunikation zugeschrieben, aber es steht zu vermuten, dass das Sozialverhalten der Rinder auch ohne Hörner gut funktioniert und dann keine beeinträchtigende Temperaturempfindlichkeit vorliegt. Das ist allerdings eine Vermutung, die der Bestätigung bedarf. Liege ich mit dieser Vermutung richtig, dann wäre die Züchtung auf Hornlosigkeit damit ethisch-pragmatisch zu befürworten.

---

[6]Mögliche Beeinträchtigungen werden z. B. bei Knierim et al. (2015) erwähnt..

Literatur

Ach, Johann S. 2021. Human Enhancement. In *Handbuch Technikethik*, Hrsg. A. Grunwald und R. Hillerbrand, 344–348. Stuttgart: J. B. Metzler.

Ach, Johann S. 2018. Interessen. In *Handbuch Tierethik*, Hrsg. J.S. Ach und D. Borchers, 41–44. Stuttgart: J.B. Metzler.

Ach, Johann S. 2015. Interesse. In *Lexikon der Mensch-Tier-Beziehungen*, Hrsg. A. Ferrari und K. Petrus, 173–175. Bielefeld: transcript Verlag.

Ach, Johann S. 2013. Tiere in der Lebensmittelproduktion: Welche allgemeinen ethischen Schutzkriterien lassen sich begründen? https://www.uni-muenster.de/imperia/md/content/bioethik/service/downloads/cfb_drucksache_1_2013_tiere_in_der_lebensmittelproduktion.pdf. Zugegriffen: 19. September 2022.

Ach, Johann S. 1999. *Warum man Lassie nicht quälen darf. Tierversuche und moralischer Individualismus*. Erlangen: Harald Fischer Verlag.

Adams, L. G., R. Barthel, J. A. Gutiérrez, und J.W. Templeton 1999. Bovine natural disease resistance macrophage protein 1 (NRAMP1) gene. *Archiv für Tierzucht* 42: 42–55.

Ali, A. und K. M. Cheng 1985. Early egg production in genetically blind (rc/rc) chickens in comparison with sighted (rc+/rc+) controls. *Poultry Science Reviews* 64: 789–794.

Attfield Robin 2014. *Environmental Ethics. An Overview for the Twenty-First Century*. Cambridge: Polity Press.

Attfield, Robin 2012. Biocentrism and Artificial Life. *Synthetic Biology* 21(1): 83–94.

Attfield, Robin 1995. Genetic Engineering: Can Unnatural Kinds be Wronged? In *Animal Genetic Engineering: Of Pigs, Oncomice and Men*, Hrsg. Wheale, P. und R. McNally, 201–210. London: Pluto Press.

Attfield, Robin 1998. Intrinsic value and transgenic animals. In *Animal Biotechnology and Ethics*, Hrsg. Holland, A. und A. Johnson, 172–189. London: Chapman & Hall.

Attfield, Robin 1987. *A Theory of Value and Obligation*. New York: Croom Helm.

Attfield, Robin 1983. *The Ethics of Environmental Concern*. Oxford: Basil Blackwell.

Attfield, Robin 1981. The Good of Trees. In *Journal of Value Inquiry* 15: 35–54.

Bahrati, Jaya, Meeti Punethy, B.A.A. Sai Kumar, G.M. Vidyalakshmi, Mihir Sarkar, Michaelj D'Occhio und Raj Kumar Singh, 2020. Genome editing in animals: an overview. In *Genomics and Biotechnological Advances in Veterinary, Poultry, and Fisheries*,Hrsg. Malik, Y.S., D. Barh, V. Azevedo, S.M.P Khurana, 75–104. London, San Diego, Cambridge: Academic Press.

Balser, M. 2018. Das Gemetzel geht weiter. https://www.sueddeutsche.de/wirtschaft/kuekenschreddern-das-gemetzel-geht-weiter-1.3924618. Zugegriffen: 05. November 2020.

Balzer, Philipp, Klaus Peter Rippe, und Peter Schaber. 1998. *Menschenwürde vs. Würde der Kreatur. Begriffsbestimmung, Gentechnik, Ethikkommissionen*. Freiburg, München: Karl Alber Verlag.

Bartsch, D., J. Bendiek, A. Braeuning, U. Ehlers, E. Dagand, N. Duensing, M. Fladung, C. Franz, E. Groeneveld, L. Grohmann, D. Habermann, F. Hartung, J. Keilwagen, G. Leggewie, A. Matthies, U. Middelhoff, H. Niemann, B. Petersen, A. Scheepers, W. Schenkel, T. Sprink, A. Stolz, C. Tebbe, D. Wahler, und R. Wilhelm. 2018.: Wissenschaftlicher Bericht zu den neuen Techniken in der Pflanzenzüchtung und der Tierzucht und ihren Verwendungen im Bereich der Ernährung und Landwirtschaft. https://www.bmel.de/SharedDocs/Downloads/Landwirtschaft/Pflanze/GrueneGentechnik/Bericht_Neue_Zuechtungstechniken.html. Zugegriffen 15. Mai 2020

Belshaw, Christopher. 2016. Death, Pain, and Animal Life. In *The Ethics of Killing Animals*, Hrsg. Višak, T. und R. Garner, 32–50. Oxford: Oxford University Press.

Benatar, David. 2006. *Better Never to Have Been. The Harm of Coming into Existence*. Oxford: Oxford University Press.

Benatar, David. 2017. *The Human Predicament. A Candid Guide to Life's Biggest Questions*. Oxford: Oxford University Press.

Berg, Frida, Ulla Gustafson und Leif Andersson. 2006. The Uncoupling Protein 1 Gene (UCP1) is Disrupted in the Pig Lineage: A Genetic Explanation for Poor Thermoregulation in Piglets. *PLOS Genetics* 2(8): e 129.

Bhullar, B. S., Z. S. Morris, E. M. Sefton, A. Tok, M. Tokita, B. Namkoong, J. Camacho, D. A. Burnham und A. Abzhanov. 2015. A molecular mechanism for the origin of a key evolutionary innovation, the bird beak and palate, revealed by an integrative approach to major transitions in vertebrate history. *Evolution. International Journal of Organic Evolution* 69(7): 1665–1677.

Birnbacher, Dieter. 2001. Instrumentalisierung und Menschenwürde. Philosophische Anmerkungen zur Debatte um Embryonen- und Stammzellforschung. *Jahrbuch der Heinrich-Heine-Universität Düsseldorf*, 243–257

Blix, Torill B., R. A. Dalmo, A. Wargelius und A. I. Myhr. 2021. Genome editing on finfish: Current status and implications for sustainability. *Reviews in Aquaculture* 13: 2344–2363.

BMEL 2021: Ausstieg aus der betäubungslosen Ferkelkastration. https://www.bmel.de/DE/themen/tiere/tierschutz/ferkelkastration201811.html. Zugegriffen: 13.Dezember 2022.

Boonin, David. 2014. *The Non-Identity Problem and the Ethics of Future People*. Oxford: Oxford University Press.

Bovenkerk, B., F. W. A. Brom und B. J. van den Bergh. 2002. Brave New Birds. The Use of 'Animal Integrity' in Animal Ethics. *Hastings Center Report*, 16–22.

Bovenkerk, Bernice und Hanneke J. Nijland. 2017. The Pedigree Dog Breeding Debate in Ethics and Practice: Beyond Welfare Arguments. *Journal of Agricultural and Environmental Ethics* 30, 387–412.

Bovenkerk, Bernice. 2020. Ethical Perspectives on modifying animals: beyond welfare arguments. *Animal Frontiers* 10(1): 45–50

Brandt, R. B. 1979. *A Theory of the Good and the Right*. Oxford: Oxford University Press.

Braithwaite, Victoria. 2010. *Do Fish Feel Pain?* Oxford: Oxford University Press.

Bravo, J.P.K., M.-S. Liu, G.N. Hibshman, T.L. Dangerfield, K. Jung, R. S. McCool, K. A. Johnson, und D. W. Taylor. 2020. Structural basis for mismatch surveillance by CRISPR/Cas9. *Nature* 603: 343–349.

Brock, Dan W. 1995. The Non-Identity Problem and Genetic Harms – The Case of Wrongful Handicaps. *Bioethics* 9(3/4): 269–275.

Brom, Frans, W. A. 1999. The use of 'intrinsic value of animals' in the Netherlands. In *Recognizing the Intrinsic Value of Animals: Beyond Animal Welfare*. Hrsg. Dol, M. et al., 15–28. Assen: Van Gorcum.

Buchanan, Allen. 2004. *Justice, Legitimacy, and Self-Determination*. Oxford: Oxford University Press.

Bunton-Stasyshyn, Rosie, K., G. F. Codner und L. Teboul. 2022. Screening and validation of genome-edited animals. *Laboratory Animals* 56(1): 69–81.

Burkard, C., S. G. Lillico, E. Reid, B. Jackson, A. J. Mileham, T. Ait-Ali, C. B. A. Whitelaw und A. L. Archibald. 2017. Precision engineering for PRRSV resistance in pigs: Macrophages from genome edited pigs lacking CD163 SRCR5 domain are fully resistant to both PRRSV genotypes while maintaining biological function. *PLOS Pathogens*, 13(2): e1006206.

Burkard, C., T. Opriessnig, A. J. Mileham, T. Stadejek, T. Ait-Ali, S. G. Lilico, C. B. A. Whitelaw, und A. L. Archibald. 2018. Pigs Lacking the Scavenger Receptor Cystein-Rich Domain 5 of CD 163 Are Resistant to Porcine Reproductive and Respiratory Syndrome Virus 1 Infection. *Journal of Virology*, 92(16): e004115–18.

Cahaner, A., J. A. Ajuh, M. Siegmund-Schultze, Y. Azoulay, S. Druyan, und A. Valle-Zárater. 2008. Effects of the Genetically Reduced Feather Coverage in Naked Neck and Featherless Broilers on Their Performance Under Hot Conditions. *Poultry Science*, 87: 2517–2527.

Camenzind, Samuel. 2020. *Instrumentalisierung. Zu einer Grundkategorie der Ethik der Mensch-Tier-Beziehung.* Leiden: mentis/Brill.

Carey, Brian. 2015. Towards a ,Non-Ideal' Non-Ideal Theory. *Journal of Applied Philosophy*, 32(2): 147–162.

Carlson, D.F., C.A. Lancto, B. Zang, E. S. Kim, M. Walton, D. Oldeschulte, C. Seabury, T. S. Sonstegard und S. C. Fahrenkrug. 2016. Production of hornless dairy cattle from genome-edited cell lines. *Nature Biotechnology*, 34: 479–481.

Casoni, D., A. Mirra, M. R. Suter, A. Gutzwiller und C. Spadavecchia. 2019. Can disbudding of calves (one versus for weeks of age) induce chronic pain? *Physiology & Behavior*, 199: 47–55.

Chakrapani, Vemulawada, Swagat K. Patra, Rudra P. Panda, Kiran D. Rasal, Pallipiram Jayasankar und Hirak K. Barman. 2016. Establishing targeted carp TLR22 gene disruption via homologous recombination using CRISPR/Cas9. *Developmental and Comparative Immunology* 61: 242–247.

Chan, S. 2009. Should we enhance animals? *Journal of Medical Ethics* 35: 678–683.

Cochrane, Alasdair. 2012. *Animal Rights Without Liberation. Applied Ethics and Human Obligations.* New York: Columbia University Press.

Cochrane, Alasdair. 2019. Good Work for Animals. In *Animal Labour*, Hrsg. C. E. Blattner, K. Coulter und W. Kymlicka, 48–64. Oxford: Oxford University Press.

Cohen, Shlomo. 2016. Genetic Integrity, Authenticity, and Aesthetic Worth. *Ethics, Policy & Environment* 18(3): 271–274.

Comstock, G. 1992. What Obligations Have Scientists to Transgenic Animals? *Ethics and Patenting of Transgenic Organisms. NABC 4 optional symposium*, 47–62.

Damschen, Gregor und Dieter Schönecker. 2003. In dubio pro embryone. Neue Argumente zum moralischen Status menschlicher Embryonen. In *Der moralische Status menschlicher Embryonen. Pro und contra Spezies-, Kontinuums-, Identitäts- und Potentialitätsargument.* Hrsg. Damschen, Gregor und Dieter Schönecker, 187–267. Berlin, New York: deGruyter.

Davidson, Donald. 1985. Rational Animals. In *Actions and Events: Perspectives on the Philosophy of Donald Davidson*, Hrsg. Ernest LePore und Brian P. McLaughlin. 473–480. Oxford: Blackwell.

DeGrazia, David 2015. Gleiche Berücksichtigung und ungleicher moralischer Status. In *Tierethik*, Hrsg. F. Schmitz. 133–152, Berlin: Suhrkamp.

DeGrazia, David. 2012. *Human Identity and Bioethics.* Cambridge: Cambridge University Press.

DeGrazia, David. 2010. Is it wrong to impose the harms of human life? A reply to Benatar. *Theoretical Medicine and Bioethics* 31: 317–331.

DeGrazia, David. 1996. *Taking Animals Seriously. Mental Life and Moral Status.* Cambridge: Cambridge University Press.

DGfZ Deutsche Gesellschaft für Züchtungskunde: Stellungnahme der DGfZ zu Chancen und Risiken des Gen-Editings bei Nutztieren. https://www.dgfz-bonn.de/services/files/stellung-nahmen/DGfZ%20Stellungnahme%20zum%20Gene%20Editing%20long%20version_FINAL_Druc.pdf. Zugegriffen: 19. September 2022.

Delon, Nicolas. 2022. Wild Animal Ethics: Well-Being, Agency, and Freedom. *Philosophia* 50: 875–885

Delon, Nicolas. 2018. Animal Agency, Captivity, and Meaning. *The Harvard Review of Philosophy*.

Deutscher Ethikrat. 2019. Eingriffe in die menschliche Keimbahn. Stellungnahme. https://www.
    ethikrat.org/fileadmin/Publikationen/Stellungnahmen/deutsch/stellungnahme-eingriffe-in-
    die-menschliche-keimbahn.pdf. Zugegriffen: 13. Juli 2022.
Devolder, K und M. Eggel. 2019. No Pain, No Gain? In Defence of Genetically Disenhancing
    (Most) Research Animals. *Animals* 9(4): 154.
deVries, Rob. 2008. Intrinsic Value and the Genetic Engineering of Animals. *Environmental
    Values* 17(3): 375–392.
deVries, Rob. 2006. Genetic Engineering and the Integrity of Animals. *Journal of Agricultural
    and Environmental Ethics* 19: 469–493.
Dikmen, S., F. A. Khan, H. J. Huson, T. S. Sonstegard, J. I. Moss, G. E. Dahl und P. J. Hansen.
    2014. The SLICK hair locus derived from Senepol cattle confers thermotolerance to
    intensively managed lactating Holstein cows. *Journal of Dairy Science* 97(9): 5508–5520.
Donaldson, S. und W. Kymlicka. 2013. *Zoopolis. Eine politische Theorie der Tierrechte*. Berlin:
    Suhrkamp.
Donovan, D. M., D. E. Kerr, und R. J. Wall. 2005. Engineering disease resistant cattle.
    Transgenic Research 14: 563–567
Doran, T., A. Challagulla, C. Cooper, M. Tizard, und K. Jenkins. 2016. Genome editing in
    poultry – opportunities and impacts. *National Institutes of Bioscience Journal* 1
Dunn, John. 2019. Lymphoid Leukosis in Poultry. https://www.merckvetmanual.com/poultry/
    neoplasms/lymphoid-leukosis-in-poultry?redirectid=22936. Zugegriffen: 11. November
    2020.
Dvorsky, George. 2008. All Together Now: Developmental and ethical considerations for
    biologically uplifting nonhuman animals. *Journal of Evolution & Technology* 18(1): 129–
    142.
Elaswad, Ahmed und Rex Dunham. 2018. Disease reduction in aquaculture with genetic and
    genomic technology: current and future approaches. *Reviews in Aquaculture* 10: 876–898.
Fehse, B. 2018. Genomeditierung durch CRISPR und Co. In *Stammzellforschung. Aktuelle
    wissenschaftliche und gesellschaftliche Entwicklungen*, Hrsg. M. Zenke, L. Marx-Stöltung,
    und H. Schick, 97–113. Baden-Baden: Nomos.
Feinberg, Joel. 1986. Wrongful Life and the Counterfactual Element in Harming. *Social
    Philosophy & Policy* 4(1): 145–178.
Feinberg, Joel. 1984. *Harm to Others*. New York, Oxford: Oxford University Press.
Ferrari, A. 2013. Visionen von Animal Enhancement und Perspektiven für die Technikfolgenab-
    schätzung. *Technikfolgenabschätzung – Theorie und Praxis* 22(1): 53–61.
Ferrari, A. 2012. Animal Disenhancement for Animal Welfare: The Apparent Philosophical
    Conundrums and the Real Exploitation of Animals. A Response to Thompson and Palmer.
    Nanoethics 6: 65–76.
Ferrari, A., C. Coenen, A. Grunwald, und A. Sauter. 2010. *Animal Enhancement. Neue technische
    Möglichkeiten und ethische Fragen*. Eidgenössische Ethikkommission für die Biotechnologie
    im Ausserhumanbereich EKAH, Bern: Bundesamt für Bauten und Logistik BBL.
Ferrari, A. 2008a. *Genmaus & Co. Gentechnisch veränderte Tiere in der Biomedizin*. Erlangen:
    Harald Fischer Verlag.
Ferrari, A. 2008b. Ethische Herausforderungen der gentechnischen Herstellung empfindungsun-
    fähiger bzw. leidensunfähiger Tiere. CD-Rom zum XXI. Deutschen Kongress für Philosophie
    'Lebenswelt und Wissenschaft'. https://www.researchgate.net/profile/Arianna-Ferrari-2/
    publication/237249620_Ethische_Herausforderungen_der_gentechnischen_Herstellung_
    empfindungsunfahiger_bzw_leidensunfahiger_Tiere/links/54be42660cf218d4a16a56f9/
    Ethische-Herausforderungen-der-gentechnischen-Herstellung-empfindungsunfaehiger-bzw-
    leidensunfaehiger-Tiere.pdf. Zugegriffen 04.01.2022.
Fischer, Bob. 2020. In Defence of Neural Disenhancement to Promote Animal Welfare. In
    Neuroethics and Nonhuman Animals, Hrsg. L.S. Johnson, A. Fenton, und A. Shriver, 135–
    150. Cham: Springer.

Forst, Rainer: Toleration. In *The Stanford Encyclopedia of Philosophy* (Fall 2017 Edition), Hrsg. Edward N. Zalta. https://plato.stanford.edu/archives/fall2017/entries/toleration/Zugegriffen: 11. Oktober 2020.

Fox, Michael. 1992. *Superpigs and Wondercorn. The Brave New World of Biotechnology and Where it All May Lead*. New York: Lyons & Burford.

Fox, Michael. 1990. Transgenic Animals: Ethical and Animal Welfare Concerns. In *The Biorevolution: cornucopia or Pandora's box?* Hrsg. P. Wheale, und R. McNally, 31–45. London: Pluto Press.

Frey, Raimund G. 1980. *Interests and Rights: The Case Against Animals*. Oxford: Clarendon Press.

Gao Y, H. Wu, Y. Wang, H. Liu, L. Chen, Q. Li, C. Cui, X. Liu, J. Zhang, und Y. Zhang. 2017. Single Cas9 nickase induced generation of NRAMP1 knockin cattle with reduced off-target effects. *Genome Biology* 18(1): 1–15.

Gardner, Molly. 2015. A Harm-Based Solution to the Non-Identity Problem. *Ergo* 2, 17: 427–444.

Garner, Robert. 2020. Animal Rights and Captivity in a Non-Ideal World. In *Neuroethics and Nonhuman Animals*, Hrsg. L.S.M. Johnson, A. Fenton, und A. Shriver, 191–204. Cham: Springer Nature Switzerland.

Garner, Robert. 2016. Animals, Politics and Democracy. In *The Political Turn in Animal Ethics*, Hrsg. R. Garner und S. O'Sullivan, 103–117. London: Rowman & Littlefield.

Garner, Robert. 2013. *A Theory of Justice. Animal Rights in a Nonideal World*. Oxford: Oxford University Press.

Gavrell Ortiz, S. E. 2004. Beyond welfare: animal integrity, animal dignity, and genetic engineering. *Ethics & the Environment* 9: 94–120.

Gilabert, P und H. Lawford-Smith. 2012. Political Feasibility: A Conceptual Exploration. *Political Studies* 60: 809–825.

Grimm, Herwig und Christian Dürnberger. 2021. *Genome Editing und Gentherapie in der Veterinärmedizin. Ein ethisches Gutachten*. Bern: Bundesamt für Bauten und Logistik.

Guha, T. K., A. Wai und G. Hausner. 2017. Programmable Genome Editing Tools and their Regulation for Efficient Genome Engineering. *Computational and Structural Biotechnology Journal* 15: 146–160.

Guo, C., Wang Min, Zhu Zhenbang, He Sheng, Liu Hongbo, Liu Xiaofeng, Shi Xuan, Tang Tao, Yu Piao und Zeng Jianhua. 2019. Highly efficient generation of pigs harboring a partial deletion of the CD 163 SRCR5 domain, which are fully resistant to porcine reproductive and respiratory syndrome virus 2 infection. *Frontiers in Immunology* 10.

Gyngell, Christopher, Thomas Douglas und Julian Savulescu. 2017. The Ethics of Germline Gene Editing. *Journal of Applied Philosophy* 34(4): 498–513.

Haapaniemi, E., S. Botla, J. Persson, B. Schmierer, und J. Taipale. 2018. CRISPR–Cas9 genome editing induces a p53-mediated DNA damage response. *Nature Medicine*. 24: 927–930.

Hagen, Kristin und Donald M. Broom. 2004. Emotional reactions to learning in cattle. *Applied Animal Behaviour Science* 85: 203–213.

Hallich, Oliver. 2022. *Besser nicht geboren zu sein? Eine Verteidigung des Anti-Natalismus*. Berlin, Heidelberg: Metzler.

Hallich, Oliver: Besser nicht geboren zu sein. Ist es rational die eigene Existenz zu bedauern? *Zeitschrift für Praktische Philosophie* 5(2): 179–212.

Hammer, Caroline und Armin Spök. 2019. Genome Editing in der Tierzucht. In *Genome Editing – Interdisziplinäre Technikfolgenabschätzung*, Hrsg. A. Lang, A. Spök, M. Gruber, D. Harrer, C. Hammer, F. Winkler, L. Kaelin, H. Hönigmayer, A. Sommer, M. Wuketich, M. Fuchs und E. Griessler, 219–237. TA-SWISS Publikationsreihe TA 70/2019. Zürich: vdf.

Hansen, P. J. 2020. Prospects for gene introgression or gene editing as a strategy for reduction of the impact of heat stress on production and reproduction in cattle. *Theriogenology*, 154: 190–220.

Hanser, Matthew. 2009. Harming and Procreating. In *Harming Future Persons. Ethics, Genetics and the Nonidentity Problem*, Hrsg. M. A. Roberts und D. T. Wasserman, 179–199. Dordrecht u. a.: Springer.

Hanser, Matthew. 2008. The Metaphysics of Harm. *Philosophy and Phenomenological Research* 77(2): 421–450.

Hare, Richard M. 1997. *Sorting Out Ethics*. Oxford: Oxford University Press.

Hare, Richard M. 1981. *Moral Thinking. Its Levels, Method, and Point*. Oxford: Oxford University Press.

Harman, Elizabeth. 2009. Harming as Causing Harm. In *Harming Future Persons. Ethics, Genetics and the Nonidentity Problem*, Hrsg. M. A. Roberts und D. T. Wasserman, 137–154. Dordrecht u. a.: Springer.

Harman, Elizabeth. 2004. Can We Harm and Benefit in Creating? *Philosophical Perspectives* 18: 89–113.

Harris, J. 2007. *Enhancing Evolution. The Ethical Case for Making Better People*. Princeton: Princeton University Press.

Hauskeller, Michael. 2007a. Telos. In *Biotechnology and the Integrity of Life. Taking Public Fears Seriously*, Michael Hauskeller, 49–60. Aldershot, Burlington: Ashgate.

Hauskeller, Michael. 2007b. Genetic Essentialism. *Biotechnology and the Integrity of Life. Taking Public Fears Seriously*, Michael Hauskeller, 103–116. Aldershot, Burlington: Ashgate.

Hauskeller, Michael. 2007c. Moral Disgust. In *Biotechnology and the Integrity of Life. Taking Public Fears Seriously*, Michael Hauskeller, 127–149. Aldershot, Burlington: Ashgate.

Hauskeller, Michael. 2005. Telos: The Revival of an Aristotelian Concept in Present Day Ethics. *Inquiry* (Oslo) 48(1): 62–75.

Haynes, Richard, P. 2008. *Animal Welfare. Competing Conceptions and their Ethical Implications*. Dordrecht: Springer.

Heeger, Robert und Frans W. A. Brom. 2001. Intrinsic Value and Direct Duties: From Animal Ethics Towards Environmental Ethics. *Journal of Agricultural and Environmental Ethics* 14: 241–252.

Heeger, Robert. 2001. Genetic Engineering and the Dignity of Creatures. *Journal of Agricultural and Environmental Ethics* 13: 43–51.

Heeger, Robert. 1997. Respect for Animal Integrity? In *Science, Ethics, Sustainability. The responsibility of Science in Attaining Sustainable Development*, (Hrsg.) A. Nordgren, 243–252. Uppsala: Uppsala University.

Hellmich, R., H. Sid, K. Lengyel, K. Flisikowski, A. Schlickenrieder, D. Bartsch, T. Thoma, L. D. Bertzbach, B. B. Kaufer, V. Nair, R. Preisinger und B. Schusser. 2020. Acquiring Resistance Against a Retroviral Infection via CRISPR/Cas9 Targeted Genome Editing in a Commercial Chicken Line. *Frontiers in Genome Editing* 2(3).

Heyd, David. 1992. *Genethics. Moral Issues in the Creation of People*. Berkeley, Los Angeles: University of California Press.

Hiekel, Susanne. 2007. Das teleologische Erklärungsmodell in der Biologie. In *Ethische Aspekte des züchterischen Umgangs mit Pflanzen*, Hrsg. C. F. Gethmann und S. Hiekel, 19–30. Berlin Brandenburgische Akademie der Wissenschaften.

Hoerster, Norbert. 2003. *Ethik und Interesse*. Stuttgart: Reclam.

Holdrege, Craig. 2002. Seeing the Integrity and Intrinsic Value of Animal: Developing Appreciative Modes of Understanding. In *Genetic Enginieering and the Intrinsic Value and Integrity of Animals and Plants*, Hrsg. D. Heaf und J. Wirz, 18–23. Hafan: Ifgene.

Holland, Alan. 1998. Species are dead. Long live genes! In Animal Biotechnology and Ethics, Hrsg. A. Holland und A. Johnson, 225–242. London u. a.: Chapman & Hall.

Holland, Alan. 1995. Artificial Lives: Philosophical Dimensions of Farm Animal Biotechnology. *Issues in Agricultural Bioethics*. Proceedings of the 55th University of Nottingham Easter School in Agricultural Science, 293–305. Nottingham: Nottingham University Press.

Holland, Alan. 1990. The Biotic Community: A Philosophical Critique of Genetic Engineering. In *The Bio-Revolution: Cornucopia or Pandora's Box?* Hrsg. P. Wheale und R. McNally, 166–174. London: Pluto.

Holtug, N. 1996. Is Welfare All That Matters in Our Moral Obligations to Animals? *Acta Agriculturae Scandinavia, Section A Animal Science* 27: 16–21.

Hübner, A., B. Petersen, G. M. Keil, H. Niemann, T. C. Mettenleiter und W. Fuchs. 2018. Efficient inhibition of African swine fever virus replication by CRISPR/Cas9 targeting of the viral p30 gene (CP204L). *Scientific Reports* 8(1): 1449.

Ishii, T. 2017. Genome-edited livestock: Ehtics and social acceptance. *Animal Frontiers* 7(2): 24–32.

Johannson, Jens und Olle Risberg. 2019. The preemption problem. Philosophical Studies 176: 351–365.

Jollimore, Troy. 2022. Impartiality. In: *The Stanford Encyclopedia of Philosophy* Hrsg. Edward N. Zalta. https://plato.stanford.edu/archives/sum2022/entries/impartiality/>. Zugegriffen: 23. Mai 2022.

Jones, Bryony A., D. Grace, R. Kock, S. Alonso, J. Rushton, M. Y. Said, D. McKeever, F. Mutua, J. Young, J. McDermott und D. U. Pfeiffer. 2013. Zoonosis emergence linked to agricultural intensification and environmental change. *Proceedings of the National Academy of Science PNAS* 110(21): 8399–8404.

Joy, Melanie. 2021. *Warum wir Hunde lieben, Schweine essen und Kühe anziehen. Karnismus – eine Einführung*. Münster: compassion media.

Kadam, U. S., R. M. Shelake, R. L. Chavan und P. Suprasanna. 2018. Concerns Regarding »Off Target« Activity of Genome Editing Endonucleases. *Plant Physiology and Biochemistry*. https://www.sciencedirect.com/science/article/abs/pii/S0981942818301505?via%3Dihub. Zugegriffen: 08. Oktober 2020.

Kavka, Gregory. 1982. The Paradox of Future Individuals. *Philosophy and Public Affairs* 11(2): 93–112.

Kawall, Katharina, Janet Cotter, und Christoph Then. 2020. Broadening the GMO risk assessment in the EU for genome editing technologies in agriculture. *Environmental Sciences Europe* 32: 106.

Kim, Julan, Ja, Y. Cho, Ju-Wong Kim, Dong-Gyun Kim, Bo-Hye Nam, Bong-Seok Kim, Woo-Jin Kim, Young-Ok Kim, JaeHun Cheong und Hee J.Kong. 2021. Molecular Characterization of *Paralichthys olivaceus* MAF1 and Its Potential Role as an Anti-Viral Hemorrhagic Septicaemia Virus Factor in Hirame Natural Embryo Cells. *International Journal of Molecular Science* 22: 1353.

Knierim, Ute, Nora Irrgang und Beatrice R. Roth. 2015. To be or not to be horned – Consequences in cattle. *Livestock Science* 179: 29–37.

Koch, C. 2004. The Quest for Consciousness. A Neurobiological Approach. Engelwood, CO: Roberts & Company Publishers.

Korsgaard, Christine. 2018. *Fellow Creatures. Our Obligations to the Other Animals*. Oxford: Oxford University Press.

Korsgaard, Christine. 2015. Mit Tieren interagieren: Ein kantianischer Ansatz. In *Tierethik*, Hrsg. F. Schmitz, 243–286. Berlin: Suhrkamp.

Koslová, A., P. Trefil, J. Mucksová, M. Reinišová, J. Plachý, J. Kalina, D. Kučerová, J. Geryk, V. Krchlíkoková, B. Lejčková und J. Hejnar. 2020. Precise CRISPR/Cas9 editing of the NHE1 gene renders chickens resistant to the J subgroup of avian leukosis virus. *Proceedings of the National Academy of Science PNAS* 117: 2108–2112.

Koslová, A., D. Kučerová, M. Reinišová, J. Geryk, P. Trefil, und J. Hejnar. 2018. Genetic Resistance to Avian Leukosis Viruses Induced by CRISPR/Cas9 Editing of Specific Receptor Genes in Chicken Cells. *Viruses* 10(11): 605.

Kristiansen, Tore S., Anders Fernö, Michail A. Pavlidis und Hans van de Vis, Hrsg. 2020. *The Welfare of Fish*. Cham: Springer Switzerland.

Kurtz, S., A. Lucas-Hahn, B. Schlegekberger, G. Göhring, H. Niemann, T. C. Mettenleiter, und B. Petersen. 2021. Knockout of the HMG domain of the porcine SRY gene causes sex reversal in gene-edited pigs. *Proceedings of the National Academy of Science PNAS* 118(2): e2008743118.

Ladwig, Bernd. 2021. Nichtideale Theorie der Gerechtigkeit für Tiere. *Zeitschrift für Praktische Philosophie* 8(2): 143–174.

Ladwig, Bernd. 2020. *Politische Philosophie der Tierrechte*. Berlin: Suhrkamp.

Lang A., C. Hammer und A. Spök. 2019. Grundlagen des Genome Editings. In *Genome Editing – Interdisziplinäre Technikfolgenabschätzung*, Hrsg. A. Lang, A. Spök, M. Gruber, D. Harrer, C. Hammer, F. Winkler, L. Kaelin, H. Hönigmayer, A. Sommer, M. Wuketich, M. Fuchs, M. und E. Griessler, 79–100. TA-SWISS Publikationsreihe TA 70/2019. Zürich: vdf.

Lang, Alexander und Griessler, Erich: Keimbahntherapie und Genome Editing. In *Genome Editing – Interdisziplinäre Technikfolgenabschätzung*, Hrsg. A. Lang, A. Spök, M. Gruber, D. Harrer, C. Hammer, F. Winkler, L. Kaelin, H. Hönigmayer, A. Sommer, M. Wuketich, M. Fuchs, M. und E. Griessler, 151–180. TA-SWISS Publikationsreihe TA 70/2019. Zürich: vdf.

Lee, J.L., K.Y. Lee, K.M. Jung, K.J.Par, K.O. Lee, J.-Y. Suh, Y. Yao, V. Nair und J. Y. Han. 2017. Precise gene editing of chicken Na+/H+ exchange type 1 (chNHE1) confers resistance to avian leukosis virus subgroup j (ALV-J). *Developmental & Comparative Immunology*, 77: 340–349.

Lillico, S. G., C. Proudfoot, T. J. King, W. Tan, L. Zhang, R. Mardjuki, D. E. Paschon, E. J. Rebar, F. D. Urnov, A. J. Mileham, D. G. McLaren, A. Bruce und A. Whitelaw. 2016. Mammalian interspecies substitution of immune modulatory alleles by genome editing. *Scientific Reports* 6: 21645.

Liu, X., Y. Wang, Y. Tian, Y. Yu, M. Gao, G. Hu, F. Su, S. Pan, Y. Luo, Z. Guo, F. Quan und Y Zhang. 2014. Generation of mastitis resistance in cows by targeting human lysozyme gene to b-casein locus using zinc-finger nucleases. *Proceedings of the Royal Society B: Biological Sciences* 281: 20133368.

Long J. S., E. S. Giotis, O. Moncorgé, R. Frise, B. Mistry, J. James, M. Morisson, M. Iqbal, A. Vignal, M. A. Skinner und W. S. Barclay. 2016. Species difference in ANP32A underlies influenza A virus polymerase host restriction. *Nature* 529:101–104.

Long, J.S., A. Idoko-Akoh, B. Mistry, H. Goldhill, E. Staller, J. Schreyer, C. Ross, S. Goodbourn, H. Shelton, M. A. Skinner, M. Sang, M. J. McGrew und W. S. Barclay. 2019. Avian ANP32B does not support influenza A virus polymerase and influenza A virus relies exclusively on ANP32A in chicken cells. https://www.biorxiv.org/content/https://doi.org/10.1101/512012v1. Zugegriffen: 04. November 2020.

Lynch, M. 1988. Sacrifice and the transformation of the animal body into a scientific object: laboratory culture and ritual practice in the neurosciences. *Social Studies of Science* 18: 265–289.

Ma, Jie, Yuding Fan, Yong Zhou, Wenzhi Liu, Nan Jiang, Jieming Zhang und Lingbing Zeng. 2018. Efficient resistance to grass carp reovirus infection in JAM-A knockout cells using CRISPR/Cas9. *Fish and Shellfish Immunology* 76: 206–215.

Machold, Ulrike: Kohlendioxid-Betäubung beim Schwein – gibt es eine tierschutzgerechte Gasbetäubung? *Mitteilungsblatt Fleischforschung Kulmbach* 54: 87–94.

Mackie, John L. 1983. *Ethik. Die Erfindung des Richtigen und des Falschen*. Stuttgart: Reclam.

McElwain, Gregory S. 2016. The Mixed Community. In *Science and the Self: Animals, Evolution, and Ethics: Essays in Honor of Mary Midgley*, Hrsg. I. J. Kidd und L. McKinnell, 41–51. London: Routledge.

McMahan, J. 2008.: Eating Animals the Nice Way. *Daedalus* 137(1): 66–76.

Meagher, Rebecca K., Emma Strazhnik, Marina A. G. von Keyserlink und Daniel Weary. 2020. Assessing the motivation to learn in cattle. *Scientific Reports* https://doi.org/10.1038/s41598-020-63848-1. *Zugegriffen: 10. Dezember 2021.*

Mehravara, M., A. Shirazia, M. Nazaric und M. Banand. 2019. Mosaicism in CRISPR/Cas9-mediated Genome Editing. *Developmental Biology*, 445: 156–162.

Midgley, M. 2000. Biotechnology and Monstrosity: Why We Should Pay Attention to the "Yuk-Factor". *The Hastings Center Report* 30(5): 7–15.

Midgley, M. 1983. *Animals and Why They Matter*. Athens: University of Georgia Press.

Millar, K. und D. Morton. 2009. Animal Integrity in Modern Farming. In *Ethics, Law and Society*, Hrsg. J. Gunning, S. Holm und I. Kenway, 19–30. Farnham: Ashgate.

Najjar, D. A. 2018. *Towards A More Ethical Animal Model in Biomedical Research*. (Masterarbeit) MIT Libraries

Neubauer-Juric, Antonie. 2022. Aviäre Influenza (AI) Geflügelpest. https://www.lgl.bayern.de/tiergesundheit/tierkrankheiten/virusinfektionen/gefluegelpest/index.htm. Zugegriffen: 13. Dezember 2022

Niemann, H. und B. Petersen. 2017. Chancen und Risiken neuer Züchtungstechniken bei landwirtschaftlichen Nutztieren. *Im Fokus: Berichte aus der Forschung des FLI*

Niesen, Peter. 2014. Kooperation und Unterwerfung. *Mittelweg* 36(5): 45–58.

Niu, Yuyu, Bin Shen, Yiqiang Cui, Yongchang Chen, Jianying Wang, Lei Wang, Yu Kang, Xiaoyang Zhao, Wei Si, Wei Li, Andy Peng Xiang, Jiankui Zhou, Xuejiang Guo, Ye Bi, Chenyang Si, Bian Hu, Guoying Dong, Hong Wang, Zuomin Zhou, Tianqing Li, Tao Tan, Xiuqiong Pu, Fang Wang, Shaohui Ji, Qi Zhou, Xingxu Huang, Weizhi Ji und Jiahao Sha. 2014. Generation of Gene-Modified Cynomolgus Monkey via Cas9/RNA-Mediated Gene Targeting in One-Cell Embryos. *Cell* 156(4): 836–843.

Nuffield Council of Bioethics: Genome editing and farmed animal breeding: social and ethical issues. https://www.nuffieldbioethics.org/publications/genome-editing-an-ethical-review. Zugegriffen: 25. Januar 2022.

Nussbaum, Martha C. 2007. *Frontiers of Justice. Disability, Nationality, Species Membership*. Cambridge u.a.: The Belknap Press.

O'Brien, Wendell. 2014. Boredom. *Analysis* 74(2): 236–244.

O'Neill, John. 1992. The Varieties of Intrinsic Value. *The Monist* 75(2): 119–137.

Omerbasic, Alina: Genome Editing, Non-Identity and the Notion of Harm. In *Between Moral Hazard and Legal Uncertainty. Ethical, Legal and Societal Challenges of Human Genome Editing*, Hrsg. M. Braun, H. Schickl, P. Dabrock, 67–81. Wiesbaden: Springer Nature.

Omerbasic-Schiliro, Alina. 2022. *Das Problem der Nicht-Identität und die Grenzen der personenbezogenen Moral*. Paderborn: Brill mentis.

Padden-Elder, Maximilian: The Fish Pain Debate: Broadening Humanity's Horizon. *Journal of Animal Ethics* 4(2): 16–29.

Palgrave, C. J., L. Gilmore, C. S. Lowden, S. G. Lilico, M. A Mellencamp,. C. B. Whitelaw. 2011. Species-specific variation in RELA underlies differences in NF-kappaB activity: a potential role in African swine fever pathogenesis. *Journal of Virology*, 85(12): 6008–6014.

Palmer, Claire. 2012. Does breeding a bulldog harm it? Breeding, ethics and harm to animals. *Animal Welfare* 21: 157–166.

Palmer, Clare. 2011. Animal Disenhancement and the Non-Identity Problem: A Response to Thompson. *Nanoethics* 5: 43–48.

Palmer, Clare. 2010. Attfield and Animals. Capacities and Relations in Attfield's Environmental Ethics. In *Creation, Environment, and Ethics*, Hrsg. R. Humphreys und S. Vlacos, 105–119. Newcastle upon Tyne: Cambridge Scholars Publishing.

Parfit, Derek. 1984. *Reasons and Persons*. Oxford: Oxford University Press.

Parry, Lucy C. 2016. Deliberative Democracy and Animals: Not So Strange Bedfellows. In *The Political Turn in Animal Ethics*, Hrsg. R. Garner und S. O'Sullivan, 137–153. London: Rowman & Littlefield.

Pearson, Helen. 2002. Your destiny from day one. *Nature* 18: 14–15.

Pelluchon, Corine. 2020. *Manifest für die Tiere*. München: Beck.

Pluhar, E. 2015. Gibt es einen moralisch relevanten Unterschied zwischen menschlichen und tierlichen Nicht-Personen? In *Tierethik*, Hrsg. F. Schmitz, 115–132. Frankfurt am Main: Suhrkamp.

Porto-Neto, L.R., D. M. Bickhart, A. J. Landaeta-Hernandez, Y. T. Utsunomiya, M. Pagan, E. Jimenez, P. J. Hansen, S. Dikmen, J. B. Cole, D. J. Null, J. F. Garcia, A. Reverter, W.

Barendse und T. S. Sonstegard. 2018. Convergent Evolution of Slick Coat in Cattle through Truncation Mutations in the Prolactin Receptor. *Frontiers in Genetics* 9: 1–8.

Proudfoot, C., S. Lillico und C. Tait-Burkhart. 2019. Genome editing for disease resistance in pigs and chickens. *Animal Frontiers* 9: 6–12.

Rachels, James. 1990. *Created from Animals: The Moral Implications of Darwinism*. Oxford: Oxford University Press.

Rawls, John. 1971. *A Theory of Justice*. Cambridge (Mass.): The Belknap Press.

Rawls, John. 2002. Das Recht der Völker. Berlin, Boston: De Gruyter.

Regan, T. 2004. *The Case for Animal Rights*. Berkeley, Los Angeles: University of California Press.

Rhowan, Y. und E. Marris. 2016. Is There a Prima Facie Duty to Preserve Genetic Integrity in Conservation Biology? *Ethics, Policy & Environment* 18(3): 233–247.

Rice, J. A., L. Carasco-Medina, D. C. Hodgins und P. E. Shewen. 2008. Mannheimia haemolytica and Bovine Respiratory Disease. *Animal Health Research Reviews*, 8(2): 117–128.

Roberts, Melinda, A. The Nonidentity Problem. The Stanford Encyclopedia of Philosophy, Hrsg. Edward N. Zalta https://plato.stanford.edu/archives/fall2021/entries/nonidentity-problem/. Zugegriffen: 05. Mai 2022.

Robertson, John A. 2003. Procreative Liberty in the Era of Genomics. *American Journal of Law & Medicine* 29(4): 439–487.

Rohwer, Yasha 2018. A Duty to Cognitively Enhance Animals. *Environmental Values* 27: 137–158.

Rollin, Bernard E. 2016. *A New Basis for Animal Ethics. Telos and Common Sense*. Columbia: University of Missouri Press.

Rollin, Bernard E. 2015. Telos, Conservation of Welfare, and Ethical Issues in Genetic Engineering of Animals. *Ethical Issues in Behavioral Neuroscience. Current Topics in Behavioral Neuroscience*, Hrsg. G. Lee, J. Illes und F. Ohl, 99–116. Vol. 19 Berlin, Heidelberg: Springer.

Rollin, Bernard E. 2011. Animal Pain: What It is and Why It Matters. *The Journal of Ethics* 15(2): 425–437.

Rollin, Bernard E. 2001. An ethicist's commentary on whether animals raised in confinement are thus happy in confinement. *Canadian Veterinary Journal* 42: 676.

Rollin, Bernard E. 1995. *The Frankenstein Syndrome. Ethical and Social Issues in the Genetic Engineering of Animals*. Cambridge: Cambridge University Press.

Rollin, Bernard E. 1998. On Telos and genetic engineering. In *Animal Biotechnology and Ethics*, Hrsg. A. Holland, 156–187. London [u.a.]: Chapman & Hall.

Rollin, Bernard E. 1981. *Animal Rights and Human Morality*. Buffalo, New York: Prometheus Books.

Rosendal, G. Kristin und Ingrid Oleson. 2022. Overcoming barriers to breeding for increased lice resistance in farmed Atlantic salmon: A case study from Norway. *Aquaculture* 548: 737574.

Rowlands, Mark. 2009. *Animal Rights. Moral Theory and Practice*. Basingstoke: Palgrave MacMillan.

Ruan, J., J. Xu, R. Y. Chen-Tsai und K. Li. 2017. Genome Editing in Livestock: Are We Ready for Revolution in Animal Breeding Industry? *Transgenic Research* 26(6) 715–726.

Rutgers, Bart und Robert Heeger. 1999. Inherent Worth and Respect for Animal Integrity. In *Recognizing the Intrinsic Value of Animals: Beyond Animal Welfare*, Hrsg. M. Dol et al., 41–51. Assen: Van Gorcum.

Sachser, Norbert, Sophie H. Richter und Sylvia Kaiser. 2018. Artgerecht/tiergerecht. In *Handbuch Tierethik. Grundlagen – Kontexte – Perspektiven*, Hrsg. Johann S. Ach und Dagmar Borchers, 155–160. Stuttgart: J.B. Metzler.

Sachser, Norbert. 2018. *Der Mensch im Tier. Warum Tiere uns im Denken, Fühlen und Verhalten oft so ähnlich sind*. Reinbek: Rowohlt.

Sandøe, P. und N. Holtug. 1996. Ethical Limits to Domestication. *Journal of Agricultural and Environmental Ethics* 9(2): 114–122.

Sandøe, P., P. M. Hocking, B. Förkman, K. Haldane, H. H. Kristensen und C. Palmer. 2014. The Blind Hens' Challenge: Does it Undermine the View That Only Welfare Matters in Our Dealings with Animals? *Environmental Values* 23(6): 727–742.

Schmidt, Kirsten. 2008. *Tierethische Probleme der Gentechnik. Zur moralischen Bewertung der Reduktion wesentlich tierlicher Eigenschaften*. Paderborn: mentis.

Schmitz, F. 2016. Animal Ethics and Human Institutions: Integrating Animals into Political Theory. In *The Political Turn in Animal Ethics*, Hrsg. R. Garner und S. O'Sullivan, 33–49. London: Rowman & Littlefield.

Schultz-Bergin, Marcus. 2017. The Dignity of Diminished Animals: Species Norms and Engineering to Improve Welfare. *Ethical Theory and Moral Practice* 20: 843–856.

Schuster, F., P. Aldag, A. Frenzel, K.-G. Hadeler, A. Lucas-Hahn, H. Niemann H. und B. Petersen. 2020. CRISPR/Cas12a mediated knock-in of the Polled Celtic variant to produce a polled genotype in dairy cattle. *Scientific Reports*. 10: 13570.

Shantalingham S., A. Tibrary, J. E. Beever, P. Kasinathan, W. C. Brown und S. Srikumaran. 2016. Precise gene editing paves the way for derivation of Mannheimia haemolytica leukotoxin-resistant cattle. *Proceedings of the National Academy of Science* PNAS 113(46): 13186–13190.

Shapiro, K. J. 1989. The death of the animal: ontological vulnerability. *Between the Species* 5: 183–194.

Shriver, A. 2009. Knocking Out Pain in Livestock: Can Technology Succeed Where Morality has Stalled? *Neuroethics* 2: 115–124.

Shriver, A. und McConnachie, E. 2018. Genetically Modified Livestock for Improved Welfare: A Path Forward. *Journal of Agricultural and Environmental Ethics* 31: 161–180.

Shriver, A. 2020. Prioritizing the protection of welfare in gene-edited livestock. *Animal Frontiers* 10(1): 39–44.

Simora, Rhoda Mae C., De Xing, Max R. Bangs, Wenwen Wang, Xiaoli Ma, Baofeng Su, Mohd, G. Q. Khan, Zhenkui Qin, Cuiyu Lu, Veronica Alston, Darshika Hettiarachchi, Andrew Johnson, Shangjia Li, Michael Coogan, Jeremy Gurbatow, Jeffrey S. Terhune, Xu Wang und Rex A Dunham. 2020. CRISPR/Cas9-mediated knock-in of alligator cathelicidin gene in a noncoding region of channel catfish genome. *Scientific Reports* 10: 22271.

Simmons, A. John. 2010. Ideal and Nonideal Theory. *Philosophy and Public Affairs* 38(1): 5–36.

Sonstegard, T.S., D. F. Carlson, C.A. Lancto, und S. C. Fahrenkrug. 2016. Precision Animal Breeding as a Sustainable, non-GMO Solution for Improving Animal Production and Welfare. *Biennial Conference Australian Society of Animal Production* 31: 316–317.

Spicher, C. 2018. Moderne Gentechnik – Fluch oder Segen. *tierrechte* 2: 4–5. https://www.tier-rechte.de/2018/08/10/moderne-gentechnik-fluch-und-segen. Zugegriffen 19. September 2022.

Špinka, Marek. 2019. Animal Agency, animal awareness and animal welfare. *Animal Welfare* 28: 11–20

Špinka, Marek und Françoise Wemelsfelder. 2011. Environmental Challenge and Animal Agency. *Animal Welfare*, 27–44.

Squires, E.J., C. Bone und J. Cameron. 2020. Pork Production with Entire Males: Directions of Control of Boar Taint. *Animals* 10: 1665.

Statistisches Bundesamt: https://www.destatis.de/DE/Themen/Branchen-Unternehmen/Landwirtschaft-Forstwirtschaft-Fischerei/Tiere-Tierische-Erzeugung/Tabellen/gewerbliche-schlachtung-jahr-halbjahr.html. Zugegriffen: 19. September 2022.

Stemmer, Peter 1998. Was es heißt, ein gutes Leben zu leben. In *Was ist ein gutes Leben?* Hrsg. H. Steinfath, 47–72. Frankfurt am Main: Suhrkamp.

Stemplowska, Zofia und Adam Swift. 2012. Ideal and Nonideal Theory. In *Oxford Handbook of Political Philosophy*, Hrsg. David Estlund, 373–389. Oxford: Oxford University Press.

Stemplowska, Zofia. 2008. What's Ideal About Ideal Theory? *Social Theory and Practice* 34(3): 319–340.

Stoecker, Ralf. 2003. Mein Embryo und ich. In *Der moralische Status menschlicher Embryonen. Pro und contra Spezies-, Kontinuums-, Identitäts- und Potentialitätsargument*, Hrsg. G. Damschen und D. Schönecker, 129–145. Berlin, New York: deGruyter.

Sumner, L.W. 1996. *Welfare, Happiness, and Ethics*. Oxford [u. a.]: Oxford University Press.

Sumner, L.W. 1992. Welfare, Happiness, and Pleasure. *Utilitas* 4: 199–223.

Tan, W., C. Proudfoot, S.G. Lillico, C. Bruce und A. Whitelaw. 2016. Gene targeting, genome editing: from Dolly to editors. *Transgenic Research* 25: 273–287.

Tanihara, F., M. Hirata, N.T. Nguyen, Q.A. Le, M. Wittarayat, M. Fahrudin, T. Hirano und T. Otoi. 2021. Generation of CD163-edited pig via electroporation of the CRISPR/Cas9 system into porcine in vitro-fertilized zygotes. *Animal Biotechnology* 32: 147–154.

Tanyi, Attila. 2016. On the Intrinsic Value of Genetic Integrity. *Ethics, Policy & Environment* 18(3): 248–251.

Taylor, P. 1986. *Respect for Nature. A theory of environmental ethics*. Princeton: Princeton University Press.

Thompson, P.B. 2008. The Opposite of Human Enhancement: Nanotechnology and the Blind Chicken Problem. *Nanoethics* 2: 305–316.

Thomson, Judith J. 2011. More On The Metaphysics of Harm. *Philosophy and Phenomenological Research* 82(2): 436–458.

Unruh, Charlotte Franziska. 2022. A Hybrid Account of Harm. *Australasian Journal of Philosophy* 1–14.

Valentini, Laura. 2012. Ideal vs. Non-ideal Theory: A Conceptual Map. Philosophy Compass 7(9): 654–664.

Van Eenennaam, A. L. 2019. Application of genome editing in farm animals: cattle. *Transgenic Research* 28: 93–100.

VanDeVeer, D. 1979a. Interspecies Justice. *Inquiry* 22: 55–79.

VanDeVeer, D. 1979b. Of Beasts, Persons, and the Original Position. *The Monist* 62(3): 386–377.

Velleman, James David. 2008. The Identity Problem. *Philosophy & Public Affairs* 36(3): 221–244.

Verhoog, H. 2007. The tension between common sense and scientific perception of animals: recent developments in research on animal integrity. In: *New Jersey Academy of Science NJAS* 54(4): 361–373.

Verhoog, H. 2003. Naturalness and the genetic modification of animals. *TRENDS in Biotechnology* 21(7): 294–297.

Verhoog, H. 1998. Morality and the 'Naturalness' of transgenic animals. *Animal Issues* 2(2): 1–16.

Verhoog, H. 1992a. The Concept of Intrinsic Value and Transgenic Animals. *Journal of Agricultural and Environmental Ethics* 5(2): 147–160.

Verhoog, H. 1992b: Ethics and the genetic engineering of animals. In Morality, worldview, and law, Hrsg. A. W. Musschenga, 267–278. Assen u.a.: Van Gorcum.

Verhoog, H. und T. Visser. 1997. A View of Intrinsic Value not Based on Animal Consciousness. In *Animal Consciousness and Animal Ethics: Perspectives from the Netherlands*, Hrsg. M. Dol, S. Kasanmoentalib, S. Lijmbch, E. Rivas und R. van den Bos, 223–232. Assen: van Gorcum.

Von Gall, Philipp. 2019. Agrarwende auch für Tiere. Gesellschaftliche Grundlagen und Herausforderungen. In *Haben Tiere Rechte? Aspekte und Dimensionen der Mensch-Tier-Beziehung*, Hrsg. E. Diehl und J. Tuider, 191–202. Bonn: Bundeszentrale für politische Bildung.

Vorstenbosch, J. 1993. The concept of integrity. Its significance for the ethical discussion on biotechnology and animals. *Livestock Production Science* 36: 109–112.

Wang G., M. Du, J. Wang und T. F. Zhu. 2018. Genetic variations may confound analysis of CRISPR/Cas9 off-target mutations. *Cell Discovery* 4(1): 1–2.

Wang, Haoyi, Hui Yang, Chikdu S. Shivalila, Meelad M. Dawlaty, Albert W. Cheng, Feng Zhang, Rudolf Jaenisch. 2013. One-Step Generation of Mice Carrying Mutations in Multiple Genes by CRISPR/Cas-Mediated Genome Engineering. *Cell* 153: 910–918.

Wargelius, Anna. 2019. Application of genome editing in aquatic farm animals: Atlantic salmon. *Transgenic Research* 28: 101–105.

Wawrzyniak, Daniel. 2019. Tierwohl und Tierethik. Empirische und moralphilosophische Perspektiven. Bielefeld: transcript.

Weinberg, Rivka. 2013. Existence: Who Needs it? The Non-Identity-Problem and Merely Possible People. *Bioethics* 27(9): 471–484.

Weinberg, Rivka. 2012. Is Having Children Always Wrong? *South African Journal of Philosophy* 31(1): 26–37.

Weinberg, Rivka. 2008. Identifying and Dissolving the Non-Identity Problem. *Philosophical Studies* 137: 3–18.

Wells, K. D., R. Bardot, K. M. Whitworth, B. R. Tribble, Y. Fang, A. Mileham, M. A. Kerrigan, M. S. Samuel, R. S. Prather und R. R. R. Rowland. 2017. Replacement of Porcine CD163 Scavenger Receptor Cysteine-Rich Domain 5 with a CD163-Like Homolog Confers Resistance of Pigs to Genotype 1 but Not Genotype 2 Porcine Reproductive and Respiratory Syndrome Virus. *Journal of Virology* 91(2)

Wemelsfelder, Francoise. 2005. Animal Boredom: understanding the tedium of confined lives. In *Mental Health and Well-Being in Animals*, Hrsg. F. McMillan, 79–93. Oxford: Blackwell Publishing.

Wennberg, Mikka. 2003. Modelling Hypothetical Consent. *Journal of Libertarian Studies*. 17(3): 17–34.

Whitelaw, C. Bruce A., Timothy P. Sheets, Simon G. Lillico, Bhanu P. Telugu. 2016. Engineering large animal models of human disease. *Journal of Pathology* 238: 247–256.

Whitworth K. M., R. R. R. Rowland, V. Petrovan, M. Sheahan, A. G. Cino-Ozuna, Y. Fang, R. Hesse, A. Mileham, M. S. Samuel, K. D. Wells und R. S. Prather. 2019. Resistance to coronavirus infection in amino peptidase N-deficient pigs. *Transgenic Research* 28: 21–32.

Whitworth, Kristin M., Kiho Lee, Joshua A. Benne, Benjamin P. Beaton, Lee D. Spate, Stephanie L. Murphy, Melissa S. Samuel, Jiude Mao, Chad O'Gorman, Eric M. Walters, Clifton N. Murphy, John Driver, Alan Mileham, David McLaren, Kevin D. Wells, Randall S. Prather. 2014. Use of the CRISPR/Cas9 System to Produce Genetically Engineered Pigs from In Vitro-Derived Oocytes and Embryos. In: Biology of Reproduction 91 (3) 78, S. 1–13

Whitworth, K.M., R.R.R. Rowland, C.L. Ewen, B.R. Tribble, M.A. Kerrigan, A.G. Cino-Ozuna, M.S. Samuel, J.E. Lightner, D.G. McLaren, A.J. Mileham, K.D. Wells und R.S. Prather. 2016. Gene-edited pigs are protected from porcine reproductive and respiratory syndrome virus. *Nature Biotechnology*. 34: 20–22.

Wild, Markus. 2019. Animal Mainstreaming. Motivation und Bedeutung eines neuen Konzepts in der Tierethik. In *Haben Tiere Rechte? Aspekte und Dimensionen der Mensch-Tier-Beziehung*, Hrsg. E. Diehl und J. Tuider, 323–335. Bonn: bpb.

Wild, Markus. 2012. Fische. Kognition, Bewusstsein und Schmerz. Eine philosophische Studie. https://www.ekah.admin.ch/inhalte/ekah-dateien/dokumentation/publikationen/EKAH_Band_10_Fische_Inhalt_V2_Web.pdf. Zugegriffen: 12. September 2022.

Williams. Bernard. 2011. *Ethics and the Limits of Philosophy*. London: Routledge.

Wissenschaftlicher Beirat für Agrarpolitik beim Bundesministerium für Ernährung und Landwirtschaft. 2015. Wege zu einer gesellschaftlich akzeptierten Nutztierhaltung – Kurzfassung des Gutachtens. https://www.bmel.de/SharedDocs/Downloads/DE/_Ministerium/Beiraete/agrarpolitik/GutachtenNutztierhaltung-Kurzfassung.pdfZugegriffen: 19. September 2022.

Wolf, Ursula. 2018. *Ethik der Mensch-Tier-Beziehung*. Frankfurt am Main: Klostermann.

Woodward, James. 1986. The Non-Identity Problem. *Ethics* 96: 804–831.

Woollard, Fiona. 2012. Have We Solved the Non-Identity Problem? *Ethical Theory and Moral Practice* 15: 677–690.

Wu H, Y. Wang, Y. Zhang, M. Yang, J. Lv, J. Liu und Y. Zhang. 2015. TALE nickase-mediated SP110 knockin endows cattle with increased resistance to tuberculosis. *Proceedings of the National Academy of Science* 112 (13): E1530–E1539

Wykoff, Jason. 2014. Toward Justice for Animals. *Journal of Social Philosophy* 45(4): 539–553.

Xu, K., Y. Zhou, Y. Mu, Z. Liu, S. Hou, Y. Xiong, L. Fang, C. Ge, Y. Wei, X. Zhang, C. Xu, J. Che, Z. Fan, G. Xiang, J. Guo, H. Shang, H. Li, S. Xiao, J. Li, und K. Li. 2020. CD163 and pAPN-double-knockout pigs are resistant to PRRSV and TGEV and exhibit decreased susceptibility to PDCoV while maintaining normal production performance. *Elife* 9: e57132.

Yang, Huaqiang, Jian Zhang, Xianwei Zhang, Junsong Shi, Yongfei Pan, Rong Zhou, Guoling Li, Zicong Li, Gengyuan Cai, Zhenfang Wu. 2018. CD 163 knockout pigs are fully resistant to highly pathogenic porcine reproductive and respiratory syndrome virus. *Antiviral Research* 151: 63–70.

Yeates, James. 2013. The Ethics of Animal Enhancement. In *Veterinary & Animal Ethics*, Hrsg. C.M. Wathes, S.A. Corr, S.A. May, S.P. McCulloch und M. C. Whiting, 113–132. Proceedings of the First International Conference on Veterinary and Animal Ethics. Chichester: Wiley-Blackwell.

Young, A. E., T. A. Mansour, B. R. McNabb, J. R. Owen, J. F. Trott, C. T. Brown und A. L. Van Eenennaam. 2020.: Genomic and phenotypic analyses of six offspring of a genome-edited hornless bull. *nature biotechnology* 38: 225–232.

Zheng, Q., J. Lin, J. Huang, H. Zhang, R. Zhang, X. Zhang, C. Cao, C. Hambly, G. Qin, J. Yao, R. Song, W. Jia, Y. Li, N. Zhang, Z. Piao, R. Ye, J. R. Speakman, H. Wang, Q. Zhou, Y. Wang, W. Jin und J. Zhao. 2017. Reconstitution of UCP1 using CRISPR/Cas9 in the white adipose tissue of pigs decreases fat deposition and improves thermogenic capacity. Proceedings of the National Academy of Science 23: E9474–9482.

Zinke, Olaf. 2020a. Brandenburg: Verstärkte Wildschweinjagd gegen ASP. https://www.agrarheute.com/management/brandenburg-verstaerkte-wildschweinjagd-gegen-asp-573629. Zugegriffen: 02. November 2020.

Zinke, Olaf. 2020b. ASP-Krise: Soll die Freilandhaltung von Schweinen verboten werden? https://www.agrarheute.com/management/betriebsfuehrung/asp-krise-freilandhaltung-schweinen-verboten-574315. Zugegriffen 02. November 2020

Printed in the United States
by Baker & Taylor Publisher Services